U0220656

北京市科委、中关村管委会
科普专项经费资助

大学科普丛书

第二辑 付梦印主编

Legend of Biology

生物学传奇

席德强◎著

科学出版社

北 京

内 容 简 介

生命，是地球在物换星移间演化出的宇宙传奇；生物学，是人类对生命认知理解的智慧结晶。本书以生物学发展史中的那些标志性大事件为主线，按照从古至今的时间顺序，将生物学家的成长经历、科学探究过程等生动地再现出来。书中每一个科学家的故事既独立成篇，又密切联系，让读者能够穿越时空，走进生物科学史上那些巨匠的科研生活，领略他们的独特人格魅力和曲折有趣的科研风采。

书中的内容，有的是基础生物学有关知识的拓展和延伸；有的是对生物学前沿知识的具象化解读，助力读者了解生物学的奥秘与传奇。本书非常适合大众读者阅读，并可作为中学生的课外读物、大学生的生物学史参考书，也可供生物学爱好者阅读学习。

图书在版编目（CIP）数据

生物学传奇 / 席德强著 . —北京：科学出版社，2024.5
（大学科普丛书）
ISBN 978-7-03-078228-1

Ⅰ.①生…　Ⅱ.①席…　Ⅲ.①生物学 – 普及读物　Ⅳ.① Q–49

中国国家版本馆 CIP 数据核字（2024）第 057839 号

丛书策划：侯俊琳
责任编辑：朱萍萍　姚培培 / 责任校对：韩　杨
责任印制：师艳茹 / 插图绘制：郭梦媛
封面设计：有道文化

科 学 出 版 社 出版
北京东黄城根北街16号
邮政编码：100717
http://www.sciencep.com

三河市骏杰印刷有限公司印刷
科学出版社发行　各地新华书店经销

*

2024 年 5 月第 一 版　开本：720×1000　1/16
2024 年 5 月第一次印刷　印张：23 1/2
字数：336 000
定价：58.00 元
（如有印装质量问题，我社负责调换）

总 序

在 2016 年 5 月 30 日召开的"科技三会"上，习近平总书记强调："科技创新、科学普及是实现创新发展的两翼，要把科学普及放在与科技创新同等重要的位置。"[①] 这是党和政府在全面建成小康社会、实现第一个百年奋斗目标进程中，对科学普及重要性的定位。之后的 2018 年 9 月 17 日，习近平在给世界公众科学素质促进大会的贺信中再次强调："中国高度重视科学普及，不断提高广大人民科学文化素质。中国积极同世界各国开展科普交流，分享增强人民科学素质的经验做法，以推动共享发展成果、共建繁荣世界。"[②] 贺信中指出，做好中国科普工作对推动构建人类命运共同体具有重大意义。

如今，我们完成了第一个百年奋斗目标，正在向第二个百年奋斗目标迈进，努力实现中华民族伟大复兴的中国梦。一个民族的崛起，是建立在科学技术充分发展的基础上的。科学技术的发展，不仅表现为高新技术的不断涌现，基础科学的日新月异，更重要的是表现为全民族科学素质的大幅提高。因此，科学普及是与科技创新同等重要但更基础的工作。只有坚持不懈地普及科学知识、推广科学技术、倡导科学方法、传播科学思想、弘扬科学精神，才能提高中华民族的整体科学素质，为科技创新提供持久的内生动力。随着中国日益走近世界舞台的中央，中国的科普事业将不仅惠及中华民族，也将惠及世界人民。

科普包含三个层面，一是知识和技术的普及，二是科学文化的传播，三是对受众科学精神的塑造。《大学科普》杂志秉承"普及科学知识 树立科学理念"的指导思想，强调"用文化普及科学""用科学塑造灵魂"。这

---

① 习近平.为建设世界科技强国而奋斗——在全国科技创新大会、两院院士大会、中国科协第九次全国代表大会上的讲话.北京：人民出版社，2016.
② 习近平向世界公众科学素质促进大会致贺信.http://www.xinhuanet.com/2018-09/17/c_1123443442.htm[2020-09-16].

种创新性的理念，使其更具人文内涵，也吸引了一大批关心和参与科普事业的专家学者，成为推动当前科普事业发展的重要力量。"大学科普丛书"就是这些专家学者科普成果的集中展示。

"大学科普丛书"由重庆市大学科学传播研究会和科学出版社共同策划出版，遵循以普及科学知识为基础、以倡导科学方法为钥匙、以传播科学思想为动力、以弘扬科学精神为灵魂、以恪守科学道德为准则的宗旨，通过聚焦科学热点问题，集合高校科协科普优质资源，凝聚知名专家学者，秉承"高层次、高水平、高质量"的优良传统，发扬"严肃、严密、严格"的工作作风，以高度的社会责任感和奉献精神，精心组稿创作而成。

2020 年 5 月"大学科普丛书"第一辑 12 种图书出版完毕，内容涉及多个学科领域，反映了当前的科技发展和深刻的人文思考，风格清新朴实，语言平实流畅，真正起到了传播科学思想、弘扬科学精神、激发科学热情的作用，深受广大读者青睐。丛书面世后，不仅受到广大读者的欢迎和肯定，还获得多项国家级奖励和荣誉，如《极地征途：中国南极科考日记档案》入选中宣部主题出版重点出版物、国家出版基金项目，《动物世界奇遇记》获得全国优秀科普作品奖、中国科学院优秀科普图书奖，等等。

在总结第一辑经验的基础上，第二辑的图书将更多地汇集来自高校和科研机构的优秀作者，以科学技术史、科技哲学、科学学、教育学和传播学等学科为支撑，将自然科学和人文社会科学深度融合，力求带给读者全新的科普阅读体验。

我们诚挚希望有更多热心科普事业的专家学者加入，勠力同心，共同推动大学科普事业的发展，以培养更多的具有深厚科学素养、富有创新精神的大学生，并借此探索一条全面提升中华民族科学素质、推动中国科技发展的新路径！

中国工程院院士
中国材料研究学会副理事长
重庆市科学技术协会主席

2020 年 8 月 31 日

前　言

在很多人眼里，科学家们是一群由特殊材料制成的人。他们仿佛不食人间烟火，神秘而遥远。还有相当一部分人认为科学家们只会搞研究、做学问，其他的一概不行，是一群不谙世事、走路经常撞到电线杆的"书呆子"。

阅读本书后你会发现，科学家和普通人一样，也需要一日三餐，也有各种各样的烦恼。他们也不像我们想象的那样，一直没日没夜、不知疲倦地辛苦工作。他们也会休假，甚至常常"偷懒"。更重要的是，那些有意义的、创造性的思维灵感不是在泰山压顶般的压力下产生的，而是在轻松愉悦的状态下进发的。想要研究出突出的成果，科学家不仅需要在实验室里获得第一手资料，还需要与同行交流、向世界一流的专家请教、经过长期的研究与思索之后的顿悟，才能体验到豁然开朗之后的成功喜悦。

具有丰厚文化底蕴的科学史是非常重要的教育资源。书中通过众多生物学家的传奇故事向读者展示了一部简明的生物学发展史。黑格尔指出：个体认识活动的逻辑过程与人类认识发展的历史过程，在总体上具有一致性。从个体发育来看，人类的个体发育简单而迅速地重演了人类的系统发育；从精神发育来看，个体认识活动的逻辑过程与人类认识发展的历史过程，在总体上也具有一致性。所以，阅读本书，读者不仅可以对生物学的发展历程进行梳理、总结和提炼，对科研活动进行探讨、追问和反思，以理解生命奥秘的具身性、逻辑性和严密性，还能迅速获得前人在科学探索中的经验教训，在日后的成长中少走弯路，加快个体成长的速度。

达尔文、林奈、孟德尔等著名科学家的成功除个人努力之外，还与很多因素有关，如家庭的熏陶、老师的点拨、历史的机遇等。因此，在写作过程中，我除了要把晦涩难懂的理论知识变得通俗易懂外，还要尽量站在当时特定的历史时空里对科学家的成长经历、求学过程和科研探究进行系统梳理，让读者明白为什么是这个人做出了那样的贡献而不是其他人。将知识性、趣味性和可读性完美结合，让专业人士读起来不会觉得浅显，小学生读起来也不会觉得深奥，是科普工作者努力的方向，也是本书在写作中力求实现的一大目标。

在写作过程中，我有过多次因思路枯竭而写作中断的情况。为此，我与一些文友进行了交流与探讨。在这个过程中，我受到了指点和启发，使书稿最终得以完成。在写作体例和内容呈现上，侯俊琳社长和朱萍萍编辑以出版人的视角提出了非常中肯的意见，帮助我对书稿进行了修改和打磨，还推荐了多本好书供我学习与借鉴。经过他们的辛勤工作和耐心指导，本书从内容到形式都增色不少，在此表示衷心感谢。

在书稿校对过程中，哈尔滨医科大学的冯任南研究员、湖北师范大学的张润锋教授、陈珍副教授、刘细霞副教授、硕士研究生魏钰茹等付出了辛勤劳动，提升了书稿的质量，在此一并致谢。

感谢以下科研项目和教研项目对本书的资助：国家自然科学基金项目（项目编号：32100310）、湖北省高等学校哲学社会科学研究重大项目（项目编号：20ZD063）、湖北省教育厅哲学社会科学研究重点项目（项目编号：22D078）、湖北省高校省级教学研究项目（项目编号：2021359）。

长期从事教育教学工作，使我对教育问题有了一些思考。比如，应该怎样调动学生的学习积极性？我在这本书的写作过程中发现，教导不如引导，压力不如动力，任务不如兴趣。达尔文、林奈、摩尔根等著名科学家之所以取得辉煌的成绩，都是由于他们是将感兴趣的问题当作自己的工作去研究的。"不务正业"的达尔文、"特立独行"的施莱登、"笨手笨脚而又喜欢偷懒"的沃森……快来了解一下这些个性鲜明的科学家吧。

席德强

2024 年 3 月

目　录

第一章
探寻植物的秘密：
从观察到研究

　　从远古时代开始，人类就把植物当成生活中不可或缺的资源。没有植物，何以为食？没有植物，何以为家？植物让饥肠辘辘的人们获得了果腹的食物，让赤身裸体的人们拥有了避寒遮羞的衣物。人们利用植物的枝干搭建保暖又安全的房屋，用植物纤维做成渔网和捆扎用的绳索，用木材制作马车、渔船……在利用植物的过程中，人们也进行着植物学的研究。日积月累，一门研究植物的形态、结构、生长发育和开发利用等方面的学科——植物学诞生了。

普里斯特利通过实验证明"植物能更新空气"

第一节 植物的价值

我们每天的生活都和植物有千丝万缕的联系。那么，植物和我们到底有哪些关系呢？下面让我们粗略地总结一下。

狼吃羊，羊吃草。草中的物质和能量又是从哪里来的呢？在生物圈这个巨大的生态系统中，植物是生产者，有着极重要的地位。植物光合作用的产物——有机物，为其他生物直接或间接地提供了食物，也提供了物质和能量。松鼠在树上寻找松果，麻雀在地面啄食草籽。离开了灌木丛，野鸡就会暴露在老鹰的眼皮底下；没有草丛的掩护，狮子很难捕捉到机敏的羚羊。也就是说，植物还为动物提供了有适宜温度、湿度的栖息场所，使动物有了丰富多彩、适宜生存繁衍的空间，并且还通过自己的枝叶、根系构建了动物隐蔽、躲藏、繁殖的屏障。因此，植物是生态系统中的基石，对生态系统的运转与平衡有着不可或缺的重要作用。

植物与人类的日常生活也息息相关。

植物为"吃货们"提供了丰富的食物。人是一种杂食动物。自古以来，人类的食谱都是以植物性食物为主。人类日常食用的粮食、蔬菜、水果主要来源于植物。据统计，全世界约有500 000种植物[1]，其中很多品种被人类成功驯化和种植。截至2022年8月，我国累计登记非主要农作物品种26 235个[2]，我们熟知的稻、麦、玉米、甘蔗、粟（俗称谷子）、甜菜、马铃薯、甘薯、大豆、蚕豆、椰子和香蕉都是大面积种植的主要农作物。茶、咖啡、酒等来源于植物的饮料也有非常悠久的历史。

有些植物的纤维可以用来编织衣服，让人类祖先告别了赤身裸体的生活，从此走上了文明的道路。1972年，考古工作者在江苏吴县草鞋山新石器遗址中发现了 3 块距今已有 6000 多年的葛布残片，说明当时的古人已经能够用骨针等工具编织和缝纫衣物了[3]。除此之外，植物纤维还可以用于制绳、造纸等。

植物是我们的药物来源之一。古人在采集植物时，自然就会想办法观察和研究植物。不同植物的种子、茎秆、块根、果实等器官的营养价值有很大差别，这就需要人们进行选择和研究了。在长期的生产和生活实践中，古人发现很多植物可以为人类治疗疾病。经过一代又一代的尝试和试验，古人对药用植物的生长发育规律、采集时间、处理方法等都有了相当深入的研究，对每种药用植物的药性、疗效和药用植物之间的相互作用也研究得非常透彻。我国已记载的药用植物约有 11 000 种[4]。我们耳熟能详的人参、当归、甘草、桔梗、柴胡、远志等药材都来源于植物。

汽油也主要是由植物演变来的。人类目前使用的化石燃料——煤和石油，都是由古代动植物（主要是植物）的遗体经过复杂的生物化学和物理化学作用演变而来的。为了应对能源短缺的问题，现在一些发达国家兴起使用粮食、秸秆制造酒精，用作生产生活的新能源，这也是利用了植物体内的能量。

我们的每一口呼吸都来自植物的馈赠。森林是地球之肺，植物让地球上的空气保持清新。植物通过光合作用将人类和其他生物排放的二氧化碳转变成有机物，并释放出氧气，维持了大气中二氧化碳和氧气的平衡，减缓了因为工业生产等大量排放二氧化碳引起的温室效应。植物还能吸收二氧化硫等有毒有害气体，吸附空气中的尘埃。此外，植物还能防风固沙、防止水土流失、改良土壤、提高土壤肥力、绿化都市、营造庭园景观等，为人类创造了舒适美好的生存环境。当然，植物的作用远不止上文所说的这些。我们居住的房屋、生活使用的家具都离不开植物。可以说，植物与我们的衣食住行都有关系。既然植物有这么多重要的作用，那么研究植物、开发利用植物及保护植物就成了人们关心的课题，这就诞生了一门学科——植物学。植物学都研究什么呢？概括地说，植物学是研究植物的形态、生理、分类、生态、分布、遗传、演化等方面的科学。开展植物学研究，不但可以开发、利用、改造植物资源，让植物为人类提供更多的食物、纤维、药物、建筑材料等，还可以在利用植物的同时保护好生态环境，获得经济效益与环境效益的和谐统一。

第二节 古人如何认识植物

一、一种杂食动物的演化

人类为什么能从动物界中脱颖而出呢？现在我们仅从食物的角度进行分析。1997年，美国加利福尼亚大学的研究人员在埃塞俄比亚一个名叫"赫托"（Herto）的村子附近发现了3块人类头骨化石。几年后，他们在《自然》（Nature）上发表了自己的研究结果：氩同位素测定显示，这些古人生存在距今约16万年前，是目前发现的最古老的现代人化石[5]。那时的人类已经学会了用火烤熟食物，使食物变得软烂，更容易消化和吸收。由于食物越来越精细，人类不再需要长长的犬齿去撕裂动物坚韧紧实的皮肉，也不再需要磨盘一样的臼齿去研磨植物生硬粗粝的种子。长此以往，古人的牙齿逐渐退化，口腔的体积也随之减小，为提高颅容量提供了空间（颅容量增大由多种原因引起，这只是其中一个因素）。人类的近亲动物（黑猩猩、大猩猩等）的牙齿比人类发达得多，这与它们的食物不够精细有直接关系。聪明的大脑不但能预判寒冷、炎热、暴雨、强风等异常天气变化，做出适应性的反应，还能在寻找食物时发挥重要的作用。在刀耕火种的原始农业之前，人类在采集植物块根和果实种子时就必须学会认识很多植物。比如，哪些植物能吃，哪些植物不能吃，哪些植物是有毒的，哪些植物是治疗疾病的，甚至植物的哪些部位在什么季节能吃，哪个部位怎样使用才能治疗哪种疾病⋯⋯

民以食为天。由于动物机敏灵活，人类捕捉动物有太多的困难。人类在长期的演化过程中，没有向拥有锐利的爪子、锋利的牙齿、快速奔跑的能力等肉食动物的方向演化，而是逐渐演化成一种拥有高度智慧的杂食动物。狩猎活动有太多的不确定性，古人有时可能会逮到一只鹿或者一头野猪这样的大型动物，有时可能连一只兔子也逮不到。所以，从古至今肉食一直是人类的副食，而植物性食物则始终是人类的主食。

不难想象，以植物的种子或茎叶为食，相对来说摄食成本更低。所以，古代先民早就把取食的目光投向了不能移动的植物。从古猿到智人，植物的种子、果实、块根等一直是可靠的食物来源。哪些植物可以吃、植物的哪部分能吃、怎样获得足够的高营养食物成了古代先民头脑中必须思考的问题。

后来，人类开始有意识地培育农作物。能为人类提供食物的植物本来就不多，能培育成农作物的植物更是屈指可数。直到今天，人类大面积种植的农作物也只有几十种。水稻、小麦、粟、高粱⋯⋯这些农作物的祖先能够进入古人的视野并被培育成功，前提是古人对众多植物的深入研究和精确筛选。这表明，古人对植物的认识和研究有相当高的水平。那些生涩难咽的草籽，经过一代又一代古代先民的人工选育，逐渐被培育成产量高、口味好、营养丰富的口粮。

被苍蝇污染的肉烤熟了再吃就不容易生病，熟土豆比生土豆的口感更好，更容易消化。古人会用火之后，不但让食物的种类增多了，而且食物也变得更容易消化吸收了。农作物、家禽、家畜的出现，使古人的生活不再是没有保障的饥一顿饱一顿。火的使用、庄稼的出现使古人彻底脱离了动物阵营，过上了相对稳定的生活，在生产劳作之余可以进行一些与食物无关的娱乐活动。与此同时，古人的牙齿逐渐变小，肠子逐渐变短，颅容量逐渐变大，成了地球上雄视天下的智慧生物。在这个过程中，一些人的艺术天赋和文学才干得到培养与发展，由此渐渐演化出了文化。

中国是一个有着悠久历史的文明古国，其认识、研究植物的历史也是非常久远的。早在 8000 多年前，在我国的一些地区已经有了较为成熟的农业[6]。通过对古人生活遗址的挖掘，在 6000～5000 多年前的红山文化时期，原始农业已经达到相当高的水平。古代先民用石耜、石斧、石铲等农具开垦荒地、平整土地，用石刀、蚌刀等农具收割谷物，用石磨盘、石磨棒等农具加工谷物，种植黍、粟等农作物，饲养猪、羊等家畜，并发展渔猎经济[7]。

从殷墟出土的甲骨文上可以看出，我国在商代就已经大面积种植麦、黍、稻、粟等农作物，说明当时的先民已经告别了挖掘块根、采集草籽来收集食物的时代。我国古代的诗歌典籍《诗经》中有很多篇章生动地描写了当时的农业生产情况，《论证·阳货篇》还告诉人们要"多识于鸟兽草木之名"。西汉以后，有关植物学和农业的知识逐渐增多，到东汉时已经有了区种法、浸种法和间作等耕作技术。

在中国湖南长沙出土的马王堆汉墓里，竹笥和陶罐里装着各种粮食、蔬菜和水果，有水稻、小麦、大麦、大枣、梅子、杨梅等几十个品种，这也反映出当时中国南方农业的兴盛。

晋代的嵇含（公元 263—306）写出了《南方草木状》。这本著作是世界上最早的地区植物志之一。

二、"农圣"贾思勰

相传，我国上古部落的一位首领——神农氏（约公元前 3245—前 3080）是重要的农业发明者之一。他教给人们制作农具、种植庄稼的技巧，使古代先民掌握了稼穑饲养、制陶纺织及使用火的知识，从此古代先民告别了饥一顿饱一顿的采集狩猎生活。农业的推广普及让人们凭借储存下来的粮食生活，冬天不用冒着严寒外出狩猎，夏天阴雨连绵的日子可以躲在家里休息。充足而稳定的食物来源让人口数量大增，也让人们有了大量的剩余时间用来娱乐或研究自己喜欢的东西。农业还催生了社会分工，由此手工艺人开始出现，人类社会也由分散的小部落聚集成大的城镇，由此演化出辉煌灿烂的农耕文明。

在此后相当长的一段时间里，农业知识主要靠家庭内部或邻里之间的口耳相传。虽然这对农业知识的积累和传播起到重要作用，但其局限性也是不言自明的。这时就需要一位通晓农业的读书人将人们世代积累的经验进行提炼和总结，再通过编纂农学典籍，让农学知识以文字为载体发扬光大。北魏时期就出现了这样一位读书人——贾思勰。

贾思勰（图1-1）是北魏时期（386—534）杰出的农学家，被后世尊称为"农圣"，出生在山东益都（今属山东寿光）一个讲究耕读传家的士族家庭。他曾长期担任地方官，《齐民要术》就是他在担任高阳郡太守时成书的。贾思勰为了获取农业知识，"采捃经传，爰及歌谣，询之老成，验之行事"，所著的《齐民要术》是中国现存最早的综合性农书，也是世界农学史上最早的专著之一。

图1-1　贾思勰

贾思勰的家里虽然衣食无忧，但讲究耕读传家。家中子弟在学习传统文化的同时，也要从小参加各种农业劳动。因此，贾思勰自幼就与那些"不稼不穑"的纨绔子弟不同。他既能下地耕田，也能熟读经书。这种特殊的经历是他成年后撰写《齐民要术》的基础。

成年以后，贾思勰也像大多数读书人一样考取功名，走上仕途。随着宦海沉浮，他先后到过山东、河南、河北的许多地方。在担任地方官时，他非常重视农业生产，认为农业是社会和谐发展的根本。为了当好地方官，他经常深入农村督促农业生产。有一次他走进一户农家小院，看见老农将一些谷粒饱满而且特别长的谷穗单独捆扎好，挂在屋檐下。他就问老农这是做什么，老农告诉他这是在选种。次年，他们将这些穗大粒多的粟种下去，秋天再选择穗大粒多的留种，年复一年，就能选择出好的品种。

由于俸禄微薄，贾思勰自己养了一群羊，可是冬天时却由于缺乏草料而使羊饿死一大半。第二年，他特意多种了几亩谷物，用这些秸秆喂羊，结果冬天时还是饿死了不少羊。于是，他去邻村请教经验丰富的老羊倌。老羊倌告诉他，给羊投喂的草要用铡刀切成半寸长的小段，而且不能一次喂太多，每次都要等羊吃完再放一些，一个晚上要喂三五次。贾思勰回想自己喂羊时，都是一次性地将一大捆秸秆往羊圈一扔，结果羊只吃了一小部分，大部分都被踩踏浪费了，怪不得很多羊会被饿死。从此，他更加注意搜集和学习农牧业生产中的知识与技巧。

中年以后，贾思勰弃官回乡，后半生以务农为业，这使他对各种农业生产技术有了更多的切身体会和深入研究。

为了写出一本农学专著，贾思勰引用了约 162 本典籍[8]，并结合了自己多年搜集整理的农业知识。在北魏永熙二年至东魏武定二年（533—544），《齐民要术》正式成书。该书共 10 卷 92 篇，约 11 万字[8]，内容包括耕田、谷物、果树、蔬菜、畜产、酿造、外国物产等。

贾思勰在《齐民要术》的序言中写道："齐，无贵贱故……盖神农为耒耜，以利天下……殷周之盛，《诗》《书》所述，要在安民，富而教之。"[9] 意思是说，作者写这本书的目的是使农民学会种田养殖，掌握一些农业生产的技巧，过上丰衣足食的日子。贾思勰认为"勤力可以不贫，谨身可以避祸"，这反映了我国古代读书人勤俭持家、低调做事的人生态度。

衣食住行是生活中的四件大事。只靠种地生产粮食，农民仍然不能过上富裕的生活。贾思勰提倡多种经营，他在《齐民要术》中介绍了农、牧、渔、农副产品加工等各方面的技巧，甚至还记载了煮胶和制笔墨的程序，目的是教授人们在搞好农业生产的同时，也能尝试多种经营，走上富裕之路。

《齐民要术》中的很多知识在今天看来仍有借鉴意义，如下面这些摘自《齐民要术》的农业谚语和经验总结（括注部分为笔者的翻译）。

耕而不耢，不如作暴。

（只知耕种而不去翻整土地，还不如让它荒着。）

天气新晴，是夜必霜。

（连续阴雨之后天气转晴，这一夜必定有霜。）

有闰之岁，节气近后，宜晚田。

（每逢闰年，节气就会靠后，耕种时间应该比往年晚一些。）

耕锄不以水旱息功。

（耕地锄地不因为天气的旱涝而停止劳作，才会获得丰收。）

湿耕泽锄，不如归去。

（在太潮湿的土地上耕作，肯定会劳而无功，还不如回家歇息。）

二月、三月种者为稙禾，四月、五月种者为穉禾。

（农历二月、三月种植的粟是早禾，四月、五月种植的粟是晚禾。）

一年之计莫如种谷，十年之计莫如树木。

（做一年打算的，最好种粟，当年就可以有收益；做十年打算的，最好栽树，十年就可成材来获取收益。）

蓬生麻中，不扶而直。

（蓬草生长在麻丛里，不用扶持，自然就能挺直。）

顺天时，量地利，则用力少而成功多。任情返道，劳而无获。

（要顺应天时，根据土地的情况来种地，这样只需花费较少的精力就能收获较多的粮食。如果违反自然规律，那么就会劳而无获。）

九月、十月中，于墙南日阳处掘作坑，深四五尺。取杂菜布之，一行菜一行土，去坎一尺许便止，以穰厚覆之。得经冬，须即取，粲然与夏菜不殊。

（农历九月、十月时在向阳的地方挖一个深四五尺的坑，用来储藏多种蔬菜。一行蔬菜培上一行土，再覆盖上一层厚厚的黍秸。这样就可以让蔬菜安全过冬，还可以随时取食，其鲜嫩程度和夏天生长的蔬菜没有什么两样。）

　　由于贾思勰出生、生活和工作的地点都在我国北方，因此《齐民要术》主要总结了我国北方的旱作农业生产知识。"工欲善其事，必先利其器。"该书首先介绍了农具的制作技巧，接着分析了我国黄河中下游的地理特点及气候特征，然后告诉人们怎样改造和熟化土壤、怎样保蓄水分、怎样提高地力、怎样进行作物轮作换茬，以及怎样沤肥等农业生产的基础知识。

　　《齐民要术》对每一项农业生产技术都进行了详细的描述和讲解。例如，仅耕作方式就有深耕、浅耕、初耕、转耕、纵耕、横耕、顺耕、逆耕等，耕作季节有春耕、夏耕、秋耕、冬耕等。针对我国北方的旱地耕作，他在书中总结出耕、耙、耱、锄、压等一整套保墒抗旱技术。

　　《齐民要术》初步构建了农业科学体系，是我国乃至世界上最早的农学专著之一，书的内容在今天看来仍然具有积极的现实意义。

　　在此之后，元代王祯（1271—1368）的《农书》和明代徐光启（1562—1633）的《农政全书》堪称我国古代农业技术的另外两座"高峰"。后者还在文章里附有精美的插图，让农业知识变得直观明了，便于文化水平不高的农民学习。可见，随着社会经济的发展和生产力水平的提高，文人学者有了更充裕的时间来研究自然科学。

　　药用植物更是早就引起了先民的注意和研究。各地方历代的志书中都有关于新植物的记述和栽培植物的考证，并有历代相传的药用植物专书。最早的《神农本草经》总结了历代相传的药用植物知识，记载了365种药材。

　　明代李时珍（1518—1593）所著的《本草纲目》既是一本医学典籍，又堪称是一本植物学著作，直到今天都有非常重要的参考价值。书中记述了1892种药用植物[10]，并对这些植物"析族区类，振纲分目"，详细地介绍了它们的地理分布、生态习性、栽培技术等，便于后世学习和推广。因此，《本草纲目》非常受国际药学家和植物学家珍视，也是我国植物分类学极为重要的参考典籍。英国博物学家查尔斯·罗伯特·达尔文（Charles Robert Darwin，1809—1882）就非常推崇《本草纲目》，称它是"中国古代的百科全书"。

　　在经济发展到一定水平之后，一些有一定经济、文化基础，对一些植物有特殊爱好的人就开始专门研究某一种植物了。有的研究可能是出于经济目的，如宋代蔡襄（1012—1067）的《荔枝谱》就描述了荔枝的品种、栽种的地区、适宜的气候、主要的虫害及保存的方法等；有的研究则出于个人爱好，如明代王象晋（1561—1653）的《二如亭群芳谱》就记载了作者对一些花卉植物进行的详细观察和研究；还有的研究出于科研目的，如清代吴其濬（1789—1847）于1848年出版的《植物名实图考》继承和发展了《本草纲目》对植物的研究，记载了各类植物1714种，这本书既是中国古代科研价值较高的药用植物志，也是世界公认的在植物学史上具有重要地位的植物志。

　　到晚清时期，在西学东渐的大背景下，很多留学海外的中国学者将西方的科学专著翻译成中文介绍到国内学术界。李善兰（1811—1882）将英国植物学家约翰·林德利（John Lindley，1799—1865）所著的 Elements of Botany 译成中文版书籍《植物学基础》，于1858年刊印出版，共8卷，约35 000字、200多幅插图。该书系统地介绍了植物学的基础知识和近代西方植物学的主要研究成果，介绍了在实验室观察基础上建立起来的植物学基本理论，包括植物器官的形态构造和生理功能、各种形状的细胞形态、以植物特点为依据的近代植物分类方法等，对我国近代植物学的形成和发展产生过重大影响。该书所译的细胞、心皮、子房、胎座、胚、胚乳等名词至今仍在沿用。该书后来传入日本，不仅被翻刻出版，还出现了两种译本，足见当时日本对此书十分重视。

　　总之，中国有关植物学的知识萌芽很早，且和农业、医药、林业、园艺等实用技术息息相关。但中国封建社会一直将这些知识看成"方技末流"，导致植物学一直停留在描述阶段，主要为生产、生活服务，没有从科研角度进行深入细致的研究。

三、古希腊和古罗马的植物学

　　中国的植物学研究在鸦片战争以前一直发展缓慢，那么西方世界又是如何的呢？总的来看，虽然古代西方的经济和文化在很多方面都落后于中国，但是古希腊、古罗马等文明古国出现了一些专门进行植物学研究的学者，他们在植物学的研究与应用方面做出了有益的探索。文艺复兴以来，西方人更加注重实践和技能，植物学研究也随着显微镜等实验技术的发展而走上了快车道，使它很快就成为一门专门的学科。

古希腊的亚里士多德（Aristotle，公元前384—前322）可以说是一个知识丰富、近乎通才的学者。虽然他在植物学方面没有留下什么著述，但他的学生狄奥弗拉斯图（Theophrastus，公元前371—前287）在公元前300年写成《植物历史》（又称《植物调查》）一书。在这本书中，他描述了500多种植物，还运用哲学原理将植物分类，描绘其各部分的形态特征和生理功能。因此，狄奥弗拉斯图被奉为植物学的创始人。

即使以今天的眼光来看，狄奥弗拉斯图描述了那么多植物的特征，也是非常了不起的。但是，"江山代有才人出，各领风骚数百年"，比他更了不起的人还在后面。古罗马有一位世称为"老普林尼"（盖乌斯·普林尼·塞孔都斯，Gaius Plinius Secundus，23或24—79）的人，他每天手不释卷，是一位博览群书式的学者，也是一个热爱自然、善于观察研究的人。老普林尼一生写了7本书，其中6本已经散失，仅存片段，只有《自然史》广为流传，堪称是世界上最早的自然百科全书之一。全书共37卷、2500多章[11]。在成书后的1500年间，该书共重印了40多次。该书将当时所知的植物学知识进行了汇编，体现了当时西方世界的植物学研究的最高水平。

后来，许多植物方面的著述相继问世。例如，1世纪，古希腊医生佩达努斯·迪奥斯科里德斯（Pedanius Dioscorides，约40—90）在其著作《药物志》中记述了600多种植物及其医药用途，该著作成为后世描述药用植物的基础[12]。

16世纪末，意大利植物学家安德烈亚·切萨尔皮诺（Andrea Cesalpino，1519—1603）在他的著作《论植物》（*Dc Plantislibri*）中以植物的生殖器官作为分类基础。他的见解使植物学研究更加科学规范，对以后的植物学发展有很大影响。同一时期，在遥远的中国，李时珍也完成了《本草纲目》的写作。

四、从形态描述到实验研究

总体看来，17 世纪以前，世界上的植物学研究都处在描述阶段，而且主要是对农业或药用植物的描述和定性。

17 世纪是一个转折点，此后自然科学从形态结构描述阶段进入实验科学阶段。植物学也是如此，人们开始有计划地、系统地搜集资料，观察各种生命现象，甚至在设定的条件下进行科学实验，提出相应的理论与假说。在这期间，物理学、化学的发展及显微镜等新工具的出现也起了很大的推动作用。

当人类认识的植物越来越多以后，就需要将它们分门别类了。最初，人们是根据植物之间形态、结构的相似性对植物进行分类的，如人们很早就知道将植物分为草本和木本两大类。

英国生物学家约翰·雷（John Ray，1627—1705）在植物的分类上做出了开创性的探索。他根据植物的生殖器官来判定植物之间的亲缘关系，把有花植物分为单子叶植物和双子叶植物，再分为不同的科。他创立的这一分类体系至今仍在沿用。

雷的分类体系的缺点是没有给出科学的命名方法，所以人们在进行植物分类时仍然沿用原来的名称。对同一种植物来说，它们在不同地区、不同学者那里常常有不同的名字，这肯定对植物学的学术交流不利。因此，当时植物学的研究虽然逐渐兴起，但还处于各说各话、相互隔绝的状态。

1753 年，瑞典植物学家卡尔·冯·林奈（Carl von Linné，1707—1778）出版了《植物种志》，确立了"双名法"，使人们对纷繁复杂的植物世界有了一个统一的认识标准。他把植物花的生殖性状作为重要的分类依据，根据雄蕊数目确立了 24 纲；每个纲再根据花柱的数目分成目。"双名法"分类系统简单实用，一经推出就被迅速推广开来，促进了植物学的调查和研究。

林奈的贡献还在于把约 6000 种植物归入各属（今天还在用同样的分类方法）。他对植物的各种性状进行了仔细描写，对以前植物学家的命名和描述进行了校勘，并按"双名法"重新命名。很快，各地的植物学者普遍接受了林奈的"双名法"，统一的分类标准促进了世界各地的学者之间的交流，也促进了植物学的研究和发展。

此后，与分类学进展相并行的植物解剖学、植物生理学、植物胚胎学等的研究也发展起来。1595 年，荷兰的詹森父子汉斯·詹森（Hans Janssen）和撒迦利亚·詹森（Zacharias Janssen）发明了第一台复式显微镜，被称为"詹森显微镜"。这种显微镜含有两个凸透镜，能将物体放大 3 ～ 9 倍[13]。

17 世纪各种形式的放大倍数更高的显微镜出现后，英国植物学家尼赫迈亚·格鲁（Nehemiah Grew，1641—1712）、意大利生物学家马尔切洛·马尔皮吉（Marcello Malpighi，1628—1694）等开创了植物解剖学。当然，林奈的分类系统也不是毫无瑕疵的。受当时科学水平的限制，这种分类方法还有很多缺陷。例如，按照林奈的分类系统，百合和小檗同在一目，而鼠尾草和同类的薄荷却分别属于管状花目和唇形目。

1670 ～ 1674 年，格鲁和马尔皮吉已能分辨木质部、导管、髓细胞和树脂道。英国物理学家罗伯特·胡克（Robert Hooke，1635—1703）在观察一种软木切片时，发现这种软木是由一个个蜂窝状的小室构成的，他把这些小室称为"细胞"，这就是最初的"细胞"的概念。从那以后又过了很长一段时间，植物学家才明白这些蜂窝状的小室至少在幼嫩时期是含有进行生命活动的各种结构和物质的。胡克看到的其实是死细胞的细胞壁。此后，植物学家开始探索植物的解剖结构。最初有植物形态学家设想，植物是由多种成分（包括导管、纤维、"囊"等）组成的，还有植物学家用形形色色的假说来说明植物的内部构成。直到德国植物学家马蒂亚斯·雅各布·施莱登（Matthias Jakob Schleiden，1804—1881）和动物学家西奥多·施旺（Theodor Schwann，1810—1882）在 1838 ～ 1839 年首次提出"细胞学说"，才结束了众说纷纭的讨论。人们认识到，尽管各种动物和植物千差万别，但构成它们的基本单位都是细胞。从此，研究细胞的科学——细胞学，逐渐成为一门独立的学科。

第三节 显微镜带来的改变

一、特立独行的施莱登

首先把显微镜引入植物学研究的人是施莱登（图1-2）。他是德国植物学家，是"细胞学说"的创始人之一。施莱登出生在德国汉堡的一个医生家庭，1881年6月23日卒于美国法兰克福。他先在海德堡大学学习法律并获得了法学博士学位，之后做过一段时间的律师，后来又到哥廷根大学学医，最后改学植物学，1850年任耶拿大学植物学教授。在总结前人经验的基础上结合自己的研究，施莱登和动物学家施旺提出了生物学最重要的理论之一——"细胞学说"。

图1-2 施莱登

施莱登是个非常有个性的人。他特立独行，脾气暴躁，固执己见，经常与人争吵。这种性格使他与周围的人格格不入，人际关系也很紧张。不过他也有令人敬佩的另一面——精力充沛，聪明过人，不拘于传统而且富有创新精神，还具有敏锐的判断能力，这使他在世界科学史上占有一席之地。

虽然父亲行医对施莱登有一定的影响，但他最初选择的事业并不是医学或与之相关的生物学。施莱登在做律师时，由于他在与人交流时非常偏执，又经常发火，因此他的律师事务所门可罗雀。事业上的毫无成就与他内心的自视甚高形成的巨大反差，让他非常痛苦。紧张的人际关系和事业上的不如意使他一度绝望，曾因精神忧郁而差点自杀。1831 年，施莱登在父亲的劝说下到哥廷根大学学医。1833 年，29 岁的施莱登才作为哥廷根大学的一名大学生接触到生物学，没想到他一下子就对研究植物产生了兴趣。老师们给了他很多鼓励，并指点他找到了适合自己的发展路线。施莱登曾在著名生理学家约翰内斯·彼得·弥勒（Johannes Peter Müller，1801—1858）的实验室工作。在那里，他遇到了自己最重要的朋友和合作者施旺。

与同时代的大多数植物学家不同，施莱登不研究怎样根据植物的形态特征进行植物分类，而是利用显微镜来研究植物各部分的解剖结构。当时，科学家对动物胚胎的研究已经比较深入，那么植物有没有动物那样的胚胎呢？多数科学家根据自己的经验认为，植物与动物差别那么大，植物肯定没有动物那样的胚胎。施莱登则根据对被子植物的胚珠发育史的研究发现，植物也有与动物相似的胚胎发育史。1837 年，他将自己的研究成果写成论文。尽管这篇文章中关于植物受精的理论是错误的，但是他开创了用显微镜研究植物发育的先河，而且这些研究为他以后提出"细胞学说"奠定了实验基础。

细胞是怎么来的？当时的很多科学家都通过显微镜看到了细胞膜、细胞质、细胞核这些微观结构，并提出了各种各样的假说来回答这个问题。但众说纷纭，谁也没有提出令人信服的理论。

1831 年，罗伯特·布朗（Robert Brown，1773—1858）观察到细胞核，并在 1833 年发表的文章中强调了细胞核的重要性。在布朗的指导和影响下，施莱登开始研究植物细胞的形成问题。1838 年，施莱登在《植物发生论》一文中提出了自己的理论：细胞里含有生命的基本物质，细胞核就是这种物质的结晶；如果细胞核生长发育到一定程度，其周围就会形成一个小泡，这个小泡逐渐长大形成子细胞；当子细胞的大小超过细胞核时，就会从母细胞中分离出去形成新的细胞，而细胞核仍停留在母细胞的细胞壁旁。因此，施莱登认为，子细胞是从细胞核里生成的，新细胞是从老细胞中产生的。每个高等植物都是细胞的聚集体，细胞既有自己独立的生命活动，又承担着整个植物体的某些生命活动。施莱登的这篇论文很快被翻译成英文和法文，成为"细胞学说"的基础。

不难看出，施莱登已经认识到细胞核的特殊意义，并认识到它在子细胞形成中的重要性，虽然他错误地认为新细胞是由老细胞的细胞核"出芽"产生的。

1838年，施莱登把自己关于细胞生成的观点告诉了他的朋友施旺，希望施旺借此对动物机体进行研究。施旺想起自己曾在动物的脊索细胞中观察过细胞核这样的结构，意识到如果能证明动物细胞核与植物细胞核有相同的作用，那将是一个极重要的发现。

二、动植物的统一性

施旺（图1-3）是德国动物学家，"细胞学说"的创立者之一，被公认为现代组织学（研究动植物组织结构）的创始人。他先在波恩大学学习医学预科，获得学士学位，后来到维尔茨堡大学学习临床医学，最后又到柏林大学学习解剖生理学，1834年在柏林大学取得医学博士学位，初为德国生理学家弥勒的助教，后担任解剖学教授。1836年，他发现了胃蛋白酶。

施旺的性格正好与施莱登相反，他是一位内向、沉稳、虔诚和勤奋的人。有趣的是，这两个性格迥异的人竟建立起了密切的友谊并进行了默契的合作。

施旺是一位金匠的儿子，他走上科学研究的道路比较顺利。高中毕业后，他没有遵照父母的意愿去学习神学，而是选择了自己喜欢的医学。1834年，施旺获得医学博士学位，之后在老师的帮助下开展动物细胞的观察和研究。

图1-3　施旺

在施莱登研究被子植物胚的发育并提出"植物细胞学说"的时候，施旺则在研究动物胚胎。在动物胚胎中同样发现了有核的细胞之后，施旺继续研究其他不同类型的组织细胞，并得到了相同的结果。1839年，他发表了《关于动植物结构和生长一致性的显微研究》一文，第一次系统地阐述了"细胞学说"。这个现代生物学最基础、最重要的观点就这样被提出了。他接受了施莱登关于细胞形成的理论：细胞中的生命物质是原生质，细胞核是原生质的结晶，子细胞是由母细胞的细胞核通过"出芽"形成的。施旺还在"细胞学说"中提出，一切动物和植物都是由细胞构成的，细胞是生命的单位。

施莱登和施旺关于动植物细胞结构一致性的论断，使地球上形形色色、千差万别的各种生物通过都具有细胞结构这一点而统一起来，为日后达尔文"进化论"的提出奠定了理论基础。

施旺还根据自己的研究提出，所有生物（动物、植物）都由细胞和细胞产物构成，每个细胞的生命活动都从属于整个生物的生命活动，细胞之间既有明确的分工又有密切的合作。这些观点在今天看来都是非常有道理的。

施莱登和施旺的成功不是偶然的，除了两个人自身的努力外，从基础上来看是由于先前的科学家在观察和研究细胞方面积累了许多有价值的资料，从思想方面来看是由于德国是自然哲学的故乡。当时，德国的自然哲学家洛伦兹·奥肯（Lorenz Oken，1779—1851）认为，植物和动物应该有一个共同的"发生单元"，这对施莱登和施旺提出"细胞学说"产生了很大启发。

很显然，施莱登和施旺的"细胞学说"还存在缺陷。其实在施莱登提出"植物细胞学说"之前，雨果·冯·莫尔（Hugo von Mohl，1805—1872）就已经观察过细胞分裂，弗朗茨·昂格尔（Franz Unger，1800—1870）则对植物分生组织的细胞分裂做过研究，他们两个人都不同意细胞是从细胞核里产生出来的观点。后来，施莱登的朋友卡尔·威廉·冯·内格里（Carl Wilhelm von Nägeli，1817—1891）完善了"细胞学说"。他提出：细胞核的形成是以分裂为基础的。接着，爱德华·阿道夫·施特拉斯布格尔（Eduard Adolf Strasburger，1844—1912）于1879年观察到了细胞核的这种分裂过程。

三、生物学的一项基本理论——"细胞学说"

经过众多科学家的完善，"细胞学说"的内容可以概括如下。

（1）细胞是一个有机的生命体，一切植物，大到参天大树，小到低矮的苔藓，都是由细胞发育而来的；一切动物，大到非洲象，小到令人讨厌的蚊子，也都是由细胞发育而来的。生物体是由细胞和细胞通过新陈代谢产生的细胞产物构成的。

（2）不同生物之间、同一生物个体的不同身体部位之间的细胞可能会有很大差别，但它们都含有细胞膜、细胞质和细胞核等基本结构。

（3）细胞不是凭空产生的，新细胞由已存在的细胞分裂而来。

（4）生物生病是由于其细胞机能失常。现在已经证明，很多疾病是由细胞机能失常引起的。例如，癌细胞本来是正常细胞，在基因突变后成了不受机体控制的恶性增殖细胞，会与正常细胞争夺营养和空间，就导致生命活动无法顺利进行。另外还有一种名叫"镰状细胞贫血"的疾病也是由细胞机能失常引起的。正常红细胞呈双凹圆盘状，在血液里负责运输氧气。该病患者的红细胞在缺氧的情况下会变成弯曲的镰刀形，在血液中会互相缠绕勾结，因为摩擦增大而导致红细胞破裂，造成溶血性贫血。当然，还有许多疾病是由外界病原体引起的，如流感、乙肝和艾滋病等。这些病原体侵入人体后影响了细胞的正常功能，人体才会出现相应的病症。

（5）细胞是生物体结构和功能的基本单位。生命的单位是什么？不是分子，也不是原子，更不是再小一些的结构，而是细胞。细胞是能维持生命活动运转的最小单位，被称为"生命的单位"。比细胞再小的结构（如线粒体、叶绿体）就只有在细胞这个整体存在的情况下才能顺利完成某一种生命活动。离开了细胞，它们就不能生存。

（6）生物体是通过细胞的活动来反映其功能的。例如，动物的运动是通过肌细胞收缩舒张完成的，大脑的思考是通过神经细胞之间的信息传递完成的。

（7）细胞是一个相对独立的单位，既有它自己的生命，也对与其他细胞共同组成的整体的生命起作用。

"细胞学说"论证了整个生物界在结构上的统一性，以及在进化上的同源性。

"细胞学说"的建立一改过去从哲学的视角看待生命的做法，而完全从生命科学的角度解释生命的基本结构。"细胞学说"对生物学的意义就像原子理论对物理学和化学的意义一样。有了"细胞学说"，比较解剖学、生理学和胚胎学才获得了牢固的基础，机体产生、成长和构造的秘密得以揭示。"细胞学说"在医学的理论和实践中得到了广泛的应用和发展。一些医学家发现有些疾病是在细胞内部源起的，有些疾病是细胞病变的结果。虽然这种观点在细菌发现后遭到一些人的反对，但是现代医学证明，很多疾病（如癌症）确实是细胞病变的结果，而不是由细菌引起的。"细胞学说"的建立还在哲学上引起了重大反响。"细胞学说"证明了植物和动物都具有共同的基础——细胞，打破了把植物和动物分开的形而上学的壁垒。这一学说的建立不仅推动了生物学的发展，也为辩证唯物论提供了重要的自然科学依据。弗里德里希·恩格斯（Friedrich Engels，1820—1895）曾把"细胞学说"誉为"19 世纪最重大的发现"之一。

第四节　植物的生理秘密

　　动物的幼崽长大成年，是由于摄取了食物中的物质和能量。植物不会吃东西。一粒微不足道的种子在若干年后就能长成参天大树，是什么变成了植物体内的物质呢？早先，人们认为植物是"土生土长"的，需要的营养全部来自土壤。这个千百年来被普遍认可的观点在17世纪初被比利时人扬·巴普蒂斯塔·范·海尔蒙特（Jan Baptista van Helmont，1580—1644）推翻了。

一、植物能更新空气

　　海尔蒙特设计了著名的柳树桶栽实验。他将一定量的土壤置于木桶中，并植入一棵柳树苗，在培养过程中只浇雨水，不补充其他养分。5年后，柳树长到约170磅[①]，而桶内的土壤损失极少。于是他得出结论：植物生长所需的营养主要来自水，植物体内的各种物质主要是由水转变来的。

　　那么，海尔蒙特的实验结论是否正确呢？科学家围绕植物的营养问题展开了激烈的讨论。很多学者设计了巧妙的实验来探讨这个问题。

　　18世纪，英国的史蒂芬·黑尔斯（Stephen Hales，1677—1761）测定了从根吸收的水和从叶面蒸发散失的水，确定了蒸腾作用，并通过与土壤湿度的比较，确定了根吸收水分和叶面散失水分的关系。他还计算了植物茎内水的上升速率，证明了水的上升速率与叶子的蒸腾速率有关。由此，他发现海尔蒙特所认为的植物增重主要来自水的观点是错误的。植物吸收的绝大多数（99%以上）水分通过蒸腾作用散

_____

① 1磅 =0.453 592 4千克。

失了。1727 年，他指出植物通过叶子吸收空气中的某些成分，使这些成分转变为植物体内的固体成分。但黑尔斯的这种说法还属于自己的猜测和推断，并没有证据证明自己的观点。

约瑟夫·普里斯特利（Joseph Priestley，1733—1804，图 1-4）于 1733 年出生在英格兰的一个小农庄里。他勤奋好学、兴趣广泛，学过数学、自然哲学导论等。1764 年，他获得爱丁堡大学法学博士学位。1766 年，他被推荐为英国皇家学会会员。

图1-4　普里斯特利

为了能有大量的时间进行科学研究，普里斯特利曾数度放弃教师、牧师的职业。最初，他的兴趣主要在物理学上，《电学的历史和现状》（*The History and Present State of Electricity*）是他的一本物理学著作。他不仅用通俗、准确且生动的语言概述了关于电现象研究的完整历史，还非常详细地描述并分析了许多不同的实验现象。

之后，他把兴趣转向了化学，尤其对空气产生了兴趣，思考了不少关于空气的问题。普里斯特利在学生时代参观啤酒厂时就发现，点燃的木条在空气里能正常燃烧，放到盛啤酒的大桶里就会马上熄灭。他就想："难道啤酒桶里的空气和外面的空气不一样？"

经过长时间的思考，他于 1771 年设计了"密闭玻璃钟罩"实验（表 1-1）。为什么老鼠在有流动空气存在时不会死亡，而在密闭的玻璃瓶里会死亡？为什么和点燃的蜡烛一起放到密闭的玻璃瓶里的老鼠会很快死亡？普里斯特利猜测，动物呼出的某种物质会使空气变得污浊，蜡烛燃烧时也会产生这种物质。这种物质污染了空气，因而使空气不能再供给动物呼吸，也不能使蜡烛继续燃烧。可是，在流动的空气中将点燃的蜡烛和老鼠放在一起，蜡烛能持续燃烧，老鼠也能长期生存。

表 1-1 "密闭玻璃钟罩"实验

组别	处理方法	结果
1	将老鼠放到密闭的玻璃瓶里	一段时间后，老鼠死亡
2	将点燃的蜡烛放到密闭的玻璃瓶里	蜡烛燃烧一段时间后熄灭
3	将老鼠和点燃的蜡烛一起放到密闭的玻璃瓶里	蜡烛很快熄灭，老鼠很快死亡

所以，普里斯特利猜想，自然界中一定有某种物质（或生物）能将受污染的空气净化，从而保证了各种动物的呼吸和各种燃料的燃烧。那么，谁能净化空气呢？他开始寻找心目中的答案。

在日常生活中，我们最常用的清洗剂就是水，所以普里斯特利首先想到了水。他设计了实验，用水洗涤受污染的空气，结果发现水净化空气的能力很差，老鼠在经过水净化的空气中生存的时间比原来稍稍延长了一点，但仍然会死去。

经过长时间的思考，普里斯特利又设计了另一组实验（表 1-2）。根据这组实验，普里斯特利认为，植物能将受污染的空气净化，所以蜡烛燃烧的时间和老鼠存活的时间延长了。这就是普里斯特利的著名的"植物能更新空气"实验。

表 1-2 "植物能更新空气"实验

组别	处理方法	结果
1	将点燃的蜡烛放到密闭的玻璃瓶里	蜡烛燃烧一段时间后熄灭
2	将老鼠放到密闭的玻璃瓶里	一段时间后，老鼠死亡
3	将一盆花放到密闭的玻璃瓶里	花正常生长
4	将一盆花和点燃的蜡烛一起放到密闭的玻璃瓶里	蜡烛燃烧的时间延长，花正常生长
5	将一盆花和老鼠一起放到密闭的玻璃瓶里	老鼠存活的时间延长，花正常生长

普里斯特利的发现激起了人们探究空气成分的热潮，这种探究活

动促进了光合作用的发现。

1779 年，奥地利宫廷医生扬·英格豪斯（Jan Ingenhousz，1730—1799）重做了植物对空气影响的实验。他发现，植物只有在阳光下通过其"绿色部分"才能更新空气，在阴暗处或夜间，植物也会"损坏"空气。

1782 年，瑞士牧师让·塞纳比耶（Jean Senebier，1742—1809）证明了植物能利用溶于水的"燃烧过的空气"（即二氧化碳）来恢复空气的活性。

1804 年，日内瓦化学家尼古拉-泰奥多尔·德·索绪尔（Nicolas-Théodore de Saussure，1767—1845）指出，植物产生的有机物总量远超过所消耗的二氧化碳。由此他断定，光合作用必须以水为反应物，从而确立了光合作用是绿色植物利用二氧化碳和水合成有机物并释放氧气的过程。

1845 年，德国医生尤利乌斯·罗伯特·冯·迈尔（Julius Robert von Mayer，1814—1878）引入"能量"的概念，指出绿色植物可以把太阳能转变为有机物中的化学能储存起来，太阳是能量的供给者。

1864 年，德国植物生理学家尤利乌斯·冯·萨克斯（Julius von Sachs，1832—1897）设计了这样的实验：把一株天竺葵放在暗处 36 小时，使它消耗掉叶片中原有的营养物质，也就是让植物处于"饥饿"状态。然后，他把同一叶片的一半暴露在光下，另一半用硬纸板遮光。几小时后，将叶片用酒精脱色，然后用碘蒸气处理叶片，结果遮光部分的叶片无颜色变化，而接受光照部分的叶片显示深蓝色。萨克斯的实验证明，绿色植物在光照条件下能够合成淀粉等物质，并把这些物质供给植物进行生长发育等生命活动；也证明了光照是植物制造有机物不可缺少的条件。他还推断，淀粉不是一次化学变化就产生的，而是在绿叶中（后来知道是在叶绿体中）发生一系列化学变化的结果。

1897 年，人们首次把绿色植物的上述生理活动称为"光合作用"。这样，我们就可以给出光合作用的现代定义了：光合作用是绿色植物通过叶绿体，将二氧化碳和水转变成储存能量的有机物并释放氧气，同时将光能转变成化学能并储存在有机物中的过程。

二氧化碳和水在光合作用中经历了怎样的化学变化？它们是如何转变成有机物（葡萄糖）和氧气的？在 20 世纪前，由于技术手段落后，科学家无法对光合作用进行定量研究。

20 世纪 20 年代以来，德国生理学家奥托·海因里希·瓦尔堡（Otto Heinirich Warburg，1883—1970）开始利用小球藻研究光合作用。小球藻属于单细胞生物，它的光合作用非常旺盛，当时很多学者都在研究它。瓦尔堡通过自己的研究，在前人研究的基础上提出了光合作用中的化学反应应该这样。

（1）水的光解：叶绿素利用吸收来的光能将水分解，放出氢和氧。氢是一种还原剂，可以将二氧化碳转化成糖类。这一过程是英国科学家罗伯特·希尔（Robert Hill，1899—1991）发现的，被称为"希尔反应"。

（2）光合磷酸化：叶绿素可以吸收光能，叶绿素分子通过电子位移变成一种活化状态，将光能转变成活跃的化学能储存在一种高能化合物——腺苷三磷酸（ATP）中。

（3）还原二氧化碳：水光解时产生的氢及高能化合物 ATP，最终和二氧化碳合成了储存能量的有机物——葡萄糖。

二氧化碳是怎么转变成葡萄糖的呢？瓦尔堡没能做出合理的说明。

美国生化学家梅尔文·埃利斯·卡尔文（Melvin Ellis Calvin，1911—1997）在前人的基础上，使用小球藻作为实验材料，采用放射性同位素示踪技术追踪了光合作用中二氧化碳的移动路径，阐明了光合作用的暗反应，这一过程被称为"卡尔文循环"。因为这一重要发现，卡尔文获得了 1961 年的诺贝尔化学奖。

卡尔文循环是由一系列复杂的化学反应构成的，这一过程可以简单地概括如下：①二氧化碳的固定——二氧化碳和一种五碳化合物反应，形成两个三碳化合物；②三碳化合物的还原——三碳化合物在光反应产生的氢、ATP 的作用下，转变成葡萄糖，同时将 ATP 中活跃的化学能转变成葡萄糖中稳定的化学能。

至此，光合作用的详细过程才被阐明。这些研究促进了生物化学、植物生理学等学科的发展，也标志着科学家对植物生理活动的研究已经深入分子水平。

二、植物的雌雄

在一些科学家探究光合作用时，还有一些科学家进行了很多植物生理学的研究。雷曾研究过树的体液运动、种子发芽的机理和其他功能的实验。

黑尔斯被称为"植物生理学的创始人"。他爱好广泛，学识渊博，同时涉猎数门学科，且都有非常出众的成就。因此，他于 1717 年当选为英国皇家学会会员。他喜欢阅读艾萨克·牛顿（Isaac Newton，1643—1727）的著作，并深受其影响。这开阔了他的实验思路，决定用物理实验中定量的方法进行生物学实验。

在自己设计的实验里，黑尔斯测定了植物的生长速度、树液压力等。他认识到只有一部分空气对植物的营养产生作用，纠正了前人的错误观点。黑尔斯也是第一个测量血压的人。

人类对植物开花、结果、产生种子三者之间的关系的认识经历了几个世纪，其中凝聚了许多科学家的心血，这是他们仔细观察和认真思考的结果。

17 世纪，通过对花进行解剖，格鲁认为，花中有相当于动物睾丸的部分，即雄蕊；还有相当于动物卵巢的部分。雄蕊中有相当于动物精子的小球，使相当于动物卵巢的部分受孕。因此，植物都是雌雄同株的。

现在我们知道，格鲁的描述中"相当于动物精子的小球"是指花粉，"相当于动物卵巢的部分"是指雌蕊。

并且，格鲁认为植物都是雌雄同株的。这一观点是错误的，有很多植物是雌雄异株的，如银杏和柳树。

后来，鲁道夫·雅各布·卡梅拉留斯（Rudolph Jacob Camerarius，1665—1721）把格鲁的看法通过实验做了进一步的研究：他把长花粉、不结果实的桑树与结果实、不长花粉的桑树隔离开。结果发现，结果实的桑树虽然还结果实，但果实中没有一粒种子。换用野靛做上述实验，结果是一样的。如果把玉米的雄蕊切掉，也不让它接触其他玉米的花粉，发现这株玉米一粒种子也不结。

卡梅拉留斯的实验说明，种子的形成必须要经过传粉和受精两个阶段。格鲁和卡梅拉留斯的研究推动了植物生理学的发展，使之成为一门独立的学科。

那么，花粉在种子的发育中起了什么作用呢？18 世纪之前，人们普遍认为花粉并不决定种子的各种特点（性状），只对种子的形成起刺激作用。

到了 18 世纪中期，英国植物学家约翰·希尔（John Hill，1714—1775）描述了植物杂交实验中花粉的作用。约瑟夫·戈特利布·凯尔路特（Joseph Gottlieb Kölreuter，1733—1806）让两个不同品种的烟草杂交，并观察子代。结果子代出现了两个杂交亲本的性状。他认为：既然子代具有雄性亲本的一些性状，那么就可以判定花粉并不只是刺激种子的发育。

人们直到 18 世纪末才认识到：有些植物有雌雄之分，雌蕊中的卵细胞和雄蕊（花粉）中的精子经过某些过程（现在我们知道是受精作用）产生下一代。

在这个过程中，由于物理学、化学等相关学科的发展，人们对植物生理的研究从器材、方法到认识水平都逐渐提高。到 19 世纪末，植物生理学发展成为一门独立的学科。

第五节　枝繁叶茂的现代植物学

到 19 世纪中期，植物学各分支学科已经基本形成。达尔文、格雷戈尔·约翰·孟德尔（Gregor Johann Mendel，1822—1884）的工作更为植物进化观和遗传机制的确立打下了基础。

20 世纪，特别是 50 年代以来，植物学又有了飞速发展，主要是植物生理学、生物化学和遗传学等方面的成就，如光合作用、呼吸作用机理的阐明，光敏素、植物激素的发现，微量元素的发现，遗传育种技术、同位素测年法的建立，以及抗生物质的分离等。这些成就使植物学在经济上更加重要，植物学更是成为园艺学、农业和环境科学的重要理论基础。

现在，植物学已经演化出许多子学科，大体可以分为植物分类学、植物形态学、植物生理学、植物生态学、植物地理学、植物资源学、植物遗传学等学科。此外还有些特别分支，如以研究对象的类群不同而划分的分支（如藻类学、苔藓学等）和更加详细专业的分支（如民俗植物学、古植物学和孢粉学等）。

下面仅举例介绍一下植物生态学和植物地理学。

一、植物生态学

世界上的植物种类繁多，适于生长的环境千差万别。每种植物都有适合自己生长的环境。粟、高粱耐干旱、耐瘠薄，是典型的旱作农作物，适于在我国西北、华北地区种植；水稻原产雨量充沛的热带，在生长时需要保持稻田湿润，适于在湿润的水田种植。白桦耐阴、耐寒，适于生长在海拔 1400 ~ 1800 米的高山阴坡。要想更好地利用植物，就要知道植物的"喜好"。每种能够影响植物生长、发育、繁殖等生命活动的因素，都可以称为它的生态因子。研究植物周围的光照、水分、土壤等无机环境因素及其他相关生物因素的科学，就是植物生态学。

研究植物生态学有什么用呢？从实用的角度看，那就是可以更好地开发利用植物。比如，把白桦种在干旱向阳的地方，它很快就会枯死，南方炎热潮湿的地方也不适于它的生长。因此，在绿化城市、进行园林景观设计的时候，不能仅从美观的角度出发，还要研究所栽种的花草树木能否适应当地的气候环境。

二、银杏与植物地理学

银杏是著名的活化石植物，是裸子植物门银杏纲的唯一一种。在2亿年前恐龙繁盛的时代，银杏纲植物遍布世界各地。不难猜测，银杏的叶片和果实曾经是某些恐龙喜爱的食物。随着沧海桑田的演化，到了距今约6500万年前恐龙灭绝的时候，银杏纲植物也因为气候变化开始衰退，到今天只剩下了银杏一种，成了一种孑遗植物。银杏具有许多原始性状，对研究裸子植物的系统发育、古植物区系、古地理及第四纪冰川气候具有重要价值。

银杏果实里的白色种仁可以食用，银杏树可以作为经济林木，加之它叶似小扇，至秋则叶色金黄，而且树形高大挺拔，是非常好的园林树种。因此，银杏在唐代时已经传到日本，现在世界各地都有栽培。

像这样研究植物过去和现在在地球表面分布状况与分布原因的科学，就是植物地理学。植物的生命活动是受外界环境影响和制约的。在漫长的地质年代中，大陆的形成与漂移、山脉的隆起、海洋的进退、动物的兴替、人类的活动与利用等，都会影响植物的生存与分布。因此，通过对植物地理学的研究，可以知道植物区系的发展历史。对现存植物的祖先，以及那些已经灭绝了的植物，可以通过化石证据和孢子花粉分析的方法进行研究。

第二章
动物的研究：从捕猎到圈养

　　在人类进化的历史长河中，谁与人类的关系最复杂而微妙？答案是动物。植物基本上可以说是人类可以根据需要随时取用的资源，而动物则不一样。有的动物是吃人的猛兽，有的动物是人类在食物和空间上的竞争者，有的动物则是人类喜爱的美食。伴随着人类文明的发展，野生动物与人类的关系也发生了很大的变化。它们有的被人类驯化，有的被人类消灭，有的则转变成依附人类生存的宠物。在这个过程中，动物学的研究也从随机无序的观察走向了科学专业的研究。

喜欢动物解剖研究的亚里士多德

第一节 动物的价值

人是一种有语言、有思维，能够有意识地控制自己行为的拥有高度智慧的动物。人既是动物群体中的一员，在许多方面又超越了动物，人与动物之间不像动物之间那样简单。动物是人类的食物、资源、伙伴，还是敌人？这些答案好像都不确切。自古以来，人类的生产和生活一直与动物息息相关，人与动物之间存在着复杂而微妙的关系，下面让我们来粗略地总结一下。

一、丰富的蛋白质资源

动物的肉中富含蛋白质和脂肪。我们的祖先从茹毛饮血的时代开始，经常需要猎杀动物作为自己的食物。从狼虫虎豹到猪马牛羊，再到水产动物，都是人类获取蛋白质和脂肪的食物来源。古语"畜牧犬豕"，表明人类将一些动物驯化成了家畜，已经进入畜牧时代。直到今天，世界上还有靠放牧或打猎为生的民族，如我国青藏高原、内蒙古草原上的少数民族及东北的鄂伦春族。现在，大规模的养牛场、养鸡场、养羊场逐渐取代了过去的放牧和家庭式的圈养。动物不仅为人类提供了肉食，还提供了皮、毛、蛋、奶，为人类提供了丰富的蛋白质。

二、治病的药材

在长期的生产实践中，人们发现很多动物的身体或其分泌物、排泄物可以作为药材来治疗疾病。具体有以下类型：全身入药的，如蝎子、蜈蚣、海马、蚯蚓、白花蛇等；部分组织器官入药的，如紫河车（人的胎盘）、鸡内金、海狗肾、乌贼骨等；分泌物、衍生物入药的，如麝香、羚羊角、蜂王浆、蟾酥等；排泄物入药的，如五灵脂（复齿鼯鼠的干燥粪便）、望月砂（野兔的干燥粪便）等；生理、病理产物入药的，如蛇蜕、牛黄（牛的胆结石）、马宝（马胃肠中产生的结石）等。从入药动物的种类来看，我国已知可作药用的动物有900多种，跨越了动物界中的8个动物门（按近代对动物界的分类可达11门）。从低等的海绵动物到高等的脊椎动物都有所涉及。

三、丰富多彩的衣着原料

随着人类的生活水平越来越高，人们不再满足于吃饱穿暖。动物的毛皮、羽毛等在古代就可以为原始人防寒蔽体。到了现代，动物为人类提供的衣着材料更加丰富多彩：蚕丝制成的丝绸薄如蝉翼、光彩照人，将动物毛皮制成华丽的大衣穿在身上使人看起来雍容华贵，合体的皮夹克使人英姿飒爽，色彩斑斓的羊毛衫/裤让人看起来充满活力，毛料大衣、西服更是让人风度翩翩。2021年，我国皮革行业的27大类主要产品的进出口总值为1033.16亿美元[14]，这些皮革制品做成的服饰大大提高了人们的生活水平。

四、生活的伙伴

无论是农耕文明还是游牧文明，人类都离不开动物的帮助。马代替人拉车、耕地，还驮着主人踏上千里征程。狗帮助主人看家护院，保护牛羊，还是人类最可信赖的动物伙伴。现在，狗已经承担起更多的任务：它不但可以照顾老人、看护孩子，还成了人们茶余饭后的开心果、忠实可信的好朋友。在人类日益多样化的需求下，狗被培养出400多个品种。从体型高大的大丹犬到能装进衣兜的茶杯犬，从凶猛强壮的藏獒到性格温顺的吉娃娃，每个人都能找到自己中意的宠物狗。

五、动物可以帮助植物传粉受精、传播种子，维持生态系统的稳定

在生态系统中，绿色植物是生产者，它为各种动物制造营养物质，提供栖息场所。但是，植物可不是单纯被动物利用的"受害者"。长期

的演化让植物中最高级的类群——被子植物，学会了利用动物。很多被子植物与动物建立了密不可分的关系，以至于离开了动物它们就无法繁殖。

蜜蜂采蜜是为了自己的生存和繁衍。但从另一个角度看，它们又成了植物的"奴隶"。植物进化出五彩缤纷、香气袭人的花朵可不是为了供人欣赏的。它们通过鲜艳的颜色和诱人的香气吸引昆虫及其他各类动物前来拜访，让它们帮助自己传播花粉。作为报酬，动物获得了营养价值极高的食物——花蜜。在这种共赢的合作模式下，植物和动物共同向前进化。在形形色色的被子植物中，约10%靠风力传粉、极少数靠鸟和水传粉，绝大多数的都依靠昆虫帮助传粉[15]。

我们到野外游玩时，经常有鬼针草或苍耳的果实粘在裤脚或鞋带上。等我们发现后，通常都是将它们摘下来扔到地上。在不知不觉中，我们就为鬼针草或苍耳传播了种子。相似的，动物在摄取植物果实，或动物光临、路过的时候，都会帮助植物传播种子。因此，如果没有动物的帮助，植物的生存能力就会下降，甚至有无法繁衍的危险。例如，我国北方有一种名叫槲寄生（图2-1）的药用植物，它需要寄生在榆树、杨树或柳树上。那它怎样繁殖呢？通过长期的演化，它形成了一种极为特殊的繁殖方式：在北方严寒的冬季，槲寄生的果实不干瘪、不脱落，整个冬季都高挂在树梢上，成了北方冬季的一道特殊风景。太平鸟（图2-2）在冬季主要以野果为食。在吃了槲寄生的果实后，它只能把果肉消化掉，于是槲寄生的种子被太平鸟排泄出来。这种粪便非常黏，遇到树枝就会黏附在上面。第二年春天，这些槲寄生的种子就会发芽繁殖。长期的自然选择，已经使槲寄生和太平鸟建立了这种互利互惠的关系。如果太平鸟灭绝了，这种植物的繁衍也会受到严重的影响。

因此，人类只是生态系统的一员，我们利用动物时不能只盯着眼前的利益，还要考虑生态系统的长期和谐与稳定。"涸泽而渔，焚林而猎"的做法会使生态系统崩溃，人类也将不可避免地受到伤害。在我们这一代人获得利益的时候，也要保证以后几代人的利益。这就是可持续发展的思想。

图2-1　槲寄生　　　　　　　　　　　图2-2　太平鸟

人类社会产生和演化的历史，也是动物学产生和发展的历史。在以采集和渔猎为主要生产方式的原始社会，人类就逐步认识了一些与人类关系密切的动物的生活习性及身体结构，继而尝试饲养、驯化有益的动物，防治有害的动物，由此积累了很多动物学方面的知识。

第二节　从捕猎到研究

从出土的化石、发现的古人生活遗迹来看，人类进化的历史非常长。进化生物学家根据不同生物的蛋白质和脱氧核糖核酸（deoxyribo-nucleicacid，DNA）差异建立了分子钟。根据对分子钟的研究，人类从动物界分离出来大约有300万年了。尽管如此，人类的生产、生活一直与动物有极为密切的联系。人类的发展历史，同时也是人类了解和研究动物的历史。

乌鸦喝水的故事广为人知。其实，像它那样聪明的动物还有很多。

大象能分辨出镜子里的影像是"自己"还是"别人"；狗能准确地领会主人的命令，甚至能感受主人细微的情绪变化；马能根据主人的指令完成很多任务，在主人遇到危险的时候还能挺身而出。

古人有多聪明？1969 年在非洲的坦桑尼亚发现的能人头盖骨化石表明，能人的颅容量约为 637 毫升，已经远远超过人类的近亲黑猩猩（410 毫升）和大猩猩（506 毫升）。所以我们不难想象，当时的古人虽然没有现代人聪明，但已经大大超越了其他动物。他们会制造简单的工具，还会通过设置陷阱、围猎等手段捕杀其他动物作为食物。1929 年在北京周口店发现的北京猿人（属于直立人）化石表明，北京猿人的颅容量约为 1059 毫升。并且，科研人员在这里发现了大量的石器和用火留下的灰烬。现代人的直接祖先——智人（如北京周口店发现的山顶洞人）就更聪明了。他们的颅容量（约 1400 毫升）与现代人接近，能熟练取火，会制作精细的石器，甚至演化出了语言和文化。

要捕获动物，就要观察和研究动物的生活习性和生理特征。比如，哪种动物的性情比较温顺？它们每天在什么时候出来活动？怎样捕猎它们更容易成功？这是当时的古人必须考虑的问题。所以，此时就有了动物学的萌芽。大约在 5 万年前出现的晚期智人的颅容量约为 1500 毫升（与现代人相当），拥有足以傲视其他所有动物的高智商，对动物的认识和研究水平也更高。[16]

捕获的动物一时吃不完，人们就会饲养它们一段时间以备不时之需。一来二去，古人学会了饲养动物。有了饲养的动物，古人在遇到大雪、阴雨连绵等恶劣天气时不外出狩猎也能有足够的肉食，何乐而不为呢？在饲养活动中，古人会进一步观察和研究动物的食性、饲养条件、增肥繁育等问题，这会进一步促进动物学的发展。在殷墟出土的甲骨文中，动物专字中以"猪（豕）""牛""羊""马"四类最为丰富，说明这些动物在当时已经被普遍饲养了。

慢慢地，古人掌握的动物学知识越来越多，对动物的利用也不再停留在肉用一方面了。比如，动物的皮毛可以作为衣服来抵御寒冷，动物的角、牙齿、骨骼等可以用来制造捕猎用的箭头、切削用的刀等生产工具。再后来，古人发现一些动物身体的某些部位或动物的排泄物等可以治疗某些疾病，他们对动物的利用水平就更高了。渐渐地，古人对动物的利用水平远远超越了老虎、狮子等肉食动物。

对动物的利用越多，古人掌握的动物学知识也就越丰富。这些知识通过族群里的口耳相传一代一代地积累起来，在有文字记载之前，古人已经掌握了很多捕获、饲养、利用动物的知识。在有了文字之后，古人掌握的动物学知识通过文人学者的搜集整理被进一步发扬光大。

第三节 研究动物：从亚里士多德到达尔文

说到西方的动物学发展，我们就不能不说一下古希腊的亚里士多德（图 2-3）。就西方哲学思想的形成而言，他的贡献无疑是空前的。同时，他在诸多学科中都颇有建树，是动物学的创始人之一。亚里士多德出生于古希腊的殖民地——色雷斯的斯塔吉拉，是世界古代史上伟大的哲学家、科学家和教育家。他的父亲是马其顿国王的御医。通过父亲的言传身教，他学会了医学知识。亚里士多德是一位出色的动物学研究者，他曾用 12 年的时间游历地中海沿岸和附近的岛屿，去观察、研究那里的动物。亚里士多德还在雅典创办了"吕克昂学院"，开设了"动物学"这门基础课程，并亲自承担教学和研究工作。亚历山大大帝（Alexander the Great，公元前 356—前 323）是亚里士多德的学生。为了支持老师进行动物学研究，亚历山大大帝曾通令全国，凡获得珍奇动物，一律交给亚里士多德进行科学研究。亚里士多德利用自己得天独厚的条件解剖了多种水陆动物。经过多年的搜集、整理、观察和研究，他撰写了《动物志》《论动物的结构》《动物的繁殖》等书。在《动物志》里，他描述了 454 种动物，并根据解剖学、胚胎学、生态学的研究，按照它们的相似程度和复杂性进行分类，将动物分为有血动物和无血动物两大类，还使用了种、属等术语，这是人类首次建立比较科学的动物分类系统。因此，《动物志》被认为是动物学分类的开端。瑞典分类学家林奈创立的"双名法"也是借鉴了亚里士多德的思想。亚里士多德根据自己的研究，确定鲸、海豚属于哺乳动物，是生活在水中的兽类，不同于卵生的鱼。亚里士多德对章鱼、乌贼等的交接腕的描述也非常超前，以致当时的人们都不相信该描述，直到 2000 年后科学家才又重新发现了这些结构。《动物志》中还提到一种板鳃类小狗鲨，其繁殖方式既不是典型的卵生，也不是典型的胎生，而是介于二者之间的"卵胎生"。2000 多年来，这件事一直被当作缺乏证据的异闻，直到 19 世纪被德国生物学家弥勒证实。亚里士多德在比较解剖学、胚胎学上也有巨大贡献，他观察过不同孵化时期的鸡卵，从中观察到各种器官的形成。他提出，动物的复杂性随着年代的延续而增加，这种思想比达尔文的"进化论"要早 2200 年。由于亚里士多德的这些贡献，他被后人誉为"动物学之父"。

图2-3　亚里士多德

在亚里士多德之后，宗教长期禁锢人们的思想。各种自然科学在等级森严的宗教制度的束缚下，都得遵循宗教的教义发展，不能逾越教义的界限，否则就要受到宗教法庭的制裁，参与者甚至可能被处以死刑。在这种背景下，自然科学中只有以治病为目的的医学有一定发展，其他学科几乎陷于停滞不前的境地。这种状况一直到文艺复兴时期才得到改善。

到中世纪的后期（14世纪），欧洲手工业生产技术取得进步，社会分工更加明确，促使社会生产结构发生了巨大变化，形成了一些各具特色的工业中心和农业区，商品经济迅速发展。在这种背景下，资本主义率先在意大利萌芽。资本主义萌芽是商品经济发展到一定阶段的产物，商品经济是通过市场来运转的，而市场上择优选购、讨价还价、成交签约，都是斟酌思量之后的自愿行为，这就是自由的体现。当然，要想享有这些自由，还要有生产资料所有制的自由，而所有这些自由的共同前提就是人的思想自由。

资本主义萌芽的出现促进了这场思想运动的兴起。城市经济的繁荣，使事业成功、财富量巨大的富商、作坊主和银行家更加相信个人的价值和力量，更加充满创新进取、冒险求胜的精神。与此同时，知识在市场经济中的价值被人们发现。那些多才多艺、高雅博学之士受到人们的普遍尊重。这为文艺复兴的发生提供了深厚的物质基础和适宜的社会环境。

16世纪后，显微镜的发明对动物学的发展起到巨大的推动作用，动物学著作纷纷问世，尤以解剖学最突出。意大利的安德烈亚斯·维萨里（Andreas Vesalius，1514—1564）是近代解剖学的奠基人。他是一位医生，同时也是一位解剖学家。他是最早出于研究目的对人体进行解剖的科学家之一，给出了很多标准化的解剖学命名，著有《人体的构造》一书，对近代医学和生物学的发展起到很大的推动作用。

古代医学家克劳迪亚斯·盖伦（Claudius Galenus，129—199）提出了"三位一体学说"。该学说认为，人的肝脏、肺与大脑分别产生"自然灵气""生命灵气""智慧灵气"三种灵气，这三种灵气主宰了人体的生命活动。盖伦认为，血液由肝脏产生，通过静脉进入右心室，然后通过室壁渗透流入左心室，再由左心室流出，经过全身后就消耗干净。因此，血液是不断产生又不断消耗的。盖伦的学说将虚幻的"灵气"当作生命之本，带有超自然的神秘色彩，在某种程度上迎合了基督教"上帝造人"的说法，因而被中世纪的教会视为神圣的信条。

维萨里在自己的著作里对盖伦的"三位一体学说"提出了挑战。教会认为，上帝趁亚当熟睡时从他的身上抽取了一根肋骨制造了夏娃，从此人类得以繁衍，而维萨里在书中论述了男女肋骨数量相同的事实，并且指出人的小腿骨是弯的，并不是笔直的；亚里士多德认为心主管思维，维萨里则认为脑主管思维。他的这些在今天看来非常正确的观点在当时受到了守旧派坚决的抵制和镇压。维萨里也受到宗教势力的迫害，最终死在了流放归来的路上。

在文艺复兴之后，动物学研究也步入正轨，而且发展的速度越来越快。

英国的威廉·哈维（William Harvey，1578—1657）创立了正确的血液循环理论。他首次把物理学的概念和数学的方法引入生物学研究中。其中最著名的研究之一就是用数学的方法推算出血液应该是循环流动的。根据心脏的大小、收缩的压力，哈维估计出心脏每次跳动的排血量大约是 2 盎司（约 56.7 克），正常人每分钟约心跳 72 次，每小时有 60 分钟。所以正常人每小时从心脏泵入主动脉的血液约为 244 944 克，这个重量显然大于正常人的体重，更超过了一个人体内的血液总量（经后人实测，成年人心脏每次跳动的排血量约为 65 ～ 70 克）。哈维根据自己的研究判断，血液一定是往复不停地流过心脏然后在全身循环流动的。这一说法以事实为依据，简单明了，说服力又强，但仍遭到反对者的无情攻击。他花费了 9 年时间来做实验和仔细观察，试图证明血液循环这一事实。1628 年，他出版了《心血运动论》一书，在书中阐述了他的"血液循环学说"，指出血液通过从心脏经动脉流向全身，再通过静脉流回心脏。血液循环的动力源于心脏的收缩，而不是盖伦提出的缓慢的渗透过程。后来，马尔皮吉用显微镜观察到蝙蝠翼膜上毛细血管里的血液流动情况，哈维的"血液循环学说"才得到公认。哈维因此被公认为近代实验生物学的创始人之一。

荷兰的安东尼·范·列文虎克（Antonie van Leeuwenhoek，1632—

1723）对动物学的发展也有很大贡献。虽然他没有受过正规教育，不能在理论上对动物学有所贡献，但是他改进了显微镜的制作工艺，使人们对动物的认识深入细胞这个微观水平。

英国人雷提出了"种"的科学概念，并把它作为最小分类单位。至今生物学研究仍然沿用雷创立的"种"的概念。

18 世纪，瑞典分类学家林奈创立了科学的动物分类系统，在其著作《自然系统》一书中把动物分为纲、目、属、种四个等级，首创了"双名法"，为现代分类学奠定了基础。法国博物学家让·巴蒂斯特·皮埃尔·安托万·德·莫内·拉马克（Jean Baptiste Pierre Antoine de Monet Lamarck，1744—1829）提出了"物种进化"论点，以"用进废退学说"和"获得性遗传学说"解释进化的原因。尽管拉马克的有些理论是他凭自己的直觉做出的推断，他的关于获得性状能够遗传的观点是错误的，但他的"用进废退学说"是历史上第一个比较系统的"进化论"，使人们从保守的世界里看到了不一样的天空。

19 世纪，德国植物学家施莱登和动物学家施旺创立了"细胞学说"。该学说指出细胞是动植物的基本结构单位。"细胞学说"的提出，使地球上千变万化的各种生物通过细胞这个基本单位联系起来，也证明了生物之间存在着或远或近的亲缘关系。

1859 年，英国博物学家达尔文出版了《物种起源》一书。在这本著作里，达尔文用大量的事实否定了"特创论"，提出了以"自然选择学说"为核心的"生物进化论"，阐明了物种是从简单到复杂、从低等到高等、从水生到陆生不断地向前发展进化的，从生存斗争、遗传变异和适者生存的角度来解释进化的原因。"进化论"的提出，回答了长期困扰在人们心头的三个疑问：生物是怎么来的？各种生物之间的关系是怎样的？物种是不是可变的？

虽然达尔文提出遗传和变异是生物进化的内在因素，但由于受当时科学发展水平的限制，他对遗传变异未能做出本质上的阐明。奥地利学者孟德尔用豌豆进行了杂交实验，发现了关于遗传因子（基因）在亲子代之间传递的两条基本规律——"分离定律"和"自由组合定律"。在孟德尔之后，美国遗传学家托马斯·亨特·摩尔根（Thomas

Hunt Morgan，1866—1945）提出了"遗传的染色体学说"和"基因的连锁与互换定律"。至此，遗传学上三个最基本的定律被人类掌握。孟德尔和摩尔根的发现使人们又看到了一个前所未见的微观世界：人们对生物的认识从表观的性状深入内在的基因。该发现回答了长久以来萦绕在人们心头的疑问：生物错综复杂的性状是由什么控制的？性状在亲子代之间的传递规律是什么？所以，遗传的基本规律的发现推动了包括动物学在内的所有生命科学的飞速发展。

到了 20 世纪 50 年代，人们在阐明了遗传物质 DNA 的双螺旋结构的基础上建立了分子生物学，动物学的研究也步入了分子水平。从此，动物学进入了全新的发展阶段。

第四节　中国古代的动物学研究：从北京猿人到《本草纲目》

我国的动物学研究是从什么时候开始的呢？在北京周口店发现的北京猿人遗址里，人们发现了大量的植物灰烬遗迹和动物骨头化石，还有利用动物骨头做成的工具的化石，如用鹿的头骨做成的瓢状器的化石。这说明，北京猿人不仅能够将动物作为食物，还能够利用动物的尸骨制作一些日常用具，可以认为这是中国动物学最初的萌芽。

在捕获了动物幼崽后，北京猿人会想到将它们养大了再吃；等这些动物长大了，又想再饲养它们生下的幼崽，这样就有了稳定的肉食来源，而不用冒着生命危险去进行没有多大把握的狩猎活动了。这就是家养动物的开始。这种动物在圈养的情况下能不能存活？它们爱吃什么？它们在什么情况下容易生病？它们是不是很容易从舍圈里逃脱？饲养动物的前提是了解这些动物。智力低下且性格暴躁的动物不适于驯化，而那些比较聪明且性格温顺的动物则适合家养。这些观察和研究活动使动物学得到进一步发展。

出土的化石显示，古人在约 2 万年前将狗驯化成家养动物。狗不但可以看家护院，而且可以在外出打猎时充当先锋，是人类的重要伙伴。大约在 1 万年前，牛、马、猪开始成为人类饲养的家畜。重庆市巫山县的古人生活遗址出土的家畜骨骼化石可以证实，在距今 8000～4000 年的新石器时期，生活在这一地区的古人已经开始饲养马、牛、羊、猪、狗、鸡等六畜了。通过出土的粮食化石来看，当时这个地区已经出现了原始农业，收获得到的粮食除供人食用以外，还可以作为牲畜的饲料。

动物学知识的快速积累和传播得益于以文字的形式记录前人的研究成果。进入夏、商、周时期（距今 4000 多年至距今 2700 年左右），特别是商代，家畜饲养业有了较大发展，在殷墟出土的甲骨文中就出现了"饲料"的字样。甲骨上篆刻的"卜辞"中还有种植草秣、牧牛于"田"的记载。这说明，家禽、家畜的饲养在当时已经非常普遍。甲骨文中记载了许多鸟、兽、虫、鱼的名字，我国的汉字也把"虫""鱼""犭"作为偏旁，可见我国先人在创建文字时就有了一定的动物分类观念。西周时期（前 1046～前 771 年），家畜的饲养已经从散养转变成舍饲。《诗经·大雅·公刘》中有"执豕（猪）于牢"，《诗经·小雅·鸳鸯》中有"乘马在厩，莝（摧）之秣之"的诗句。舍饲是精细饲养的标志。当时的人们还知道对粗饲料进行一定的物理加工可以提高饲料的转化效率。

成书于 3000 多年前的《夏小正》是一部星象物候历法，记载了一年中的四时节令和不同季节时动物的生长、发育、生殖和活动规律，用这些规律来指导人们的日常生活和农、牧、渔业生产。例如，书中有这样的记载："五月蜉蝣有殷。殷，众也……"意思是每年到了五月，蜉蝣都会大量出现。书中还对养蚕技术进行了归纳。总结这些规律需要对动物进行长期的观察和研究，说明当时的动物学研究已经达到一定水平。

春秋战国时期的《诗经》虽然不是研究动物的专著，诗句中却提到了 100 多种动物。一些诗句提到了动物生活的环境，可以看作是古人关于生物与环境关系的探索，如"关关雎鸠，在河之洲"（关关和鸣的雎鸠，相伴在河中的小洲）；一些诗句反映了动物与季节更替的关系，如"蟋蟀在堂，岁聿其莫"（蟋蟀跑到屋子里来了，一年也快到头了）；有些诗句则反映了动物之间的竞争关系，如"维鹊有巢，维鸠居之"（喜鹊好不容易筑了巢，鸠却要来住）。

成书于战国时期的《尚书·禹贡》记载了中国古代先民的农耕文化，也是一本包含山川、土壤、植被、物产、交通等内容的地理学著作，书中记载了当时九大区域的经济动物，是我国动物地理学的萌芽。

成书于距今 2000 多年的《周礼》是一部儒家经典。该书虽然是叙述国家机构设置、职能分工的专著，却也蕴含着丰富的农学思想。书中把动物分为毛、羽、介、鳞、蠃 5 类，相当于现代动物分类中的兽类、鸟类、甲壳类、鱼类和软体动物。

在中医学的发展过程中，出于治病的需要，古人对动物和人的生命活动进行了很多研究。成书于隋唐时期的《黄帝八十一难经》提到了人体的血液循环，这比英国学者哈维提出"血液循环学说"的时间约早 1000 年。明代李时珍撰写的《本草纲目》中记述了 462 种动物药，对这些动物的形态特征、生活习性、饲养驯化、药用和经济价值进行了较深入的研究。书中的很多动物学知识直到现在仍有参考价值。该书被翻译成日文、韩文、英文等多种版本，为推动世界医学发展做出了贡献。

在农业方面，北魏贾思勰的《齐民要术》中也总结了一些动物学知识，如家畜的人工选择、优良品种的繁育和去势技术、蚕的饲养和品种保存技术等。唐代药学家陈藏器（约 687—757）在《本草拾遗》中以侧线鳞数作为鱼类分类的重要依据，这种分类方式至今仍在沿用。

在晋代（266—420），中国已经有了动物图谱。这期间，嵇含（约

223—262）的《南方草木状》成书，里面记述了利用蚂蚁消灭柑橘害虫的情景，这是中国关于生物防治的最早记载。

在明代以前，我国动物学与农医实践结合紧密，与世界上其他国家相比并不落后。就全世界范围来看，文艺复兴时期以前的动物学研究都有一定的随意性和盲目性，缺乏系统的研究，动物学当然也不可能获得长足的发展。

但在文艺复兴时期之后，西方国家进入资本主义社会，自然科学得到迅速发展；而我国仍处于封建社会，将自然科学视为旁门末技的思想，严重阻碍了自然科学的发展，致使动物学的发展明显落后。

我国现代动物学的研究始于20世纪初。但由于战乱、经费不足和人才匮乏等各方面因素的影响，动物学的发展十分缓慢，主要是学习西方的研究成果。新中国成立以后，特别是20世纪80年代以来，我国的动物学进入了一个快速发展的新阶段。动物分类、进化、生理、生化等诸多门类都取得了飞速发展，在基础研究和应用研究方面取得了辉煌的成就。这些研究为清查我国的动物资源，保护、开发和持续利用动物提供了丰富的资料，也为农林牧渔业的发展规划、三峡工程、三北防护林、黄土高原综合治理等提供了理论依据。在农林害虫的防治，疟疾、血吸虫病等传染病的防治等方面，我国也取得了令人瞩目的成就。

目前，动物学正向着宏观和微观两个方向发展。在微观方向，人们已经开始了分子生物学和量子生物学等方面的探索研究。尖端生物学科的兴起和发展，使人们清晰地认识到生命现象的研究最终都可以分解到分子、原子甚至电子水平，进行物理、化学分析。在分子生物学基础上发展起来的基因工程，借助现代生物技术把一种生物的基因提取出来，在体外进行剪切和拼接，再导入另一种生物体内，可以改变或创造新的物种，该技术可以应用于农业和医药等领域为人类造福。例如，抗虫棉就是将苏云金芽孢杆菌的抗虫基因转移到棉花体内，使棉花具有了抗虫性状。在宏观方向，动物学以研究动物与环境关系的生态学为主，正向着应用生态学、行为生态学、环境生态学、地球生态学、海洋生态学和太空生态学的方向发展。

第五节　动物学的"分"与"合"

一、"分"：专业细化

到了 20 世纪中叶，国际动物学领域衍生出大量的分支学科。随着各分支学科的科研队伍逐渐壮大，他们纷纷成立了自己的学会，并且在自己学会的基础上开展活动，使得动物学的研究逐渐细化。具体来说，动物学主要出现了动物形态学、动物生理学、动物分类学、动物生态学、动物地理学和动物遗传学等分支。

1. 动物形态学

某种动物长成这个样子有什么意义？它是怎么进化成这个样子的？这就是动物形态学研究的内容。动物的内部形态（解剖结构等），以及在个体发育及系统进化中的变化规律也是动物形态学的研究内容。

例如，澳大利亚的沙漠里生活着一种浑身长刺的蜥蜴。在一般人看来，它身上的那些小倒刺和凸起物是专门对付食肉动物的防身武器，可是谁曾想到那些小倒刺和凸起物还有特殊的蓄水功能？其实，仔细观察后我们会发现，这种蜥蜴皮肤的角质层是呈覆瓦状的，温度比身体内部低，尖刺就是一个个伸入空气中的凝聚点，空气中的水汽会随着尖刺汇集，然后随着一排排看起来杂乱无章其实又非常有序的水沟汇集在一起。而且水分在它的身体表面汇集后，是朝向它的头部流动的，一直流到毛细管网络汇合成的两个多孔小囊里。这两个小囊长在蜥蜴的嘴角两侧，是一对绝妙的水分收集器，蜥蜴只要动一下颌部，水滴就会自动冒出来。所以，每天清晨天刚刚发亮的时候，蜥蜴就会早早地"起床"到外面吸收晨雾中的水汽。

另外，一些脊椎动物的前肢——鸟的翼、蝙蝠的翼手、鲸的鳍、马的前肢和人的上肢，在外形和功能上都不相同，但是它们的内部结构却是基本相同的。它们都是由肱骨、桡骨、尺骨、腕骨、掌骨和指骨组成的，而且排列方式也基本相同。

研究表明，这些动物和人都是由原始的共同祖先进化而来的。只是它们在进化过程中的生活环境不同，自然选择的方向不同，使它们向不同的方向进化，前肢才出现了形态和功能上的不同。这些器官被人们称为"同源器官"。同源器官的存在，为生物进化提供了比较解剖学方面的证据。[17]

动物形态学依靠一代又一代科学家的努力，借助越来越先进的技术手段，目前已经达到相当系统、深入的境地。动物界各大类群的代表动物、资源动物、实验动物及家禽家畜等，都有系统的解剖学专著问世。在系统分类及进化上有重要意义的结构，也早已有人进行了深入细致的研究。所以有学者认为，动物形态学的发展已经"登峰造极"，再无重要的课题可供研究。到20世纪50年代，从事动物形态学研究的学者人数急剧减少。到20世纪70年代以后，由于新技术的进步和学科间的广泛渗透，人们逐渐认识到，在近代生物学领域内，形态学不仅是不可缺少的基础，还有其特有的、崭新的研究内容。因此，科学家在研究中更注重学科间的广泛渗透和研究方法、技术手段上的不断创新。

2. 动物生理学

动物生理学是生命科学的核心之一，主要研究动物体的各种生理机能（如消化、循环、呼吸、排泄、生殖、应激性等）、生理机能的变化发展及对环境条件所起的反应等。近年来，动物生理学还依研究进展的情况，派生出内分泌学、免疫学、酶学等。

例如，马戏团里的狗熊会骑自行车，就可以作为动物生理学中条件反射形成的例子。在训练时，如果狗熊在驯兽师的指令下完成骑车动作，驯兽师就会给它一块肉作为奖励。狗熊再完成一次骑车动作，驯兽师就再给一块肉作为奖励，这就是强化。经过多次强化训练后，狗熊就形成了条件反射。驯兽师一发出指令，狗熊就会骑上自行车完成骑车动作。

3. 动物分类学

人们描述过的动物大约有 150 万种。将如此繁多的动物进行科学的分门别类，才能正确地认识和区分它们，深入地掌握它们的发生发展规律。这在生产实践中对有害动物的防治、有益动物的利用、良种繁育、了解各类动物与人类的关系等有重要意义。

动物分类最初是依据形态特征或习性特点进行分类的。随着科学技术的发展，动物分类学研究逐渐从形态、解剖、胚胎、生理、生态和地理分布等方面深入到细胞学、遗传学、分子生物学、生物化学、数学等领域。例如，人们可以依据线粒体 DNA 或者核 DNA 比对的结果，确立两种动物之间的亲缘关系。研究表明，人同黑猩猩、大猩猩的 DNA 相似度分别为 99%[18]、98%[19]，可见人与黑猩猩的亲缘关系更近一些。

4. 动物生态学

动物生态学是生态学中的一个重要的分支学科，主要研究动物与环境之间的相互关系。它是一门多学科交叉的、综合性的学科，是保护与利用有益动物、控制有害动物的基础。例如，要饲养大熊猫，就要了解它爱吃什么、喜欢生活在什么样的环境里、竞争对手有哪些、谁是它的天敌等，这就属于动物生态学的研究内容。

动物生态学又可以分为两个主要分支——动物个体生态学和动物群落生态学。前者研究动物个体或种群与环境的关系，后者研究动物群落与环境的关系。进行动物生态学研究，对人类利用和保护动物资源具有重要的意义。

5. 动物地理学

动物地理学是研究现代动物的生活、分布及其与地理环境相互作用的科学，是地理学和动物学交叉形成的学科。

动物地理学通常分为生态动物地理学和历史动物地理学。前者的主要研究对象是动物生态地理群，即与一定的自然地理条件相联系的动物整体。后者的主要研究对象是动物分布区和动物区系。动物地理学的基本任务是阐明地球上动物分布的基本规律，为保护和合理利用野生动物资源、恢复与定向改变动物种群提供科学依据。

6. 动物遗传学

动物遗传学主要研究与人类有关的各种动物（如家畜、鱼类、鸟类、昆虫等）性状的遗传规律和遗传改良的原理及方法。当前遗传学的迅速发展，使人类运用遗传学的原理定向改造动物的遗传性状、创造自然界没有的新种成为可能。

二、"合"：交叉融通

人们发现，随着动物学的专业学科（如分类学、生理学、胚胎学等）取得很多新成就，各专业学科之间的壁垒也在逐渐形成。很多科研成果在各分支学科间的相互交流和跨学科应用方面受到了限制。

20 世纪 90 年代以来，随着干细胞科学、克隆技术、基因组学等分子生物学的迅猛发展，再加上信息科学的应用，动物学的研究方法出现了交叉融合的趋势。一些动物学分支领域的学科方法可以运用到动物学的大多数领域。比如，在动物地理学方面，过去主要根据不同地区的动物种类和形态特征展开研究，现在则可以从分子标记的角度研究不同地理环境的动物差别。与此同时，人类活动的影响及气候异常的加剧，物种保护、生物灾害控制、资源可持续利用等对动物学的需求日益增强。在这个背景下，动物学界的有识之士希望重新振兴动物学。

2000 年，在国际动物学大会停办 20 多年后，第 18 届国际动物学大会在希腊雅典召开，恢复了具有 100 多年历史的国际动物学大会活动。到 2004 年第 19 届国际动物学大会在北京召开时，大会宣布成立国际动物学会，大张旗鼓地推动国际动物学的发展。

所以，尽管由于分支学科的发展和不同学科之间日益广泛地交叉渗透，动物学研究向微观和宏观两极发展，但各个分支学科又相互结合起来，形成了分子、细胞、组织、器官、个体、种群、群落、生态系统等多层次的研究。在研究方法方面，动物学也从各自不同的研究方法转变为采用很多通用的研究方法。在人才培养方面，动物学由过去的致力于培养专才转变为今天的既要培养专才又要培养通才。可以说，到今天为止，动物学仍是处于不同学科错综复杂关系网中的一门基础科学。

第三章
微生物：一直与我们同在

　　古代没有冰箱，那食物就无法长期保存了吗？当然不是。通过长期的观察、实践和探索，古人学会了利用微生物的生命活动改变食物的风味，利用少数有益的微生物来对付众多有害的微生物，既创造了口感独特的风味，又让食物得以长期保存，以备不时之需。

发现微观世界的列文虎克

第一节　发酵的秘密

绝大多数微生物都特别微小，现代人可以借助显微镜对它们进行观察和研究。在没有显微镜的古代，人们是不是就无法利用看不见、摸不着的微生物了呢？

在远古时期，人类虽然还不知道有微生物的存在，更没有见过微生物，但却已经在日常生活和生产实践中巧妙地利用微生物了。

对微生物的利用最早源于食物保存。古人获得的食物如果有剩余，就会想方设法地让食物可以被保存更长时间，以备不时之需。在多数情况下，长期放置的食物会因发酸变臭而无法食用；但采用一些特殊的手法，在某些特定的环境条件下，食物就可以长期保存。例如，在新宰杀的猪腿表面敷上盐后，将其放在阴干环境中就能制成可长期保存的火腿。在这个过程中，微生物起了至关重要的作用。

通过长期的积累和摸索，古人逐渐掌握了利用微生物的发酵技术。腐乳、酒、酱、醋都是利用微生物发酵的产物。我国的酿酒技术起源于何时虽无定论。但从龙山文化遗址出土的大量贮酒、饮酒的尊、盂等器具可以推知，古人早在 5000 多年前就有了较成熟的酿酒技术。[20]我国殷商时代的甲骨文上也有关于酒、醴（甜酒）等的记载。古人把水、酢（同醋，熟淀粉稀薄液发酵后产生了一些乳酸，口感微酸而有香气）、醴、凉（滤去饭粒的醴兑上凉水）、医（刚开始酒精发酵的稀粥汤）、酏（稀粥）合称"六饮"。除水之外，其余五种都是利用发酵制作的风味饮料。在西方，古希腊时期的石刻上记有酿酒的操作过程。在春秋战国时期，我国劳动人民就利用微生物分解有机物质来沤粪积肥了。1～2世纪成书的《神农本草经》里提到，可以用白僵蚕（家蚕的幼虫感染白僵菌而僵死的干燥全虫）治病。我国现存最早的农业典籍《齐民要术》中就提到，采用豆类和谷物轮作，可以防治侵害农作物的微生物，从而获得高产。《齐民要术》还介绍了制曲、酿酒、制酱、造醋、腌菜等的加工技术，生产这些农副产品都要利用微生物。

然而，并不是所有的微生物都对人有益，困扰人类的很多疾病是感染了致病微生物引起的。进入 21 世纪以来，几种传染病让普通民众认识到致病微生物的危害，如突如其来的严重急性呼吸综合征（SARS）、几度肆虐的禽流感、悄然暴发的甲型 H1N1 流行性感冒、全球肆虐的新冠疫情等。这些传染病有一个共同特点——都是由致病微生物引起的。

过去，我们的祖先对微生物的认识非常模糊，还处于猜测、摸索、尝试阶段，应用的目的性也不强。但他们在多年的生产和生活实践中积累了对付致病微生物的丰富经验，如对狂犬病、伤寒和天花的防治等。

1796 年，英国人爱德华·詹纳（Edward Jenner，1749—1823）发明了牛痘疫苗，不但有效地防治了天花，还为免疫学的发展奠定了基础。

第二节　发现微观世界

真正看见并描述微生物的第一人是列文虎克（图 3-1）。他虽然没有多少文化，却能制造出当时最好的显微镜。列文虎克由于观察到了被他称为"微动物"的生物而入选英国皇家学会会员，并被现代人视为微生物学的重要开创者。

列文虎克生于荷兰的代尔夫特。父亲早逝，他在母亲的抚养下长大成人。由于家境贫寒，他只读了几年小学就辍学务农了。16 岁时，列文虎克在阿姆斯特丹的一家布店当过学徒，20 岁时回代尔夫特开了一家绸布店。由于不善经营，绸布店不久就关门了。此后的很长一段时间他都没有固定工作。因为忠厚老实的人品，列文虎克在中年后被代尔夫特市长选为市政厅的看门人。这种相对轻松的工作使他有较充裕的时间去接触外界事物，也有充沛的精力去研究自己感兴趣的问题。

图3-1　列文虎克

一、时代的召唤

在列文虎克生活的 17 世纪，由于维萨里和哈维的研究成果，解剖学与生理学的研究达到很高的水平，同时也带来了很多难以解决的问题。比如，哈维的"血液循环学说"认为是最小的毛细血管将动脉与静脉连接起来的，但是受当时显微镜发展水平的限制，他不可能观察到这些毛细血管。这样一来，无论是"血液循环学说"的辩论，还是整个生物学的发展，都急需一种能将标本清晰地放大许多倍的显微镜。

古希腊人就已经知道椭圆形的玻璃球能使物体看起来更大，但是这种知识直到 17 世纪才用来制造真正用于放大的工具。当时，荷兰磨制宝石的工艺非常先进，人们已经在磨制产自古印度的金刚石。工匠们在加工宝石的时候，也带动了玻璃的加工磨制。后来，许多人学会了精确地磨制玻璃的手艺，以此来制作眼镜片和放大镜。在 17 世纪初，伽利略·伽利莱（Galileo Galilei，1564—1642）利用透镜制造出望远镜。接着，意大利生理学家马尔皮吉发现，将透镜按一定距离排列也可以用于放大物像。他还用自己发明的显微镜发现了毛细血管，为哈维的"血液循环学说"提供了重要证据。但对于当时的绝大多数人来说，显微镜还只是一个玩具。在大家看来，除了能唤起人们的一声惊呼，它似乎没有什么别的用处。不过没过多久就有人发现了显微镜不可替代的科研价值。对显微镜的制造工艺进行大幅度改进的人有列文虎克、胡克和简·斯瓦默丹（Jan Swammerdam，1637—1680）。

二、独一无二的显微镜学家

胡克是英国物理学家和显微镜学家，也是现代复式显微镜雏形的发明者。列文虎克既不是显微镜的发明者，也不是第一位显微镜学家，更不是专门搞生物学研究的学者，但兴趣使他在微生物学史上留下了浓墨重彩的一笔。

列文虎克偶然从一位朋友那里得知，在荷兰最大的城市阿姆斯特丹能买到一种玻璃制成的放大镜，它可以把肉眼看不清的小东西放大。列文虎克觉得这非常不可思议，他还是第一次听说这种事。后来他了解到，当时的眼镜店除磨制眼镜的镜片外，也磨制放大镜出售。于是他特意找机会来到阿姆斯特丹。

可是他到眼镜店一问，放大镜却贵得吓人，根本不是他能买得起的东西。他只好高兴而去，扫兴而归了。

巧合的是，他在回家的路上恰好看到磨制镜片的人在工作。于是他悄悄地驻足观看磨制过程。以后一有空闲，他就去观看人家磨制镜片。经过仔细观察，列文虎克发现磨制镜片并没有什么奥秘，只需要特别仔细和非常的耐心。

"索性我也来磨磨看。"从那时起，列文虎克就开始利用自己的业余时间来磨制镜片了。

当时的一些科学技术著作都是用拉丁文写的，而他的文化水平又不高，所以他根本无法借鉴别人的经验，只能自己慢慢摸索。他用研究者坚不可摧的好奇心，学会了玻璃透镜的磨制手艺。当他用自己磨制的凸透镜观察时，立刻被眼前的显微世界惊到了。他拿着自己制造的显微镜观察了许多东西，包括晶体、矿物、植物、动物、污水等。这些细微的结构令他着迷，也促使他不断改进透镜的磨制工艺以满足自己不断增强的好奇心。这使他制造的显微镜的分辨率远远超过了他的前辈们。

对于自己的发现，他欣喜若狂，逢人便讲。大家对他的发现感兴趣的同时，也对他的显微镜制作技术非常艳羡。但他把玻璃透镜的磨制技艺看作不可出让的私人秘密，无论别人怎么盘问，都不会透漏一星半点。列文虎克把自己制作的显微镜视若珍宝，总是亲自调试好显微镜以后让别人在镜头前看上一眼就匆匆地收起来。为了制造更好的透镜，他使用了最好的玻璃和水晶，到最后甚至使用了金刚石。

三、门外汉的科研生活

因为列文虎克从未受过系统的自然科学教育，所以他的观察无疑具有强烈的主观性和不可避免的盲目性。他不加选择地在不同的对象上开始了自己的微观研究，观察了蜜蜂的螫针、蚊子的长嘴、苍蝇的复眼等肉眼难以看清的细微结构。当他观察到越来越多的令人惊异的新形态时，就越来越迫切地希望用生物学的专业知识来判断他所看到的东西。于是他开始了艰难的自学过程。他以不知疲倦的热情阅读了大量的生物学书籍，使自己获得了广博的知识。

1674 年的一天，列文虎克把一滴水珠放在自己设计制造的显微镜下观察，惊奇地发现了许多人们从未见过甚至从未想象过的、小得肉眼无法看到的"小虫子"。对于这些"小虫子"来说，这一滴水就是它们生活的全部世界。它们在这滴水中游动、摄食、繁衍、死亡。他将观察到的这些不停蠕动的"小虫子"称为"微动物"。这是人类首次对微生物进行观察和描述。这一伟大发现使人类看到了一个不同于我们生活环境的新世界，揭开了微观世界的神秘面纱。

他把观察结果指给周围的邻居和朋友们看。他的朋友——医生和解剖学家雷尼尔·德·格拉夫（Regnier de Graaf，1641—1673）劝他把自己的观察结果报告给英国皇家学会。他照办了，在报告中描述自己观察到了"大量难以置信的各种不同的极小的微动物……它们活动得相当优美，来回地转动，也向前和向一旁转动……一颗粗糙沙粒中有 100 万个这种小东西；而在一滴水——在其中，微动物不仅能够生长良好，而且能活跃地繁殖——能够寄生约 270 万个微动物"[21]。英国皇家学会的负责人觉得这是一个不可思议的发现，于是委托两个秘书——物理学家胡克和植物学家格鲁为英国皇家学会弄一个质量最好的显微镜，以便验证列文虎克的说法。让人失望的是，两个人在遍访了所有的大型眼镜店后都没能找到满足要求的显微镜。不过，他们却能根据自己在列文虎克那里看到的观察结果证明列文虎克说的一点都没错。于是英国皇家学会想出了一个折中的办法，将列文虎克发展为会员，要求他经常向学会报告自己的发现。在此后20多年的时间里，列文虎克经常不定期地给英国皇家学会写信报告他的发现。尽管他的文化水平不高，写作能力也较差，而且信中经常用大量篇幅写一些邻居不讲卫生之类的废话，但由于他对"微动物"的独特发现，英国皇家学会对他的每一封信都非常重视。

四、小人物的大贡献

列文虎克一生磨制了400多个镜头，并以不同的方式将它们镶嵌起来。他磨制的多数镜头都很小（有的只有针头那么大），却能放大30～300倍物品。这些镜头每个都是精巧的光学珍品，加上他的详细观察，使他获得了许多重要发现。

列文虎克可能是首先观察到细菌的人。他从自己的牙垢中发现了比他的"微动物"还要小的微生物——细菌。"这些小家伙几乎像小蛇一样用优美的弯曲姿势运动。"列文虎克说道。[21] 列文虎克根据自己在显微镜下看到的情景将这种微生物画成图片，并刊登在英国皇家学会于1683年出版的《哲学学报》上，这就是人类最早描绘的细菌图片。由于他的显微镜还无法清晰地观察这些微生物的结构，所以他的描述和绘图还不准确，但这并不影响他的成就。这种生物直到200年后才被人们重新认识，它们就是细菌。此外，列文虎克还有许多重要的发现：1677年，他首先描述了精子；他研究过眼球晶状体、肌肉横纹、昆虫口器和植物的精细构造；他还发现了蚜虫的孤雌生殖；1684年，他首先精确地描述了红细胞，并注意到不同动物的红细胞有不同的形状。

列文虎克于1723年在代尔夫特去世，享年90岁。他把自己的遗产——400多个显微镜镜头和小型放大镜捐赠给了英国皇家学会。

1715 ～ 1722 年，他的著作分 7 卷出版。列文虎克在世时就已经名扬世界，包括英国伊丽莎白一世（Elizabeth Ⅰ，1533—1603）在内的几位欧亚君主都曾登门拜访过他。由于列文虎克拥有高光学性能的显微镜，以及他对所采用技术的严加保密，所以他的许多观察结果在一个多世纪内无人可以超越。当人们在用效率更高的显微镜重新观察列文虎克所描述的形形色色的"微动物"，并知道它们会引起人类严重疾病或产生许多有用物质时，才真正认识到列文虎克对人类认识微观世界做出的重要贡献。这些微小的生命体是怎么来的？是不是所有的微生物都是有害的？因为研究和了解得还不充分，大家众说纷纭。

第三节　巴斯德：第一位微生物学家

一、"自然发生说"

到 19 世纪时，科学家对微生物学的探索使人类已经能够科学地描述微生物的形态，并认识到它们的多样性。自然科学界在 19 世纪下半叶有关微生物的两个疑难问题是：微生物是怎么来的？传染性疾病的本质是什么？

19 世纪 60 年代开始，以法国路易·让·巴斯德（Louis Jean Pasteur，1822—1895）和德国海因里希·赫尔曼·罗伯特·科赫（Heinrich Hermann Robert Koch，1843—1910）为代表的科学家将微生物学的研究推进到生理学阶段，并为微生物学的发展奠定了坚实的基础。

巴斯德（图 3-2）是法国微生物学家、化学家，近代微生物学的奠基人。像牛顿开辟出经典力学一样，巴斯德开辟了微生物学领域，也是一位科学巨人，被后人称为"微生物学之父"。

图3-2　巴斯德

　　19世纪的科学界有个广受认可的学说——"自然发生说"。有人发现，装有粮食的陶罐里经常会没来由地出现成窝的老鼠（其实是由于这些人居住在平房里，观察不够仔细、实验不严密导致的）。还有人发现，将枯草扔进池塘，腐烂的草里就会生出大量的变形虫之类的微小动物。这些都被当作"自然发生说"的证据。我国古代也有"腐草化萤，腐肉生蛆"的说法，这与西方的"自然发生说"如出一辙。

　　1857年，巴斯德设计了著名的曲颈瓶实验，否定了生命的"自然发生说"。他将煮好的肉汤装在一个有长而弯曲的开口的玻璃瓶里。一个月过去了，他发现肉汤鲜美如初，而装在敞口瓶里的肉汤很快就腐烂变质了。他认为，装在曲颈瓶里的肉汤没有变质是由于没有和空气直接接触，而敞口瓶里的肉汤腐败是空气里的微生物落到肉汤里生长繁殖的缘故。于是他提出，微生物不是自然发生的，而是由微生物繁殖而来的。

　　意大利生物学家弗朗切斯科·雷迪（Francesco Redi，1626—1697）也通过实验否定了"自然发生说"。雷迪把肉放到一个大罐子里，罐子的口部用最细密的纱布密封。结果虽然有许多苍蝇在纱布上停留，罐子里的肉却没有生蛆。与此相对照，敞口罐子里的肉长满了蛆。据此，雷迪认为，腐败的肉是蝇蛆发育的场所，而卵才是蝇蛆发生的先决条件。

巴斯德通过实验发明了加热灭菌法，后来被称作"巴氏消毒法"。这个方法简单易行，却成功地解决了当时困扰人们的牛奶、酒类变质的问题。

受巴斯德实验的启发，英国的约瑟夫·利斯特（Joseph Lister，1827—1912）想到，手术后患者的伤口腐烂很可能是由空气中的微生物引起的。他猜测，只要在外伤处敷上杀灭微生物的药剂，就是不隔绝空气，也能避免伤口腐烂。因此他开始寻找一种药剂来治疗伤口感染。1865年，他用苯酚作为防腐剂取得了成功，使手术死亡率从45%下降到15%[22]。

通过在显微镜下观察，巴斯德发现引起酒精发酵、乳酸发酵、醋酸发酵的微生物是不同的，从而奠定了初步的发酵理论。

就在巴斯德全力研究发酵过程的时候，他的三个女儿相继染病死去。他认为这些疾病也是由感染微生物引起的。不幸的遭遇没有击倒他，反而让他下决心找到这些疾病的起源和有效的预防、治疗措施。在巴斯德的带动下，19世纪成为寻找病原菌的黄金时期。

在预防疾病方面，巴斯德发明了用于预防鸡霍乱病和牛羊炭疽病的减毒菌苗，还发明并使用了狂犬病疫苗，使人类对疾病的斗争真正从被动治疗转变为主动防御。

总的来看，正是巴斯德的努力促进了微生物学的成长，也促进了医学、发酵工业和农业的发展。

巴斯德一生进行了很多开创性的研究，并取得了突出的成就，是19世纪最卓越的科学家之一。他主要解决了三个重大的科学问题。

（1）每种发酵作用都是由一种微生物引起的。他发明的巴氏消毒法不仅用来防止牛奶和酒类变质，还广泛地应用在各种食物和饮料的保鲜上。

（2）每种传染病都是由一种微生物引起的。由于发现一种侵害蚕卵的病菌，并找到了根除的方法，巴斯德拯救了法国的养蚕业。

（3）找到了一种制作疫苗的方法：他发现导致传染疾病的微生物在特殊的培养条件下可以减小威力，根据这一特点可以使它们从致病菌变成防病的疫苗。在他研究和思考的基础上，科学家建立起了细菌致病理论。

二、啤酒变酸的秘密

当时，法国的啤酒在欧洲享有盛名，酿酒是法国的支柱产业之一。但有一个问题让啤酒商们非常烦恼：在运往国外的过程中，经常有整桶芳香可口的啤酒不知什么原因、不知什么时候变成了酸得让人咧嘴的黏液。这样的啤酒还怎么卖钱？如果只是偶尔一两桶变酸还可以，但有时候会出现成批的啤酒变酸，有的啤酒商甚至因此而破产。

其实酿酒和做醋是有联系的，传统的发酵醋是在酒精发酵的基础上完成的。我国古代就有这样一个故事，一个酒厂老板非常抠门，对待工人特别苛刻吝啬。过年的时候，他给酒厂写了这样一副对联：酿酒缸缸好，做醋缸缸酸；养猪大如山，老鼠只只亡。因为那时候没有标点符号，所以是这样写在纸上的：酿酒缸缸好做醋缸缸酸；养猪大如山老鼠只只亡。有个长工看了对联，就偷偷给加了标点，使对联变成了：酿酒缸缸好做醋，缸缸酸；养猪大如山老鼠，只只亡。

这个小故事可以间接地说明酿酒和做醋的联系。

现在的高中生都知道，酒变酸是由于密封不严、空气中的醋酸菌侵入导致的，但当时的人哪知道这些啊。啤酒商们都很着急，他们不明白好好的啤酒怎么会变酸呢？就在大家一筹莫展的时候，有个人想到一个办法，即给当时大名鼎鼎的巴斯德写信，请他帮助解决啤酒变酸的问题。

在这之前，巴斯德已经研究了一个类似的问题。对于啤酒酿造时糖类是如何转化成酒精的问题，德国化学家尤斯图斯·冯·利比希（Justus von Liebig，1803—1873）认为这是酵母细胞中的某种物质所起的化学作用，而且是需要酵母细胞死亡裂解之后释放到培养液里才能发生的一个化学变化过程。巴斯德则通过自己的研究证明，这不是一个纯化学过程，而是活酵母细胞作用的结果。

受历史条件的限制，巴斯德无法从原理上解释啤酒变酸的机理，但他会通过设计科学的实验来解决问题。巴斯德把发酸的啤酒和不发酸的啤酒分别放在显微镜下观察，经过无数次的比对，他终于发现导致啤酒变酸的是一种杆状的微生物。啤酒如果不经密封或密封条件不好、保存的温度条件不合适，时间长了，不仅酒精会跑掉，而且还会变酸变馊。现在我们知道，这是由于空气中的醋酸菌在酒与空气接触时乘机进入，在醋酸菌的作用下，酒精发生了化学变化而变成醋酸。啤酒、果酒更容易酸败成醋。

那么，怎样解决啤酒变酸的问题呢？用药物可以杀灭醋酸菌，但也会对喝啤酒的人产生危害；高温能杀死醋酸菌，但如果加热到沸腾，导致啤酒变酸的醋酸菌是被杀死了，但啤酒里的酒精也挥发了。经过无数次的尝试，巴斯德发现了一个简单而有效的办法：只要把啤酒放在 50～60℃的环境里保持半小时，就可以杀死酒里的醋酸菌，而且不会影响啤酒的口味。这就是著名的巴氏消毒法。用这种方法能用较低的温度杀灭食品中的微生物，却不会破坏食品中的营养成分。现在使用的巴氏消毒法是经过改良的，一般为 72～76℃，保温 15 秒。市场上出售的袋装牛奶就是用这种办法消毒的。

三、养蚕业的复兴

就在巴斯德成了法国传奇般的人物时，法国南部的养蚕业正面临一场危机，一种流行病造成蚕的大量死亡，使南方的丝绸工业遭到严重打击。那些蚕业专家们也只发现导致蚕死亡的原因是蚕身上长出的一种极细小的棕色斑点。他们将这种病称为"胡椒病"，其他的就一概不知了。人们又向巴斯德求援，巴斯德的老师让－巴蒂斯特－安德烈·杜马（Jean-Baptiste-André Dumas，1800—1884）也鼓励他挑起这副担子。

巴斯德对养蚕是外行，但他相信科学。他把病蚕解剖后放在显微镜下观察，发现了一种很小的、椭圆形的微粒。巴斯德根据自己多年的研究经验判断，这种小微粒肯定是某种微生物，一定是它的感染导致了蚕生病死亡。于是他让养蚕的人将蚕和卵分开，养蚕的人照着他的方法做了，可第二年的损失更大。

面对巴斯德的失败，反对他的人幸灾乐祸。但巴斯德并没有因此而灰心，接着研究病蚕。这次他将病蚕完全磨碎，再用显微镜观察是否还存在那些小微粒。他发现，导致蚕生病的那些小微粒仍然存在，而且这些小微粒是活的，繁殖得还非常快。从而他确认，导致蚕生病的的确是一种微生物。接着，他推断病蚕体内带有这种致病微生物，它产下的卵和吃过的食物也可能带有这种病原体。所以他强调所有被感染的蚕及其污染了的食物必须毁掉，必须用健康的丝蚕从头做起。为了验证这种病是否具有传染性，他把桑叶刷上这种微粒，用这种桑叶饲喂健康的蚕，结果这些健康的蚕会很快染病而死。他还推测，放在蚕架上面格子里的蚕的病原体，可以通过落下的蚕粪传染给下面格子里的蚕。

于是，巴斯德建议蚕农要用经过消毒处理的设备饲养健康的蚕卵孵化出来的幼蚕。并且，通过检查淘汰病蚕、不用病蚕的卵来孵蚕，可以防止蚕病的传播和蔓延。

养蚕的人有了第一次的教训，对巴斯德的建议半信半疑。但他们又实在找不出更好的办法来应对这场灾难。于是，有的人抱着试试看的心态照着巴斯德的说法去做了，结果真的控制了蚕病的发生。于是这种方法很快得到了推广，法国的养蚕业也从此起死回生，巴斯德用这个办法挽救了法国的养蚕业。

此外，巴斯德还发现了蚕的另一种疾病——肠管病。造成这种蚕病的细菌寄生在蚕的肠管里，使整条蚕发黑死亡，尸体像气囊一样软，很容易腐烂。

巴斯德的研究工作，使法国养蚕业得到复兴。

四、挽救了 2000 万法郎

由于发现了啤酒变酸的秘密和解决了蚕病问题，巴斯德成了家喻户晓的伟大人物。当法国人遇到了难以解决的困难时，总是想到找他帮忙。

在当时的法国农场里，羊群中流行着一种叫"炭疽病"的疾病。这种病的死亡率很高，每年给法国造成的损失约 2000 万法郎[23]。

农场主们找到巴斯德，对他说："为了国家的利益，救救我们的羊群吧！"面对大家渴望的眼神，巴斯德虽然之前没有研究过这种病，但还是答应了他们的请求。

当时，人们已经知道炭疽病是由一种杆菌引起的。人们把这种杆菌称为"炭疽杆菌"，但还没有人知道怎么防治炭疽病。

巴斯德希望通过设计实验来发现防治炭疽病的有效方法。他尝试了很多办法，但都以失败告终。一次，他把炭疽浆液稀释到一定程度后给羊注射，这些羊只是有一些轻微的病症。过了几天后，凡是注射过的羊，都不再受炭疽杆菌的传染。治疗炭疽病的办法终于找到了。

根据自己的经验和这次实验的结果，巴斯德提出了防治羊群炭疽病的方案：将经过稀释的炭疽浆液注射到健康的绵羊体内，就会使这些羊获得对炭疽病的免疫力，当再感染炭疽杆菌时，这些羊就不会得病死亡了。

巴斯德的这一推断遭到了当时的普通兽医乃至兽医界权威的普遍反对。他们认为直接给羊注射哪怕是一个炭疽杆菌也无疑是在加速羊的死亡，但巴斯德坚持自己的观点。这样，一方是家喻户晓的著名科学家，另一方是实践经验丰富且人数众多的兽医工作者。到底谁说的对呢？在谁也说服不了谁的情况下，就只有靠实验来说明问题了。

巴斯德心里有底，因为他已经用 10 只绵羊做过实验，结果都成功了。于是他爽快地答应了。可是，巴斯德的实验经费少得可怜，自己也十分拮据，谁提供实验用的羊呢？农场主们听说了这件事，都主动要求提供绵羊作为实验动物。

在农业协会的组织下，巴斯德在一个农场里进行了公开实验，接受测试的有 50 只绵羊。到场的人有议员、科学家、兽医、新闻记者和无数养羊、养牛的农场主，人们对实验结果拭目以待[24]。

实验是这样进行的：将 50 只绵羊随机均分为 A 组、B 组，A 组的 25 只绵羊注射了稀释的炭疽浆液，B 组的 25 只绵羊注射了等量的蒸馏水。12 天后，A 组的 25 只绵羊又注射一次比上一次浓度更大的炭疽浆液，B 组依然注射等量的蒸馏水。26 天后，所有的绵羊都注射了足以致病的高浓度的炭疽浆液。注射两天后，原来注射稀释炭疽浆液的绵羊全部活着，没有注射的 25 只绵羊中有 23 只死了，剩下 2 只后来也很快就断了气。

巴斯德用大家看得见的方法证明了自己对炭疽病的研究成果。这件事迅速传遍了全世界，巴斯德成了法国最有名望的人之一。

五、预防鸡霍乱的方法

巴斯德的重大贡献还包括找到了预防鸡霍乱的有效办法。

鸡霍乱又称"鸡出血性败血症"，是由一种弧菌（现称为"鸡霍乱弧菌"）引起的急性传染病。该病的死亡率很高，对养鸡业危害大：病程短的鸡几乎在没有明显症状的情况下突然死亡，有的病鸡在只看到不安的表现之后，就在鸡舍内拍翅抽搐几次后死亡。

为了弄清鸡霍乱的病因，巴斯德进行了很多实验。渐渐地，他认识到鸡肠是鸡霍乱弧菌最适合的繁殖环境，传染的媒介则是鸡的粪便。但对于怎样防治鸡霍乱，他一直没有找到有效的办法。这期间，他进行过多次试验，甚至配置了好多种培养液来培养鸡霍乱弧菌，结果也是毫无头绪。在百般无奈的情况下，他只好暂时停下了研究工作。

休整了一段时间之后，巴斯德又开始了研究实验。这时，他有了意想不到的发现：他用陈旧培养液给鸡接种，鸡却没有发病，好像这种霍乱弧菌对鸡失去了作用。这是怎么回事呢？巴斯德经过仔细分析后终于发现，这种菌是一种厌氧菌，在空气中氧气的作用下，其生命活动会受到抑制，这样病菌的毒性就越来越弱了。于是，他把几天的、1 个月的、2 个月的和 3 个月的菌液分别注入健康的鸡体内，做了一组对比实验，鸡的死亡率分别是 100%、80%、50% 和 10%。

这样，巴斯德就得出了结论：如果给鸡注射放置一段时间的菌液，那么鸡虽然也会得病，却病得很轻，根本不会死亡。

结合治疗羊炭疽病的经验，巴斯德认为自己可能已经找到了防治鸡霍乱的有效办法。于是他将鸡分为甲、乙两组，甲组提前几天注射了放置一段时间的减毒霍乱弧菌液，乙组注射等量的蒸馏水。过一段时间，同时给甲、乙两组注射致病的新鲜菌液。结果凡是注射过减毒霍乱菌液的鸡，再给它注入足以致死的鸡霍乱菌，那么它也具有抵抗力，且病势轻微，甚至毫无影响。

预防鸡霍乱的方法找到了。巴斯德从这一偶然事件中发现了运用减毒疫苗免疫法防治传染病的新方法，使他产生了从事制造各种减毒疫苗抵御传染病的想法。

六、发明狂犬病疫苗

说到狂犬病，人们自然会想到巴斯德那个脍炙人口的故事。当时，巴斯德并不知道狂犬病是一种病毒病，但他从自己多年的科学实践中知道，有侵染性的物质经过反复传代和干燥，会减少其毒性。通过试验他知道，将含有病原体的狂犬病的延髓提取液多次注射给兔子后，再将兔子的延髓提取液注射给狗，之后狗就能抵抗正常强度的狂犬病毒的侵染了。

1885 年，一个 9 岁男孩约瑟夫·梅斯特（Joseph Meister，1876—1940）被疯狗咬得很厉害，他的家人恳求巴斯德救救这个孩子。巴斯德虽然以前有给动物治疗传染病的经验，但还没有给人治疗过狂犬病。不过他相信自己的办法能使这个孩子得救，于是他给这个孩子注射了毒性减到很低的上述提取液，然后再逐渐用毒性较强的提取液注射。巴斯德的想法是，希望他在狂犬病的潜伏期过去之前可以产生抵抗力。结果像巴斯德预料的那样，孩子得救了。

现在，巴黎的巴斯德研究所门口还矗立着巴斯德和这个男孩的雕像。

通过研究，巴斯德指出引起狂犬病的病原物是某种可以通过细菌过滤器的"过滤性的超微生物"。人们直到今天还在用细菌滤膜来筛选和检测微生物。

1889 年，巴斯德正式推出了狂犬病疫苗。虽然英国医生詹纳在他之前发明了牛痘接种法，但有意识地培养制造出减毒疫苗并广泛应用于预防多种传染病，巴斯德堪称世界第一人，是他首先揭开了传染病的黑幕，是他开创了微生物学。他的贡献值得人们永远铭记。

此外，巴斯德还是一位非常爱国的科学家。他有一句名言：科学没有国界，但学者却有他自己的祖国。1870 年，普法战争爆发，德军侵占了法国的大片土地。巴斯德闻讯后立即报名参军，抗敌卫国，结果因身体残疾未能入伍。他还将德国波恩大学授予他的名誉医学博士证书退回，以示自己与侵略者划清界线的决心。

第四节　科赫：细菌的"克星"

科赫（图3-3）是与巴斯德同时代的伟大科学家，是世界病原菌学的奠基人和开拓者之一。他在病原菌的研究上做出了杰出的贡献。他建立的系列微生物研究方法沿用至今，他创立的"科赫法则"至今仍为确定动植物病原体的重要准则。他一生获得过许多荣誉，并且由于其突出的成就，获得了1905年的诺贝尔生理学或医学奖。

图3-3　科赫

一、从兴趣出发

科赫出生于德国的一个矿工家庭，家中有13个兄弟姐妹。他自幼聪明过人。5岁时，他告诉父母，自己通过自学已经能顺利地阅读报纸，并通过学习报纸上的词语学会了读书。他在7岁时就产生了周游世界的想法。

上学后的课余时间，他喜欢到野外观察和研究大自然，那里的各种动植物都让他感到新奇。他通过自己的观察和阅读，掌握了很多生物学、物理学和化学知识，使他在同学中显得知识特别渊博，经常受到老师的表扬。科赫不仅比同龄孩子拥有更多的自然科学知识，还通过实验练就了很强的动手操作能力，这为他日后从事科学研究打下了坚实的基础。

1862 年，科赫考入哥廷根大学学医，这使他有机会学到很多前沿的科学知识和专业的操作技能。1866 年，科赫获得哥廷根大学医学博士学位，后来又通过了医官考试，从此成了一名医生。

1870 年结婚后，科赫到东普鲁士一个小乡村沃尔施泰因当外科医生。尽管乡下几乎不具有科学研究的物质条件，但他还是一边为人治病，一边从事微生物学研究。他在自己的家里建立了一个简陋的实验室，其中最贵重的设备就是妻子送给他的显微镜，其余的瓶瓶罐罐之类的实验器材都是他因陋就简用土办法解决的。除了简陋的条件之外，当时的信息资源也非常缺乏，无法查阅文献资料，无法及时与其他科研人员交流。即使是这样的条件，依然不能阻挡他对炭疽病的研究。

此前，炭疽杆菌已被弗朗茨·安东尼·阿洛伊斯·波伦德（Franz Anton Aloys Dallender，1799—1879）、皮埃尔·弗朗索瓦·奥利芙·拉耶（Pierre Francois Olive Rayer，1793—1867）等发现，而科赫则用科学的方法证实了这个菌实际上就是炭疽病的致病菌。

没有研究用的炭疽杆菌，他就从农场中死于炭疽病的动物脾脏里获取。没有注射器，科赫就用自己做的细木片给小鼠进行接种。科赫通过研究发现，注射了死于炭疽病动物脾脏血的小鼠会因患炭疽病而死亡，而同时注射健康动物脾脏血的动物不患这个病。这就证实，炭疽病可以通过患病动物的血液进行传播。

经过长时间的观察研究，科赫发现炭疽杆菌在环境条件不利时可以形成芽孢，芽孢能耐高温，在长时间放置后仍然可以萌发而具备传染能力。这就是炭疽病销声匿迹很长时间后仍可以暴发的原因。

在科赫所处的时代，人们对微生物的认识还很模糊，以至很多学者都认为有一种专门致人生病的病菌，所有传染病都是这种致病菌引起的。科赫发现，导致炭疽病的杆菌和导致结核病的杆菌不但形态结构上有差别，其他生物学特征也不同，他据此提出每种传染病都有其专门的致病菌。这一观点很快被其他学者证实，并由此掀起了探究疾病病原体的研究热潮。

二、传染病的“克星”

由于科赫的研究成果已经走在时代的前列，因此他虽地处乡野却也广为人知。1880年，科赫应邀赴德国卫生署任职，这里一流的实验条件让他如虎添翼，他开始更加勤奋地工作。

结核病自古就是一种严重危害人类健康的慢性传染病。世界卫生组织（World Health Organization，WHO）发布的《2020年全球结核病报告》显示，2020年全球仍有约20亿名潜伏结核杆菌感染者，结核病新发病人数在近几年一直处于稳定水平，2019年，全球新发病人数约为996万人，其中我国约为83.3万人。结核病目前仍是世界上最大的传染病“杀手”之一，每年导致上千万人口发病，每天仍有超过3500人死于这种疾病[25]。

1882年，科赫发现了结核病的致病菌——结核杆菌，并研究出分离提纯结核杆菌的方法。随后，科赫又发明了用结核菌素诊断结核病的方法，这一方法沿用至今。这是医学史上的伟大事件之一。这一年，科赫39岁。同一年，他在《临床周报》上发表了论文《结核病病原学》，这是关于结核杆菌的致病机理及结核病防治工作的经典之作。在结核病的研究中，科赫还发现，引起人结核病和牛结核病的细菌不完全相同。当他在伦敦国际结核病学术会议上发表这一观点时，该观点引起了许多争议，受到了很多反对，但现在已经证实科赫的观点是正确的。

科赫在霍乱病原菌及其传播机制和预防措施的研究上也颇有建树。他在任德国霍乱委员会主席期间，曾亲自前往埃及和印度调查霍乱暴发流行的情况。他分离提纯了引起霍乱的病原菌，这是一种形如逗号的弧菌，可以经过水、食物、衣服等途径传播。科赫根据霍乱弧菌的生物学特性和传播方式提出了控制霍乱流行的法则。这些法则于1893年被各国批准并形成控制霍乱的基本方法，这些方法至今仍在沿用。科赫因对霍乱研究做出的贡献而获得了10万德国马克奖金。他的这项研究工作也对如何进行科学的饮用水规划产生了重大影响。

由于科赫常年研究传染病，因此在当时人们的心目中，他俨然成了传染病的"克星"。他研究过斑疹伤寒，认为这个病更多地是由人传播给人的，少量才是通过饮用水传播的。他还发现了阿米巴痢疾和两种结膜炎的病原体，研究过鼠疫、疟疾、回归热、非洲锥虫病和非洲海岸炭疽病等。据统计，科赫发明了大约 50 种诊治人和动物疾病的方法[26]。

三、判定传染病的原则

在自己多年研究的基础上，科赫提出了判定感染性疾病病原的操作原则，这个原则被后人称为"科赫法则"，且至今仍是判定传染病必须遵守的原则，具体包括以下内容。

（1）在该病的每一个病例的体内都能发现相同的病原微生物，而在健康的人体内则不会发现。

（2）从患者体内获得的病原微生物经过提纯培养后，接种到试验寄主（健康人）身上，试验寄主会患上同样的疾病。

（3）从试验寄主身上能分离出同样的病原微生物。

四、半透明的培养基

长期以来，科学家都无法分离提纯微生物。原因很简单，那就是没有找到合适的培养基。因为无法提纯，科学家在显微镜下看到的微生物常常是"今天观察一个样，明天观察又是另外一个样"，以至于有的科学家认为微生物可能就是拥有多种多样的形态的生物。这就是"多态学说"。科赫在研究细菌时也观察到了类似的现象，但他并不相信"多态学说"，他认为微生物应该像动植物那样有相对固定的形态，之所以出现这种结果应该是培养基中混入了其他微生物。于是他开始想办法提纯微生物。

在使用液体培养基分离提纯时，他觉得非常麻烦，而且结果很难把控。于是他转而思考怎样配置一种适合培养、分离微生物的固体培养基。最初，他将明胶添加到液体培养基里，利用明胶使培养基变成固态。但明胶在 37℃ 就会熔化，这种培养基只能培养那些适于低温的微生物。

1881 年，就在科赫四处搜寻合适的凝固剂时，一个朋友的妻子告诉他，一种从红藻中提取的多糖类物质——琼脂能溶于热水，冷却以后呈半透明的固态，而且常温下不会熔化。科赫听后如获至宝，马上买了一些进行试验，结果真的像她说的那样。科赫用培养针蘸取一点培养液，在固体培养基上来回画线，结果获得了纯净的菌落，轻而易举地分离提纯了细菌。用琼脂作为凝固剂制作固态培养基的方法是医学史上了不起的发明，为培养、分离、鉴定微生物找到了一个好办法。科赫创立的细菌染色、鉴定、培养、分离、提纯等方法都一直沿用至今。

1910 年 5 月 27 日，科赫因患心脏病卒于德国巴登，终年 67 岁。

科赫堪称生物学界的一位奇才，他一生创造了很多个第一：第一次发明了细菌照相法，第一次发现了炭疽病的病原细菌——炭疽杆菌，第一次证明了一种特定的微生物引起一种特定疾病的原因，第一次分离出伤寒沙门菌，第一次发明了蒸汽灭菌法，第一次分离出结核杆菌，第一次发明了预防炭疽病的接种方法，第一次发现了霍乱弧菌，第一次提出了霍乱预防法，第一次发现了鼠蚤传播鼠疫的秘密，第一次发现了非洲锥虫病（患上这种病的人往往在睡眠中死去，所以又被称为"睡眠病"）是由舌蝇传播的。拥有这些第一的任何一个就能成为了不起的科学家，何况这些第一都集中在一个人身上。

1944 年，德国为纪念科赫诞生 100 周年发行了邮票。1982 年，世界卫生组织宣布将科赫的生日——每年的 3 月 24 日，定为"世界防治结核病日"。

第五节　生物化学水平的微生物学

20 世纪以来，随着生物化学和生物物理学的不断渗透，再加上电子显微镜的发明和同位素示踪技术的应用，微生物学的研究也从形态观察、结构研究深入指向具体生命活动的生物化学阶段。1897 年，德国学者爱德华·毕希纳（Eduward Buchner，1860—1917）发现，将酵母菌研磨后获得的无细胞提取液与酵母菌一样，可以将糖液转化为酒精，从而确认了酵母菌酒精发酵的酶促过程，将微生物的生命活动与酶化学结合起来。一些科学家以大肠杆菌为材料所进行的一系列研究，进一步阐明了生物体的代谢规律和控制代谢的基本过程。进入 20 世纪，人们开始利用微生物进行乙醇、甘油、各种有机酸、氨基酸等的工业化生产。

1929 年，亚历山大·弗莱明（Alexander Fleming，1881—1955）发现，青霉能够抑制葡萄球菌的生长，从而揭示出微生物间的拮抗关系，由此发现了青霉素（也叫盘尼西林）。此后，陆续发现的抗生素越来越多。抗生素除医用外，也用于防治动植物病害和食品保藏。

一、意外发现的抗生素

现在，青霉素是一种高效、低毒、临床应用广泛的重要抗生素。它的研制成功大大增强了人类抵抗细菌感染的能力，带动了抗生素家族的诞生。然而，在 20 世纪 40 年代青霉素刚刚被用于临床治疗时，它却是千金难买的名贵药品。

在青霉素被发现并大量临床应用之前，很多疾病（如猩红热、白喉、脑膜炎、淋病、梅毒等）都是不治之症，一旦有人感染了引起这些疾病的病菌，就只能束手待毙。甚至伤风感冒、肺炎等疾病，也会使很多人英年早逝。所以我们常常在小说中看到，古代的秀才在进京赶考时偶感风寒，进而发展到卧床不起，最后一命呜呼。仔细想来，出现这种悲剧的根本原因就是当时人们对这些疾病没有有效的治疗方法，只能眼睁睁地看着一个个患者悲惨地死去。青霉素的发现，给那些在种种感染性疾病折磨下的人带来了生机，也带来了希望。可以毫不夸张地说，青霉素的发现开辟了全世界现代医疗革命的新阶段。

二、弗莱明的两次意外发现

弗莱明（图 3-4）生于苏格兰的洛克菲尔德。他是青霉素的发现者，这项发现使他在全世界赢得了 25 个名誉学位、15 个城市的荣誉市民称号及其他 140 多项荣誉[27]。1945 年，他获得了诺贝尔生理学或医学奖。

图3-4　弗莱明

弗莱明曾长时间在军医院里工作。他注意到当时用于预防伤口感染的药物疗效很差，很多伤员因为伤口溃烂而死。弗莱明就想，如果能找到杀死病菌的有效药物，这些伤员就可以得到救治了。从此，他开始寻找和研究抗菌药物。

弗莱明有两次在实验室里获得意外发现的经历。第一次是在 1922 年，患了感冒的弗莱明仍坚持到实验室进行研究。他无意中对着培养细菌的培养皿打了一个喷嚏。让他感到惊讶的是，几天以后，在这个培养皿中，凡沾有喷嚏黏液的地方没有一个细菌生长。他意识到这可能是一个重大发现。随后，他对人的唾液、泪液、血浆等进行了研究，发现了一种蛋白质——溶菌酶。这是一种存在于体液当中的、能水解致病菌中糖胺聚糖的碱性酶，这种酶具有抗菌、消炎、抗病毒等作用。弗莱明以为这下自己找到了一种有效的天然抗菌剂。但他很快就失望了：实验表明，溶菌酶是一种非特异性的抗菌剂，对引起人类严重疾病的细菌基本不起作用。于是他只根据自己的研究成果写了一篇题为"皮肤组织和分泌物中所发现的奇特抗菌剂"的报告。

1928 年，幸运之神再次降临。一天下午，外出度假归来的弗莱明来到了实验室。他培养了一些葡萄球菌，这是一种可以引起传染性皮肤病和脓肿的常见细菌。弗莱明一边察看葡萄球菌的生长情况，一边和助手交谈。忽然，他瞥见自己培养的长满葡萄球菌菌落的培养皿里有一些绿霉，也就是说，培养基被污染了。

培养过微生物的人都知道，这是一种非常常见的现象。像弗莱明这样的细菌学家更是早已知道有些微生物会抑制另一些微生物的生长。通常人们是这样解释这种现象的：当两种或两种以上微生物生活在一起时，它们会争夺培养基里有限的营养和空间，这样竞争力较差的微生物就会被竞争力较强的微生物淘汰。遇到这种情况，最常见的做法就是将培养基倒掉重来。就在弗莱明准备将这个培养皿的培养基扔掉时，他突然发现了问题，在自己的笔记本上这样写道："离开这个霉菌菌落不远的地方，葡萄球菌菌落变得半透明了，最后则完全裂解了。这是异乎寻常的所见。看起来这是值得研究的，于是从该霉菌分离纯培养物，并对其某些特性加以测定。"[28]

多年的科研经验和敏锐的思辨能力使弗莱明感觉到葡萄球菌和青霉菌不是简单的竞争关系。于是他决心弄清楚青霉菌杀死葡萄球菌的真正原因。

他从培养皿中刮出一点青霉菌进行单独培养，并把它放在显微镜下观察。他通过实验惊讶地发现，凡是与青霉菌接触的地方，葡萄球菌逐渐变得半透明，最后竟完全裂解了，青霉菌的菌落周围显现出干干净净的透明圈。进一步的实验表明，不仅这种青霉菌具有强烈的杀菌作用，而且就连它的培养基也有较好的杀菌能力。于是他推想不是青霉菌通过竞争杀死葡萄球菌，真正的杀菌物质一定是青霉菌生长过程的某种代谢产物，他将这种物质称为"青霉素"，英文音译为"盘尼西林"。此后，在长达4年的时间里，弗莱明对这种特异青霉菌进行了全面的专门研究。结果表明：青霉菌是单株真菌，与我们日常所见的面包霉、根霉等霉菌的结构基本相同。但它产生的青霉素却有极强的杀菌作用，甚至稀释到1000倍时还有很强的杀菌能力。它的另一个优点就是对人和动物的毒害极小，是一种安全、高效的抗生素。

青霉素神奇的药效，给那些被病原体感染的人们带来了生的希望。表面看来，这一重大医学成就的取得是多么偶然、多么不可思议，甚至在弗莱明自己的报告中也称之为一个偶然的机遇。但我们应当看到，弗莱明的两次发现与他长期进行此项科研活动有密切关系。这些现象别人也可能遇到过，却没能做出相应的发现，或许是由于他们不懂相关的科学知识，即使身在宝山也不识宝，或许是他们没能像弗莱明那样进行深入细致的研究。比如，早在 1911 年，理查德·马丁·维尔施泰特（Richard Martin Willstätter，1872—1942）在其博士论文中就曾提到过弗莱明发现的那种青霉，但他没有进行深入细致的研究，也就不可能有弗莱明那样的发现。

1929 年 2 月 13 日，弗莱明向伦敦医学院俱乐部[29]提交了一篇具有划时代意义的论文《青霉素——它的实际应用》。在论文中，他阐明了青霉素强大的抑菌作用、良好的安全性和广阔的应用前景。但是，弗莱明不懂生化技术，无法提取纯净的青霉素，使这种药物无法推广应用，所以青霉素在发现之初没有引起人们的重视。弗莱明通过自己的研究坚信青霉素的发现是有价值的，总有一天人们会利用青霉素去挽救成千上万的生命。因此，他没有丢弃自己所培养的青霉菌，把它放在培养基上定期传代，希望他的青霉菌有朝一日能大有作为。

三、青霉素的再发现

20 世纪 30 年代，澳大利亚病理学家霍华德·沃尔特·弗洛里（Howard Walter Florey，1898—1968）组织了一批科学家着手研究溶菌酶的功能。1935 年，29 岁的生物化学家恩斯特·伯利斯·钱恩（Ernst Boris Chain，1906—1979）博士的加盟使这个研究小组的科研力量立刻强大了起来。在对溶菌酶展开研究时，他们再次发现了青霉菌的抗菌作用。在一次查找资料时，他们意外地发现了弗莱明在几年前发表的关于青霉素的文章。弗莱明关于青霉素具有强大的抗菌作用的阐述像一盏明灯，为弗洛里和钱恩指明了前进的方向。他们立即决定把工作重心转到对青霉素的研究上来。经过艰苦的搜索，钱恩和弗洛里在牛津发现了一株如弗莱明在文章中提到的那种特殊的青霉菌。他们细心培养这个菌株，结果培养的青霉菌真的具有神奇的抗菌作用。于是，他们利用这些菌株进行青霉素的分离和提取工作。不知经过多少个不眠之夜，到了年底，钱恩终于成功地分离出像玉米淀粉一样的黄色青霉素粉末，并把它提纯为药剂。他们提纯到的青霉素粉末比弗莱明当初提纯到的效率高 1000 倍，而且没有发现明显的毒性。他们给 8 只小白鼠注射了致死剂量的链球菌，然后将其分为甲、乙两组，每组 4 只小白鼠。甲组小白鼠用青霉素治疗，乙组小白鼠不做处理进行对照。几天后，乙组小白鼠全部死亡，甲组小白鼠仍然健康地活着。此后他们进行的一系列临床试验都证实了青霉素对链球菌、白喉杆菌等多种细菌有神奇的疗效。青霉素之所以能既杀死病菌，又不损害人体细胞，是因为青霉素所含的青霉烷能使病菌细胞壁的合成发生障碍，导致病菌溶解死亡，人和动物的细胞由于没有细胞壁而不受青霉素的影响。

1940 年 8 月，钱恩和弗洛里等把对青霉素研究的全部成果刊登在著名的《柳叶刀》杂志上。这篇文章被青霉素的最初发现者弗莱明看到了。他的心中十分欣慰，因为钱恩和弗洛里证实了他早年的推测是正确的。还有什么比这件事更令他欣喜呢？他马上动身赶到牛津会见了这两个人。弗莱明还将自己培养了多年的青霉菌菌株送给了弗洛里。利用这些菌株，钱恩等培养出了更加高产的青霉素菌株。又经过一年多的辛勤努力，他们获得了已经非常纯净的青霉素结晶。

四、走向寻常百姓家

青霉素被成功提纯后，它的药效也充分显示出来。尽管如此，由于当时用的是野生的青霉菌菌株，青霉素产量极低，成本太高，还不能大规模推向市场。这时，弗洛里和钱恩急需一大笔资金用来组建实验工厂，购买设备和召集科研人员，以早日使青霉素实现工业化生产。弗洛里等四处奔走，希望英国的药厂能投产这一大有前途的新药，可是所有药厂都借口战时困难而对他们的设想置之不理。万不得已，弗洛里不顾钱恩的反对，只身带着样品漂洋过海到了美国。在这里，他终于得到了必要的支持，很快身边就聚拢了一批出色的科学家。通过这些人的呼吁，美国军方于 1941 年 12 月宣布将青霉素列为优先制造的军需品。弗洛里和诺曼·希特利（Norman Heatley，1911—2004）组织了一个拥有 25 个人的研究小组来开展实验。经过无数次的努力，他们终于研制成了以玉米汁为培养基、在 24℃下进行大规模生产的工厂设备。用这些机械化设备提炼出的青霉素的纯度高，产量达到原来的10倍以上，具备了在临床上广泛应用的条件。生产出来的青霉素首先被用于拯救第二次世界大战中盟军的受伤战士，避免因受伤感染而导致的死亡。青霉素在第二次世界大战中挽救了许多受伤战士的生命。以至于后来人们把青霉素同原子弹、雷达并列为第二次世界大战中的三大发明[30]。战争结束后，青霉素即转为民用。

但是，受当时的技术手段和菌种的影响，青霉素的产量仍然不高，每毫升只有20单位，所以价格很昂贵，这就使得平民百姓用不起。弗洛里等不断搜寻新菌株，探索新的提炼方法。他们甚至委托美国空军帮助收集世界上每个角落的泥土，用以获取青霉素产量更高的菌株。经过无数次的实验，他们使青霉素的产量达到了每毫升40单位。

后来，他们又从水果店里一个长霉的甜瓜上获取了产量达每毫升200单位的青霉素高产菌株；再后来，科学家们又采用辐射诱变的办法获得了一种产量更高的霉菌突变种。这使青霉素的制作成本更加低廉，使它走向全世界的普通家庭成为可能。

目前，青霉素的产量可以达到每毫升9万单位[31]，这使它成为每个平民百姓都用得起的大众药品。

在青霉素被大量应用后，许多曾经严重危害人类的疾病，如曾是不治之症的猩红热、化脓性咽喉炎、白喉、梅毒、淋病，以及各种结核病、败血病、肺炎、伤寒等，都受到了有效的抑制。那些染上严重疾病的人们心中又有了希望，眉间又有了笑意，生命又有了依托。

我们周围的一种常见病——肺炎就是由葡萄球菌感染引起的。在发现青霉素以前，人们对肺炎可以说是束手无策。青霉素作为杀灭葡萄球菌的特效药，挽救了无数人的生命。后来，人们又给提取出的青霉素加上了一些亚基，如我们常听说的氨苄西林等，使它的疗效更加显著。直到现在，青霉素类药物仍然是人类抗菌、消炎的常用药品。

青霉素奇迹般的疗效，让成千上万的患者看到了生的希望，也激发了广大科学家寻找新的抗菌物质的热情。一时间，许多医药工作者纷纷到污水沟旁、垃圾堆上、田野中采集样本，筛选菌种。1943年，美国著名生化学家塞尔曼·亚伯拉罕·瓦克斯曼（Selman Abraham

Waksman，1888—1973）博士发现了另一种有效的抗生素——链霉素。这是一种生长在土壤中的微生物——放线菌所产生的物质。这种新药可以有效地治疗包括肺结核在内的一些疾病。不过它的毒性却大于青霉素。此后，在短短 20 余年内，人们又陆续发现了氯霉素（1947 年）、金霉素（1945 年）、土霉素（1951 年）、四环素（1948 年）等数十种各有功效的抗生素。

随着抗生素的广泛应用，它的神奇功效给无数患者带来了福音，同时也逐渐地暴露出它的问题。在全世界服用青霉素总数超过亿剂后，青霉素引起了第一例死亡。后来人们发现，多达 5%～10% 的人对青霉素有过敏反应，而且某些细菌逐渐对青霉素产生了耐药性。尽管如此，青霉素的偶然发现仍然是人类取得的一个了不起的成就。为表彰弗莱明等对人类做出的杰出贡献，1945 年的诺贝尔生理学或医学奖授给了弗莱明、弗洛里和钱恩三人。从印度到南北美洲，各国政府和学术机构纷纷公开授予弗莱明各种荣誉称号。

1953 年 5 月，我国第一批国产青霉素"诞生"，揭开了我国生产抗生素的历史。通过世界各国科学家的研究，青霉素类药物已经衍化出五大家族：第一，天然青霉素，有青霉素 G、青霉素 V；第二，耐酶青霉素，有甲氧西林、氯唑西林等；第三，广谱青霉素类，有氨苄西林、阿莫西林等；第四，抗铜绿假单胞菌的青霉素类，有羧苄西林、哌拉西林等；第五，抗革兰氏阴性菌的青霉素类，有美西林、替莫西林等。

第六节　红色面包霉与基因表达的奥秘

基因看不见、摸不着，非常神秘，但也不是没有办法研究它们。

孟德尔、摩尔根先后通过对豌豆和果蝇的性状研究总结出了基因遗传的三个基本规律。进入 20 世纪后，基因成为科学研究的热点。这时就有科学家发现，高等动植物性状复杂，体内基因众多，并不是遗传学研究的好材料。相反，微生物的生命活动简单，代谢旺盛，繁殖快速，非常适合遗传学研究。

1941 年，乔治·韦尔斯·比德尔（George Wells Beadle，1903—1989）等用 X 射线和紫外线照射红色面包霉（*Neurospora crassa*），使其产生变异，获得了营养缺陷型（即不能合成某种营养物质）菌株。营养缺陷型菌株的研究，不仅使人们进一步了解了基因的作用和本质，而且为分子遗传学打下了基础。1944 年，奥斯瓦尔德·西奥多·艾弗里（Oswald Theodore Avery，1877—1955）第一次证实引起肺炎双球菌形成荚膜的物质是 DNA。1953 年，詹姆斯·杜威·沃森（James Dewey Watson，1928—　　）和弗朗西斯·哈里·康普顿·克里克（Francis Harry Compton Crick，1916—2004）在前人研究的基础上，提出了 DNA 分子的双螺旋结构模型。1961 年，弗朗索瓦·雅各布（Francois Jacob，1920—2013）和雅克·吕西安·莫诺（Jacques Lucien Monod，1910—1976）在研究大肠杆菌诱导酶的形成过程中，提出了"操纵子（Operon）学说"，并阐明了乳糖操纵子在蛋白质生物合成中的调节控制机制……这一切为分子生物学的发展奠定了重要基础。近几十年来，随着原核微生物 DNA 重组技术的出现，人们利用微生物生产出了胰岛素、干扰素等贵重药物，形成了一个崭新的生物技术产业。

一、一对一还是一对多

比德尔（图 3-5）是美国生化遗传学家，于 1941 年提出了"一个基因一种酶"假说。这一假说揭示了基因的基本功能。"一个基因一种酶"假说及相关工作，是分子生物学的重要基础之一。为此，比德尔、爱德华·劳里·塔特姆（Edward Lawrie Tatum，1909—1975）及乔舒亚·莱德伯格（Joshua Lederberg，1925—2008）共同分享了 1958 年的诺贝尔生理学或医学奖。

比德尔出生于内布拉斯加州的一个农民家庭。青少年时，比德尔一边读书一边在内布拉斯加州的一个农场里种植玉米，经常头顶烈日、满面灰尘地辛勤劳作。

图3-5　比德尔

1922年后，他到内布拉斯加大学林肯分校学习。由于他有一定的农业生产经验，被刚从康奈尔大学回来的富兰克林·戴维·凯姆（Franklin David Keim，1886—1956）教授聘为研究助理，从事小麦杂交的研究。比德尔以吃苦耐劳、勤奋好学的品格受到了凯姆的青睐。在凯姆的支持和指导下，比德尔于1926年和1927年先后获得内布拉斯加大学林肯分校理科学士和硕士学位。

当时，康奈尔大学以研究农作物的遗传学而闻名，是植物遗传学的研究中心，可以与哥伦比亚大学的摩尔根学派相媲美。在凯姆的支持和推荐下，比德尔到了康奈尔大学，在遗传学大师罗林斯·亚当斯·爱默生（Rollins Adams Emerson，1873—1947）门下攻读博士学位。他参与的研究课题是"决定玉米花粉不育的遗传机制"，这是一个十分"难啃"的世纪难题，其机理直到今天仍未被完全弄清楚。和他一道进行这项研究的芭芭拉·麦克林托克（Barbara McClintock，1902—1992）后来也放弃了这个难题，转而研究玉米染色体的行为（之后因为发现跳跃基因而荣获1983年的诺贝尔生理学或医学奖）。

1. 接触红色面包霉

1931 年,比德尔在康奈尔大学获得博士学位,随后去加州理工学院摩尔根实验室从事果蝇眼色遗传的研究。

早在 1928 年,比德尔在一次研讨会上知道了一位名叫伯纳德·奥吉尔维·道奇(Bernard Ogilvie Dodge,1872—1960)的科学家在研究一种真菌——红色面包霉的遗传现象。道奇观察到一些很有意思的分离现象。比德尔猜测这可能与果蝇的非同源染色体之间发生的基因交换机制相类似。在后来的果蝇眼色遗传研究中,比德尔就特意关注了这方面的问题。通过许多次实验,比德尔并没有找到这两者间的确切联系,但红色面包霉却在他的脑海中留下了深刻的印象。遗憾的是,红色面包霉的这种性状分离现象没有引起实验室负责人摩尔根的重视,他既没有介入也没有指导,只是分派自己的一位研究生去研究这种真菌,致使摩尔根实验室没有在红色面包霉的研究中获得重要发现。

2. "一个基因一种酶"假说

1941 年,在进行果蝇实验毫无进展的情况下,比德尔放弃了这个项目。这时他想到了红色面包霉。于是他又和一位名叫塔特姆的科学家合作,专门研究这种真菌。红色面包霉属于真菌门子囊菌纲,它的生活史包括无性和有性两个世代,它的无性世代是通过菌丝产生的分生孢子($n=7$)发芽形成新的菌丝体,而它的有性世代是由两种不同生理类型(接合型)的菌丝通过融合或异型核结合形成二倍体($2n=14$)的合子。合子形成后立即进行减数分裂产生 4 个单倍体($n=7$)的核,称为"四分孢子",然后四分孢子再经一次有丝分裂形成 8 个子囊孢子,并以 4 对"双生"呈线性排列在子囊中。在营养条件适宜时,子囊孢子可以萌发形成菌丝体。

在一般情况下,红色面包霉在含有糖类、生物素和无机盐的培养基上就能正常生长。比德尔和塔特姆发现,经过 X 射线照射后,红色面包霉的有些孢子会发生基因突变,其中一些突变使孢子变成营养缺陷型孢子。这种缺陷型孢子生长缓慢,发育延迟,产生的子囊孢子呈灰色;而野生型菌株在基本培养基上可以正常生长,产生的子囊孢子呈黑色。例如，有的孢子在突变后不能合成赖氨酸，这时只要在基本培养基上补加赖氨酸它就能正常生长了。

比德尔和塔特姆对这些突变型进行了仔细研究。他们发现，如果用 X 射线照射使合子（2n=14）发生基因突变，那么它产生的孢子就应该有一半是野生型，一半是突变型。这是由于 X 射线通常只能使合子中某对基因中的一个基因发生突变，另一个基因仍是正常的。这种结果不但验证了"孟德尔分离定律"，也说明一些基因在突变后导致不能合成某种酶，最终不能合成某种氨基酸。

根据实验结果，比德尔于1941年提出了"一个基因一种酶"假说：生物体的生命活动是通过一系列生物化学反应实现的，而这些生物化学反应都是由基因控制的；基因通过控制酶的合成来控制细胞内的化学反应，一种基因控制一种酶的合成；当基因发生突变后，酶的化学结构也发生了变化，这个化学反应就不能按照原来的路线完成，从而影响某种生命活动。

以前，人们对基因的功能不甚明了，觉得它非常神秘。"一个基因一种酶"假说使基因的功能一下子展示在人们眼前：基因控制特定的酶或者特定的多肽链。这一观点一经提出就立即成为遗传学研究的热点，并很快被遗传学家普遍接受。无论在概念上还是在工作方法上，比德尔和塔特姆对分子遗传学的发展都做出了重要的贡献。

二、雅各布：从战士到科学家

雅各布是犹太裔法国生物学家。他的一生富有传奇色彩，参过军，打过仗，最后成为一名出色的科学家。雅各布与莫诺、安德烈·米歇尔·利沃夫（André Michel Lwoff，1902—1994）因合作研究有关酶和细菌合成中的遗传调节机制而共同获得 1965 年的诺贝尔生理学或医学奖。

雅各布出生于法国的南锡。受当医生的外公影响，他从小立志成为一名出色的外科医生。中学毕业后，雅各布到巴黎大学学医。1939 年 9 月 1 日，德国发动闪电战攻击波兰，英法对德宣战，第二次世界大战爆发，雅各布的学业也因战争而中断。1940 年 6 月，刚上大学三年级的雅各布加入了夏尔·安德烈·约瑟夫·马里·戴高乐（Charles André Joseph Marie de Gaulle，1890—1970）领导的自由法国军队。他被派到非洲担任军医，经历了利比亚、的黎波里、突尼斯等战役，还在战争中负了伤。后来他被派往第2装甲师，1944年8月在诺曼底登陆战役时因为救助战友而身受重伤，使得右手残疾。由于表现出色、作战勇敢，他荣获了法国在第二次世界大战中的最高荣誉奖章——解放十字勋章。

1945年5月8日，德国签署了无条件投降书。雅各布随戴高乐将军回到法国后，回到大学继续学医，1947年获得医学博士学位。因为右手残疾不能从事外科工作，他写过小说，当过演员，尝试了多种工作之后才转为生物学研究。1951年，他获得理学学士学位，1954年，获得巴黎大学理学博士学位。他的博士毕业论文的题目是"溶原性细菌及原病毒概念"。后来有人采访雅各布，问他如何走上科学研究的道路时，他认为自己进入利沃夫实验室工作是"在正确时间来到一个正确的地方"[32]。

1. 细菌的性别

高等动物都是雌雄异体的。高等植物有雌雄同株（如水稻、小麦）的，也有雌雄异株（如银杏、杨、柳）的。细菌有没有性别？这在1950年前后是个不需要问的问题。因为大家都想当然地以为像细菌这样简单的单细胞生物肯定没有性别。而且当时的科学家也只观察到了细菌通过二分裂的方式进行繁殖。

1954年，雅各布与合作者发现，大肠杆菌也有类似雌雄的两种性别，分别称为"阳性菌体"和"阴性菌体"。在某种情况下，阳性菌体接触阴性菌体时，两个细胞的侧面会形成接合管，阳性菌体细胞的DNA通过接合管流入阴性菌体细胞内，形成接合子。接合子可以分裂成两个新的大肠杆菌。这类似于高等动植物雄性个体的精子与雌性个体的卵结合形成合子的过程。雅各布的论文发表后，又有学者发现草履虫和水绵也存在接合生殖。雅各布的这项研究使人们对细菌的遗传机制有了很多新认识，人们第一次知道细菌也是有"性别"的，所谓的遗传转移是基因从"雄性"到"雌性"的有方向性的转移过程。他还发现细菌的遗传物质是一个环状 DNA，并提出了"附加体"等概念。这项工作的全部情况总结于《细菌的性及遗传》一书中。

2. 烈性噬菌体与温和噬菌体

大多数烈性噬菌体在感染敏感细菌细胞时都要经过一个潜伏期，即细胞内子代噬菌体的合成和装配时期，之后便可以引起宿主细胞裂解，并释放出成百上千个的子代噬菌体粒子，这就是所谓的噬菌体裂解反应。

现在我们知道这个过程一般分为 5 个步骤。

（1）吸附：噬菌体通过基片和尾丝吸附在细菌细胞的外表面。

（2）侵入：噬菌体释放溶菌酶，将细菌的细胞壁打一个小洞，噬菌体 DNA 被注入细菌体内。噬菌体 DNA 侵入后，首先破坏细菌的 DNA，使它成为一个失去了指挥中心的生物工厂。

（3）合成：噬菌体 DNA 全面接管细菌的内部活动，按照自己的遗传信息要求，利用细菌体内的工厂（核糖体等）、原料（核苷酸、氨基酸等）合成自己的 DNA 和蛋白质外壳。

（4）组装：将新合成的 DNA 和蛋白质外壳装配成子代噬菌体。

（5）释放：细菌裂解，将子代噬菌体释放出来，再去侵染其他细菌，进入下一个生命周期（图 3-6）。

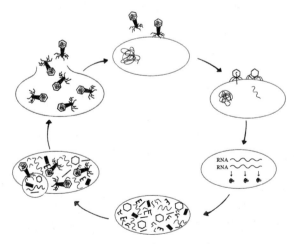

图3-6　噬菌体裂解反应示意图

1958 年，雅各布和莫诺发现，有一些温和噬菌体除能通过裂解繁殖外，它的基因组还能整合到宿主拟核 DNA 上。这样，噬菌体的基因就成了细菌基因的一部分，可以长期存在于细菌（宿主）细胞中。整合后的噬菌体基因组能随宿主 DNA 一起复制。当细菌分裂产生子代细胞时，其子代拟核 DNA 中都带有整合的噬菌体基因组。这种噬菌体基因组的整合作用就称为"噬菌体的溶原化"。拟核 DNA 上整合有噬菌体基因组的宿主细胞不会因为噬菌体感染而发生裂解的这种现象称为"溶原现象"，整合有噬菌体基因组的宿主细胞叫作"溶原菌"，而被整合的噬菌体基因组叫作"原噬菌体"。

3. 操纵子、别构蛋白与复制子

基因怎样精准地操控生物体的代谢和繁殖等生命活动？如果以人这种复杂的生命体为研究对象，不但在短时间内难以有结果，还很容易被纷繁复杂的现象迷惑而找不到方向。因此，遗传学家都是以细菌、真菌等微生物为研究对象的。由于这些生物的生命活动相对简单，基因数目也比较少，因此容易发现生命活动的运行规律。

在一个生产车间里，干活的工人是各自为战还是在车间主任的领导指挥下各司其职？不用说大家也都知道答案。那么，细胞里有成百上千个基因，这些基因是各自"自觉地工作"还是在一个"领导基因"的调控下分工合作？这个就不好回答了。有人以为基因不会"偷懒"，而且自带固定而精确的程序，所以不需要调控，到需要的时候它们会自动工作。有人则以为，基因中确实有复杂而精确的遗传密码，但它们什么时候表达、表达的强度有多大，还是应该需要调节和控制的。

雅各布和莫诺发现，细菌细胞内的基因可以分为结构基因和操纵基因。控制相关生命活动的基因在进行表达时，常常是有密切协作的。进一步的研究表明，很多功能上相关的基因前后相连成串，由一个共同的控制区进行转录的控制，他们把这个控制区称为"操纵子"。操纵子包括启动子（promoter）、操纵基因和一系列紧密连锁的结构基因。[33]

雅各布和莫诺还发现了精细的代谢调节。细菌细胞中有一类特殊的蛋白质，这种蛋白质的活性调节是由效应物（大多数为小分子化合物）的介入而引起的。这些小分子来自环境或中间产物。作用机理是，某种特殊小分子与蛋白质结合，导致蛋白质结构发生改变，从而使其活性改变；这种结合是可逆且迅速的，这种特殊的蛋白质被雅各布命名为"别构蛋白"。具体例子见本章第七节"一、采用发酵工程生产味精"。

进行了这一系列的研究后，雅各布和莫诺于1961年共同发表了论文《蛋白质合成的调节机制》。这篇文章堪称分子生物学发展的里程碑。他们在论文中提出了一系列新概念，如信使RNA调节基因、操纵子及别构蛋白等。

人体细胞中的一个DNA分子约有5厘米长，包含2.4亿个碱基对。这么长的分子是怎么复制的？如果从一端开始到另一端结束，就得需要很长时间。事实上，在细胞即将分裂时，DNA复制是很快的。大肠杆菌的DNA分子包含500万个碱基对，30分钟就能完成复制。包括人在内的高等动植物在细胞分裂时，DNA复制时间也只有1～2小时。这说明，DNA分子应该是从多个起点同时复制的。那么，DNA复制的起点是随机的还是固定的呢？1963年，雅各布和悉尼·布伦纳（Sydney Brenner，1927—2019）一起提出了"复制子"假说。该假说指出，DNA复制是有严格的程序的，每一个复制的单位叫作"一个复制子"。在DNA进行复制时需要从一个特定的起始位点开始，然后在一个特定的终止位点结束，就像画画一样，需要从某一点开始，到某一点结束，这样才能完成整个画面。DNA分子中存在多个复制子，这些复制子同时工作，就可以使DNA在很短的时间内完成复制。

雅各布取得的众多开创性的成就，使他获得了包括诺贝尔奖在内的众多奖励及数不清的荣誉。比如，他是丹麦皇家科学院及丹麦皇家艺术学院外籍院士（1962年）、美国艺术与科学院外籍院士（1964年）、美国国家科学院外籍院士（1969年）、美国哲学会外籍会员（1969年）、比利时皇家科学院外籍院士（1973年）、英国皇家学会外籍会员（1973年）、法国科学院院士（1977年）、匈牙利科学院外籍院士（1986年）、西班牙皇家科学院外籍院士（1987年）和法兰西学院院士（1996年）等[32]。

第七节　微生物的大用途

　　微生物学是一门年轻但发展非常迅速的学科，从巴斯德开创微生物学到现在只有一个多世纪的时间，微生物学的发展日新月异。人们对微生物的认识也在逐渐变化：从看不见、摸不着的毫不在意的状态到发现这些小东西竟是让人患各种传染病的病原体，再到发现这些微小的生命体竟然还大有用处。现在，微生物为人类的生产、生活和医疗提供了种类众多的微生物产品，微生物学取得了令人瞩目的成就，其中最重要的就是发酵工程和疫苗生产。

　　利用微生物可以获得人类需要的很多重要产品。酵母菌可以将糖转变成酒精，人们可以利用它来酿酒。醋酸菌可以将酒精转变成醋酸，人们可以利用它来制醋。德氏乳杆菌保加利亚亚种可以将糖转变成乳糖。链球菌属、片球菌属、串珠菌属的细菌可以被用来生产乳酸，或制造酸奶。枯草杆菌可以被用来生产淀粉酶及肌苷、鸟苷等药物。放线菌与人类的生产和生活关系极为密切，目前广泛应用的抗生素中约有70%是各种放线菌产生的，如链霉素、金霉素、红霉素、氯霉素等。一些种类的放线菌还能产生各种酶制剂（蛋白酶、淀粉酶和纤维素酶等）、维生素 B_{12} 和有机酸等。霉菌也有重要的用途，如利用米曲霉能生产淀粉酶、利用黑霉属的微生物能生产蛋白酶、利用青霉菌能生产青霉素等。这些产品的获得都离不开发酵工程。

　　发酵工程是指采用现代工程技术手段，利用微生物的某些特定功能，为人类生产有用的产品，或直接把微生物应用于工业生产过程的一种新技术。

　　发酵工程源远流长。随着古代人类智慧的提升，他们的捕食能力也在不断提高。当食物有了剩余后，他们就需要将其储藏起来以备不时之需。在储藏的食物腐败变质后，由于舍不得扔掉，人们就会试着品尝一下，结果发现某些食物经过发酵有了特殊的口味并且比较容易被消化和吸收。从此，人们开始了有意识地研究和制作发酵食品的活动。这种活动首先发源于家庭或作坊式的发酵制作（农副产品手工加工）。这种依靠经验和传承获得的发酵工艺使一些食物得以长期保存，也丰富了人们的食品品种，但也存在生产规模较小、体力劳动繁重、生产效率低的缺憾。

到了 20 世纪，借鉴化学工程的设备和流程，采用工厂化生产发酵产品的发酵工程出现了。工厂里用泵和管道输送替代了肩挑手提的人工搬运，用可以精细调节温度、湿度的机器代替了手工操作，把作坊式的发酵生产推上了工业化生产的道路，这个阶段被称为"近代发酵工程"。

从化学工程的角度来看，发酵罐就是生产原料发酵的反应器，发酵罐中培养的微生物细胞提供了完成复杂化学反应的一系列催化剂——酶。微生物就是发酵工程的核心。

随着科学技术的进步，发酵工程与基因工程、细胞工程紧密结合，以微生物生命活动为中心，研究、设计和指导工业发酵生产，为微生物的生长、繁殖等生命活动提供了适宜的环境条件，让它们更多、更好地生产人类需要的发酵产品，这就是现代发酵工程。

今天，发酵工程已经能够人为控制和改造微生物，让这些微生物为人类生产出特定的产品。发酵工程发展成为一个包括微生物学、化学工程、基因工程、细胞工程、机械工程和计算工程的多学科体系。

下面举例说明一下微生物学现代化的两个重要成就——发酵工程和疫苗生产。

一、采用发酵工程生产味精

味精的学名是谷氨酸钠，是谷氨酸的钠盐，成品为白色柱状晶体或结晶性粉末，是国内外广泛使用的增鲜调味品之一。谷氨酸钠的增鲜作用非常明显，即使用水稀释 3000 倍，仍能让人感受到鲜味，所以人们称其为"味精"。

人类发现味精已经有 100 多年的历史了。1908 年的一天，日本东京帝国大学（1947 年改名"东京大学"）的研究员池田菊苗（1864—1936）在品尝妻子调的汤时，发现只有几片黄瓜和一些海带丝的汤竟然如此鲜美。池田推测，黄瓜片不会起到增鲜的作用，一定是海带让汤汁特别鲜美。那么海带里的什么物质能有这种奇妙的功效呢？于是池田对海带进行了研究。他从海带中提取了一些棕色晶体，这种晶体就是比较纯净的谷氨酸。池田根据这种物质的作用给它起名为"味之素"。

由于发现这种氨基酸在烹制食品时可以作为调料，人们开始尝试生产它。最初，人们普遍采用以面筋或大豆粕为原料，通过酸水解法生产味精。我国的味精生产始于 1923 年，当时上海天厨味精厂率先采用水解法生产味精。1932 年，沈阳开始用豆粕水解生产味精。

随着科学的进步及生物技术的发展，味精的生产发生了革命性的变化。20 世纪 50 年代，日本率先以粮食作为原料，通过微生物发酵、提取、精制的方法得到了高质量的谷氨酸钠。我国于 1958 年开始谷氨酸生产菌筛选及其发酵机理的基础性研究，于 1964 年首先在上海进行工业化生产。目前国内的味精已经全部采用发酵法生产，原料多采用玉米发酵。

能产生谷氨酸的谷氨酸棒状杆菌是兼性好氧菌，所以控制适当的溶氧量十分重要。发酵过程中需要不断地通入无菌空气，并通过搅拌使空气形成细小的气泡，迅速溶解在培养液中（溶氧）；在温度为 30～37℃、pH 为 7～8 的情况下，经 28～32 小时，培养液中会生成大量的谷氨酸。

用发酵工程生产的谷氨酸产量大、纯度高、价格低廉，所以一经推出就大受市场欢迎。但人们总是想利用最少的原料获得最多的产品，于是就有科学家开始研究谷氨酸棒状杆菌的代谢过程。他们发现，谷氨酸棒状杆菌能够利用葡萄糖，经过复杂的代谢活动形成谷氨酸。但当终产物——谷氨酸的合成过量时，就会抑制谷氨酸合成的酶——谷氨酸脱氢酶的活性，从而导致合成反应中断；当谷氨酸因消耗而浓度下降时，抑制作用就会被解除，该合成反应又重新启动。这是微生物通过调节酶的活性来调节新陈代谢的一种方式，是一种快速、精细的调节。这种调节会导致谷氨酸棒状杆菌合成谷氨酸的能力维持在一定水平。目前，科学家已经能够改造谷氨酸棒状杆菌的基因，使它不受谷氨酸量的限制，能够持续不断地合成谷氨酸，从而提高味精的产量。

二、微生物与疫苗

1. 疫苗研制的历史

18世纪，欧洲大陆上天花盛行，成千上万的人因患天花而死亡。英国医生詹纳注意到挤牛奶的女工因感染牛痘而获得了对天花的免疫力，他从一位患牛痘的挤奶女工手上取出疱疹浆液（含牛痘病毒），为一名8岁男孩詹姆斯·菲普斯（James Phipps，1788—1853）接种。男孩染上牛痘六个星期后康复。之后，詹纳再替男孩接种天花病毒，结果发现男孩完全没有受到感染，证明了牛痘能令人对天花产生免疫。詹纳以研究及推广牛痘疫苗来防治天花而闻名，被称为"免疫学之父"。由于牛痘疫苗可以有效地、终身地防止天花的传染，19世纪初，接种牛痘成为全球预防天花最科学有效的办法。

在巴斯德研制出有效地抵抗炭疽病、霍乱和狂犬病毒的疫苗后，德国细菌学家埃米尔·阿道夫·冯·贝林（Emil Adolf von Behring，1854—1917）因研究白喉的血清疗法而获得1901年的首届诺贝尔生理学或医学奖。这种给患者直接注射含有抗体的血清的治疗方法属于被动免疫。

1918年第一次世界大战结束时，人类发现了体液免疫现象。除了上面提到的疫苗，伤寒热、细菌性痢疾、结核、白喉、破伤风和百日咳等疾病的疫苗也研制成功。

接下来，欧内斯特·威廉·古德帕斯丘（Ernest William Goodpasture，1886—1960）于1931年证明病毒可以在受精的鸡胚里生长，由此马克斯·泰勒（Max Theiler，1899—1972）制造出安全且有效的抗黄热病的鸡胚组织疫苗17D。这种疫苗在发病率高的热带国家得到了广泛的应用。

在第二次世界大战期间，美国华特瑞陆军研究院的莫里斯·希勒曼（Maurice Hilleman，1919—2005）等研究人员在鸡胚中培育出了斑疹伤寒疫苗和流行性感冒疫苗。他们还用差速离心的方法对疫苗进行了纯化，开创了纯化病毒疫苗的先河。

20 世纪 50 年代以后进入了疫苗发展的现代时期——疫苗的多产时期，各种各样的疫苗被研制出来。从此，那些令人胆寒的传染病可以提前预防，人类的自信心空前提高。

2. 人体的免疫机制及疫苗的作用机理

我们每个人都有头疼脑热的时候，比如得了感冒、口腔溃疡、肚子疼、腹泻等。这些小病即使不吃药打针，也很快会恢复。根据现有的知识，患上这些疾病通常是由于细菌、病毒等病原体侵入了人体，破坏了人体组织细胞，打破了人体内环境的稳态，造成人体出现不舒服的症状。那么，是什么神奇的力量让这些疾病不治自愈呢？这就要从人体的免疫机制讲起。

病原体侵入人体并导致人体出现病症（生病），需要经过三道屏障。人体与外界的界面——皮肤和黏膜是阻止病原体侵入的第一道屏障（图 3-7）。皮肤表面有角质层，角质层非常致密结实，使病原体很难侵入。绝大多数病原体最后因不能从人体内获得营养而死亡。

图3-7　皮肤和黏膜的阻挡作用

此外，黏膜上还布满黏液。黏液不仅有杀菌作用，而且能束缚病原体使之很难移动。病原体一旦沾上黏液，就难以脱身了。呼吸道黏膜上还布满纤毛（图 3-8），使病原体难以立足，并通过纤毛的摆动使病原体被甩到咽部，再刺激人体通过吐出的黏痰吐出去。这样即使一个健康人吐出的黏痰也会有许多病原体，所以随地吐痰是一种不好的习惯。

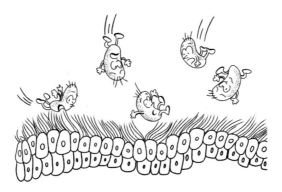

图3-8　呼吸道上的纤毛

　　当然，皮肤和黏膜的屏障作用不是绝对的。当人体处于某些特殊状态时，病原体也能乘虚而入。比如，在皮肤因受到外伤而破损时，病原体就能从伤口进入。还有，人在患感冒时，呼吸道黏膜肿胀充血，各种病原体也容易乘虚而入。这时，人体的第二道免疫屏障就该发挥作用了。第二道屏障就是体液中的杀菌物质和吞噬细胞。这些杀菌物质（如溶菌酶）和吞噬细胞就像安全卫士一样随着体液的循环在人体内不停地巡逻。它们拥有一套识别"自己"和"非己"的独特本领，遇到"非己"成分时，它们就会上前将它们吞噬消灭（图3-9、图3-10）。这里所说的"非己"成分，可能是人体自身衰老死亡的细胞，也可能是病变（比如癌变）的细胞，还可能是侵入人体的病原体。吞噬细胞能通过细胞表面的结构认出这些"异物"，并将它们吞噬分解。

　　可是，杀菌物质和吞噬细胞的作用尽管已经非常强大，但"道高一尺，魔高一丈"，还是有极少数的病原体能够成功突破第二道屏障进入人体的体液或细胞中。它们的滋生繁衍会干扰人体的正常生理活动，这样人体就会觉得不舒服。这时我们就会感到浑身无力、头痛等，这就是生病了。但人体作为一种极复杂的生命体是不会坐以待毙的。这时，第三道屏障就被立即组织起来进行抵抗了。当吞噬细胞接触到病原体时，它就会"掌握"病原体表面的抗原特征，接着把这种抗原特征呈递给 T 细胞，T 细胞再呈递给 B 细胞，B 细胞就会根据传递过来的抗原特征迅速增殖分化成一种特定的浆细胞。这种浆细胞会产生专门针对这种病原体的抗体。抗体会和体液中的病原体结合，干扰病原

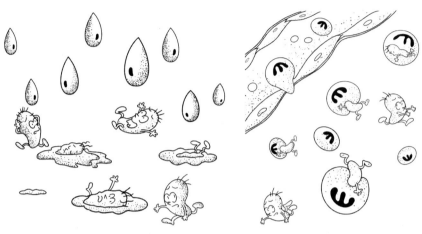

图3-9 体液中的杀菌物质　　　图3-10 吞噬细胞吞噬病原体

体的移动和繁殖。这时，吞噬细胞再将活动能力大大减弱的病原体连同抗体一起吞噬消化。这样就消灭了体液当中的病原体。但有些病原体（如病毒）会侵入人体细胞，并在细胞中滋生繁衍，抗体的功能虽然强大，但对侵入人体细胞内部的病原体却无能为力。不过这也不用担心，在前面讲过的一个环节——吞噬细胞将抗原体特征呈递给 T 细胞时，就会有一部分 T 细胞增殖分化成效应 T 细胞。这些效应 T 细胞能认出藏有病原体的细胞，并将其摧毁。这时，病原体失去了藏身之所，回到体液中，而体液当中的抗体就会及时将它们消灭。

特别需要指出的是，第三道免疫防线被称为"特异性免疫"就是由于这种免疫是为一种特定的病原体"量身定制"的，是人体制造的专门对付这种病原体的"武器"，所以特别有效。

那么，为什么这次感冒好了，过些日子又得感冒了呢？这是因为：①这次引起人感冒的病原体（如流感病毒）和上次不同，也可能是因为上次侵入人体的病原体已经变异了；②不同的抗体和记忆细胞存留的时间不同，有的只能存留几天，有的可以终生存在，流感病毒刺激人体产生的抗体在人体内留存的时间较短。

这样，我们又明白了一个道理：有的疾病得过还会再得；有的疾病得过一次，就会很长时间不再得；有的疾病甚至可以获得终生免疫能力（如患过甲肝就不会再患）。这都取决于产生的抗体和记忆细胞在体内保留时间的长短。

依据上面讲的道理，对于能够获得长期免疫的疾病，如果我们在没得某种疾病之前将这种病原体制成毒性很小的疫苗，使人既不会得这种病，又刺激人体产生了相应的抗体，让人体获得对这种病的持久免疫力，这该多好啊！这就是疫苗的作用机理。下面就让我们来了解一下疫苗的知识。

疫苗是将病原微生物（结核杆菌、立克次氏体、病毒等）及其代谢产物，经过人工减毒、灭活或利用基因工程等方法制成的用于预防传染病的自动免疫机制。疫苗保留了病原微生物刺激免疫系统的特性。当动物体接触到这种不具伤害力的病原微生物后，免疫系统就会产生一定的保护物质，如免疫激素、活性生理物质、特殊抗体等，还会产生能识别这种病原体（抗原）的记忆细胞；当再次接触到这种病原体时，免疫系统中的记忆细胞就会依靠它原有的记忆，迅速增殖分化成很多浆细胞，制造更多的保护物质来阻止病原微生物的伤害。

2019 年末新冠疫情暴发以来，先后出现了阿尔法、贝塔、伽马、德尔塔、奥密克戎等变异毒株。这些变异毒株的传染性更强，传播更为迅速，让战胜新冠病毒的过程变得困难重重。

不过我们需要知道的是，人类繁衍生息的历史就是一段不断同疾病和自然灾害斗争的历史。人类在战胜了无数次流行病、传染病的侵害后才成为今天地球上最高等的动物之一。疫苗的发现可谓是人类发展史上一件具有里程碑意义的事件，从此人类对付传染性疾病的办法从被动抵抗改为以预防为主。一般来说，对付传染病，要从控制传染源（对感染者进行隔离治疗）、切断传播途径（消灭中间宿主、对环境消毒等）、保护易感人群（接种疫苗）三个方面入手。此外，药物的研发也是一个重要手段。如果有了疗效显著的药物，那么即使暴发了传染病，也能很快得到控制并治愈，传染病也就没什么可怕了。

1977 年之后，世界上没有再发生过天花。世界卫生组织于 1980 年正式宣布天花已在全世界灭亡。人类迎来了用疫苗迎战传染病的第一个胜利，也更加坚定了人们利用疫苗对控制和消灭传染性疾病的信心。

目前常用的人类疾病防治疫苗有 20 多种，注射疫苗已经成为人们抵御各种传染病的重要手段。

　　作为一项惠民措施，我国的儿童计划免疫程序规定，每个孩子可以免费接种卡介苗、乙肝疫苗、口服脊髓灰质炎疫苗、百白破混合疫苗及麻疹疫苗等。此外，公民还可以自费并且自愿接种某些疫苗，如流感疫苗、水痘疫苗、肺炎疫苗等。

第八节　超级细菌的"双刃剑"

　　在享受着微生物产品带来的种种益处的同时，人们也看到了滥用微生物产品的各种弊端。人类应该怎样利用微生物才能趋利避害呢？让我们通过下面几个例子来了解一下这方面的知识。

一、超级分解菌

　　在治理石油泄漏引起的环境污染时，研究人员发现，有一类叫"假单胞菌"的微生物可以分解石油中的烃类，但一种假单胞菌只能分解一种石油成分，分解的效率很低。那么，怎样才能让它们更多、更快地分解造成污染的石油成分呢？科学家运用基因工程技术，将三种假单胞菌中与分解石油有关的基因转移到一种假单胞菌体内，得到了能同时分解四种石油成分的超级细菌。

二、超级耐药菌

　　抗生素自1929年被发现，到1941年被用于治疗军人的伤口感染，再到大规模使用已经有90多年的历史了。人们用抗生素治愈了很多以前无法根治的疾病，如肺炎、手术时的伤口感染等。天然抗生素是真菌（或细菌等微生物）产生的次级代谢产物，用于抵御其他微生物，保护自身安全。人类将微生物产生的这种物质制成抗菌药物，用于杀灭感染的病原微生物。但是，病原微生物不会"坐以待毙"。随着抗生素的普遍使用，病原微生物被药物不断选择，使其中耐药性强的个体被选择下来，这样导致抗生素在治疗疾病时越来越没有效果，病原微生物的耐药性越来越强。有的患者缺乏相关的知识，要求医生多用抗生素、用新型抗生素；有的医院和医生为了利益多开药、滥用药。这些原因导致了抗生素过度使用。滥用抗生素导致细菌整体耐药性不断提高，滋生了一批超级耐药菌，对人类健康构成了极大威胁。我国已经出台了一系列政策，用于规范医院和医生的治疗行为，杜绝滥用抗生素的现象。

目前，许多国家已经相继发现感染了超级耐药菌的患者。2007年4月2日，日本一名1岁男婴因感染被称作"超级耐药菌"的抗甲氧西林金黄色葡萄球菌（MRSA），患肺炎丧命。

之所以被称为"超级耐药菌"，是由于这些病菌突破了人类当前对付细菌感染的"最后堡垒"——抗生素的防线。一旦感染了这种超级耐药菌，现有的抗生素就都不起作用了，最终只有死路一条。所以专家呼吁人们不要滥用抗生素，尤其是万古霉素更不能轻易使用。

可是超级耐药菌不是只有前面提到的一种。2009年春节后不久，北京协和医院的医生就遇到了一名棘手的患者。医生在一名21岁的女患者体内发现了高度耐药的鲍曼不动杆菌，它能抵抗几乎所有抗生素。这已经不是我国第一次发现超级耐药菌了。据统计，如今超级耐药菌的名单越来越长，包括产超广谱β-内酰胺酶大肠埃希菌、多重耐药铜绿假单胞菌、多重耐药结核杆菌等。

随着超级耐药菌的种类和数量的增加，普通人被感染的机会也将大大增加。人类的健康保障体系将受到前所未有的冲击。2017年，世界卫生组织列出了12种对人类健康威胁最大的超级耐药菌名单，其中鲍曼不动杆菌、铜绿假单胞菌被列为"极大危害"级别。统计数据显示，全球每年有200万人感染铜绿假单胞菌，9万人因此死亡。现在每年有超过100万人因感染各种耐药菌而死亡，世界卫生组织警示：如果这种情况得不到有效控制，那么到 2050 年，全球每年因感染超级耐药菌而死亡的人数将飙升至 1000 万人[33]。

三、超级细菌战

如果坏人掌握了先进的生物技术，那么就可能带来严重的后果。例如，运用基因工程、细胞工程对细菌进行改造，包括增加微生物对环境的适应性和稳定性，可以使它们的毒力增强或者抗生素抗性增加。再如，通过基因修饰等基因工程技术，可以在微生物体内通过改变基因编码或者控制基因的转录、翻译等过程，改变微生物的生物学性能，使得微生物对疫苗或药物治疗不敏感；或者通过转基因技术，使几种细菌的耐药基因组合起来，获得超级细菌。这些超级细菌的基因结构只有制造方知道。他们先给己方注射早已制成的疫苗，然后将超级细菌投放到战场，就会使敌方流行无法治疗的瘟疫，最终将不费一枪一弹地造成敌方士兵失去战斗力。

在侵华战争期间，日本关东军 731 部队在中国东北的哈尔滨附近的平房区建立了一个生物武器研究机构，占地 300 亩①，由 150 座建筑物和 5000 名研究人员构成。据统计，关东军 731 部队内每年因受烈性传染病实验而死去的囚犯不下 600 人。该部队还曾在中国的 11 个城市进行过大规模的实地细菌战试验，通过飞机播撒带菌跳蚤，造成大量中国平民染病死亡[34]。

随着"人类基因组计划"（Human Genome Project，HGP）的推进，人类基因组多样性项目的研究使我们对不同的种族或人群的异同性获得了更多的理解。同时，研究针对种族特征的生物武器引起了各国的警惕。这些武器通过不同种族的特异的基因区而靶向人类的不同种族。虽然目前还没有充分的证据证明这种武器的存在，但利用人类基因组技术来发展针对某一特定人群的种族基因武器是令人担忧的一件事。

所以，如何正确地利用微生物保卫人类的健康、维护世界和平，是我们每个人都应该认真思考并从自身做起的事情。

---

① 1 亩 ≈ 666.67 平方米。

第四章
生物分类：只为正本清源

　　我们看到一株植物，就会想到它是花是草还是树木；看到一种动物，就会想到它是鸟是兽是虫还是鱼。可见，整理和分类是人类的一种本能。所以，生物分类学研究的起源应该非常早。伴随着人类社会的进步，生物分类也从随意走向了规范。

生物分类学家林奈

第一节 物以类聚

广阔的大自然里有形形色色、各种各样的生物：有在天上飞的，有在地上跑的，也有在水里游的。每种生活类型里又包括非常多的类群。根据科学家们的估计，地球上目前大约有 870 万种动植物。然而迄今，得到科学家们确认和描述的物种大约有 175 万种，其中包括 95 万种昆虫、27 万种植物、1.9 万种鱼类、9000 种鸟类和 4000 种哺乳动物。然而，这只是地球上物种总数的一小部分，还有数以百万计的物种尚未被发现和命名[35]。

这些生物在生活习性、外部形态、内部构造，甚至所含的化学成分等方面都存在或大或小的差别。那么，这些生物之间的关系是怎样的呢？怎样将它们分门别类、正本清源呢？为了研究、利用和保护丰富多彩的生物世界，科学家对它们进行了研究和比较，再分门别类，逐步建立了生物分类学。

一、古代典籍中的生物分类

我们常说的飞禽走兽，就是根据动物的形态和习性进行的分类。汉初的《尔雅》里把动物分为鸟、兽、虫、鱼四类：鸟是指各种鸟类，兽是指哺乳动物，虫包括大部分无脊椎动物，鱼包括鱼类、两栖类、爬行类等低级脊椎动物及鲸和虾、蟹、贝类等。这是目前可以查到的最早的动物分类系统，这四类名称的实际产生年代应该更早。明末医药学家李时珍在《本草纲目》里介绍了大约 400 种动物，并将其分为虫、鳞、介、禽、兽等门类。这都属于对动物的分类。

成书于东汉时期的《神农本草经》里介绍了 365 种药用植物[36]，根据药的功用和药的毒性，又将这些药用植物分为上、中、下三品。

《尔雅》把植物分为草本和木本两大类，《南方草木状》则将植物分为草、木、果、竹四大类，《本草纲目》中将记载的 1195 种植物分为草、谷、菜、果、木五大类。由此可见，我国古代是根据植物的特征和人类的需要来进行植物分类的。

在西方，古希腊的哲学家、科学家亚里士多德，在《动物志》一书中描述了几百种动物，仅鸟类就有 160 种之多。亚里士多德出生于古希腊医学和医业世家，自幼谙熟解剖技术。为了编写这本书，他用 12 年的时间游历了地中海沿岸和岛屿。在这期间及后来 20 年的教学生涯里，他收集、观察、解剖、研究了很多水陆动物，这些资料是他编写《动物志》的基础[37]。亚里士多德在这本书中，按照动物的相似程度和复杂性对其进行了排列，这是人类首次建立的比较科学的动物分类系统。亚里士多德还使用了种、属等术语。另外，他采用性状对比的方法对动物进行了分类。例如，他把动物分为热血动物和冷血动物；把热血动物细分为胎生四足类（即哺乳动物）、鸟类；把冷血动物细分为卵生四足类（即爬行动物）、鱼类等。由于亚里士多德在动物分类方面进行了许多开创性的工作，他被公认为动物分类学的开创者之一。

在植物学方面，人们最初把植物分为草本植物和木本植物两大类。每一大类又可以细分为若干类型。例如，木本植物有乔木、灌木和藤本的差别。

随着生物学的发展，人们能描述和研究的生物种类越来越多，对它们进行整理分类的呼声也越来越高。在这种背景下，大家开始尝试将发现的动植物进行详细科学的分门别类。但由于地域和文化背景的差别，不同学者之间的生物分类标准常常差异很大，致使他们相互之间的研究成果交流困难，常常出现"鸡同鸭讲"的尴尬场面。时间一长，不同学派之间由于彼此弄不明白对方的概念而显得更加封闭。在这种情况下，找到大家都容易识别的、统一的、科学的标准将生物进行分类就显得势在必行了。

二、各说各话的分类系统

17 世纪末，英国植物学者雷改变了这种局面。他首创了以形态特征的差异作为分类标准的系统分类学。

雷出生在英国的布莱克诺特利。他 1648 年从剑桥大学毕业后，第二年就当选为剑桥大学特林尼迪学院的研究员，当时他讲授的课程是古希腊语和数学，业余从事的是人文学科的研究。这些教学和科研活动与生物学毫不搭界。

1650 年，雷患了重病在家休养。在病愈的康复期间，他几乎每天都去乡间散步，那些田间地头的花花草草引起了他的兴趣。他经常驻足在某种植物前仔细地观察，还把采集到的植物标本拿回家去研究。1660 年，雷出版了第一本植物学著作《剑桥植物目录》，收编了他在养病期间观察到的 558 种植物。这也是他对植物分类的最初尝试。

1662 年，由于反对当时推行的《统一法案》，雷失去了工作，这使他一度因没有生活来源而穷困潦倒。幸运的是，剑桥的一位富有青年弗朗西斯·维路格比（Francis Willughby，1635—1672）和雷志趣相投，为他提供了很多帮助。1663 ~ 1666 年，两个人在欧洲进行了长途旅行。其间，雷对各种不同生活环境的植物进行了观察研究，并采集了大量的植物标本，这为雷的学术成长进一步奠定了基础。在维路格比的帮助下，雷在 1670 年出版了《英国植物目录》一书。

后来，维路格比患病去世，他将自己的一部分遗产留给雷作为生活费用。此后，雷还是住在维路格比家，还和他家的女佣人结了婚。这期间，雷由于生活稳定，又不用出去工作，他就用全部的精力来从事动植物的编目和分类工作，共坚持了 30 多年，直到生命结束。

1864 ~ 1704 年，雷先后出版了 3 卷《植物志》著作。全书共收录了 19 000 种植物，采用纲和目对植物进行分类，是他的代表作[38]。在这本书中，雷的植物分类标准更加完善，也更合乎自然规律。书中不但描述了每种植物的形态特征、地域分布和生活习性，而且对它们的病害和实用价值进行了归纳整理。

雷认为物种是可以变化的。他深信化石是已死亡的动植物经过石化而存留下来的。雷还提出，如果两个个体杂交的后代是不育的，那么这两个个体应该属于不同的物种。反之，如果杂交后代可育，则这两个个体应该是同一物种。这与今天判断是否为同一物种的依据基本一致。

雷认为，不能只用植物的单一部分特征，而应该用植物的所有特征来判断它们的亲缘关系。这也是非常先进的分类学思想。

雷把他所了解的植物种类进行了属和种的描述，所采取的分类方法已经超过了与他同时代的学者。但由于没有采用科学的命名方法，他的分类标准没能解决生物分类的简便性与通用性问题，所以人们在植物分类的时候仍然采用原来的名称，学者之间的学术交流仍然困难重重。

随着植物学的研究越来越深入，学者们迫切需要一种简便易行的通用分类标准，这一难题被瑞典植物学家林奈解决了。

第二节　风靡天下的"双名法"

林奈（图4-1）是瑞典植物学家、近代分类学的奠基人。林奈为分类学解决了两个关键问题：一是创立了"双名法"，每一个物种都有一个学名，由两个拉丁词组成，第一个拉丁词代表属名，第二个拉丁词代表种名；二是确立了阶元系统，林奈把自然界分为植物、动物和矿物三界，在动植物界下，又设有纲、目、属、种四个级别，从而确立了分类的阶元系统。

一、小植物迷

林奈对植物的爱好主要来自父亲的影响和启蒙。林奈的父亲是一位牧师，也是一位植物学者和花卉迷，业余时喜欢观察和研究植物。他在自家门前种了很多花卉。闲暇时，他总是一边施肥除草，一边观

图4-1　林奈

察研究。遇到赏花的人，林奈的父亲总是如数家珍地传授每种花的特征和养护知识。

　　受父亲影响，林奈从小就喜爱花草，经常在父亲的花园里观察、玩耍。看到不认识的植物，他就去向父亲请教，父亲会滔滔不绝地为他讲解。父亲在对他悉心培养的同时，也对林奈提出了很高的要求——必须记住所问的问题，不准重复提问。因此，林奈在儿时就认识了许多种植物，8 岁时就在亲友中赢得了"小植物迷"的美名。

二、成绩平庸的学生

　　在小学、中学阶段，林奈除了对亚里士多德的逻辑学感兴趣外，对其他课程都不太喜欢。因此，林奈在少年时期的学习成绩很一般，考试经常不及格。当时他的一位老师认为林奈不适合读书，应该早点儿去学一门手艺。他曾建议林奈的父亲："与其培养他成为牧师，还不如让他去学裁缝和皮匠的手艺。"[39]

　　林奈对植物的兴趣几乎到了着迷的程度，他把大部分时间与精力都用在野外采集植物标本和阅读当时仅有的几本植物名著上，这也是林奈学习成绩一般的原因之一。

　　到了 1726 年林奈读中学三年级时，由于家里日益贫困，林奈的学习成绩又很一般，父亲打算让他退学务农。这时，一位名叫约翰·斯坦森·罗斯曼（Johan Stensson Rothman，1684—1763）的医生兼中学物理教师阻止了林奈的父亲。他知道林奈对植物有特殊喜好，认为林奈将来会成为一个有作为的人。罗斯曼向林奈的父亲提出，他愿意亲自教授林奈医学和植物学知识。

以前，林奈对动植物的观察和研究都是由着自己兴趣的、随机的自发行为，很盲目，也有很多错误。在罗斯曼的悉心指导下，林奈不但掌握了一些生理学知识，而且学会了很多研究植物学的正确方法。罗斯曼还曾借给林奈一本 1700 年出版的法国植物学家约瑟夫·皮顿·德·福尔图内（Joseph Pitton de Tournefort，1656—1708）写的《植物学大要》[40]。这本书中谈到了各种植物的花的区别，还以花为基础建立了自己的植物分类系统。林奈在读了这本很多人都认为非常枯燥的书之后，感到植物学知识特别迷人和丰富。

中学毕业证书上显示，林奈在班上 18 名学生中排第 11 名。学校老师认为林奈对学习缺乏兴趣，贪玩不努力，成绩一般，前景堪忧。

在林奈 20 岁那年，父母让他去瑞典南部的隆德大学学习。本来到那里读书是要投奔一位富裕远亲的，谁知等林奈跋山涉水地赶到目的地时，却得知那位远亲已经去世。在走投无路的情况下，他只好自己找房子租住。碰巧的是，林奈最后租住的房子恰好是隆德大学有名的自然科学家、医生希利安·斯托俾尔斯（Kilian Stobaeus，1690—1742）的。这位老先生脾气暴躁，说话刻薄，多疑，患有偏头痛，再加上让人不舒服的外貌——独眼、瘸腿，让林奈感到非常别扭。他每天都要小心翼翼地生活，唯恐受到斯托俾尔斯的训斥。

在这种艰难的情况下，林奈还是没有放弃自己的爱好。他发现斯托俾尔斯的藏书非常丰富，而且有很多自己喜爱的书籍——这可能与斯托俾尔斯是一位自然科学家有关。每天晚上放学回来，林奈就躲在自己的房间里通宵达旦地阅读图书。因为害怕受到斯托俾尔斯的批评，他的这些活动都是秘密进行的。但他后来还是被发现了。原来，斯托俾尔斯的老母亲注意到林奈的房间经常很晚了还亮着灯，就悄悄地告诉了她的儿子。斯托俾尔斯认为林奈一定是在做不务正业的事情，于是第二天深夜他没有敲门就走进了林奈的房间。

当时林奈正在认真地看书，丝毫没有觉察到有人进来。斯托俾尔斯猜想林奈看的一定不是什么正经书，就上去一把将书夺过来。当他发现林奈偷偷阅读的正是自己最心爱的植物学专著时，怒气一下子消散了。从此以后，他免去了林奈的食宿费用，还允许林奈随意出入自己的藏书室，并悉心指导林奈的学业。林奈在这段时间读了很多书，迅速地提升了自己的科学素养。

三、漫漫分类路，笃志科研人

后来，林奈辞别了斯托俾尔斯全家，到瑞典南部的乌普萨拉大学学医。这个瑞典首屈一指的高等学府的医学院的设备却极其简陋，连这里最著名的教师奥洛夫·鲁德贝克（Olof Rudbeck，1660—1740）都放弃了医学教学，改去研究语言学了。校医院也因年久失修而破烂不堪，无法为患者治病。

业余时间，林奈不是待在大学图书馆里，就是泡在学校的植物园里。植物园里的教授和工作人员经常看见一个青年穿梭于花花草草之间观察记录，这个人就是林奈。1729 年，林奈注意到法国植物学家塞巴斯蒂安·瓦扬（Sebastien Vaillant，1669—1722）所著的《花草的结构》一书。该书对植物花上的雄蕊和雌蕊的描述和研究让他受益匪浅。他根据自己的观察和学习写了一篇论文请该校的植物学家、医学家鲁德贝克指导。鲁德贝克看了以后对林奈非常赏识，就向学校建议让林奈到植物园里讲授植物学。

还有一个人对林奈的帮助很大，他就是乌普萨拉大学的植物学家奥洛夫·摄尔西乌斯（Olof Celsius，1670—1756）。摄尔西乌斯十分赏识潜心研究植物的林奈，知道他生活窘迫，就安排他到自己家里吃住。林奈在给家里的信中写道："在乌布（普）萨拉，上帝又恩赐我一个斯托俾尔斯！"[41]

虽然林奈没有正式听过摄尔西乌斯的课，但摄尔西乌斯在茶余饭后给予林奈的帮助和指导，深深地影响了林奈。正是在这段时间，林奈下决心将植物学作为自己终生奋斗的事业。

四、植物大王

林奈对花的构造进行了深入的观察和细致的研究,他根据自己的研究成果在1730年写了一篇小论文,题目是"植物婚配初论"。

当时还鲜有植物学家把花的构造作为研究对象,林奈这篇别开生面的文章引起了同行的关注。乌普萨拉大学最著名的教师鲁德克看到这篇文章后,特地到摄尔西乌斯家里拜会林奈。在得知林奈的经济状况之后,他就邀请林奈搬到他家居住,担任他的24个子女中的4个最小子女的家庭教师,以改善林奈的经济条件。

1732年,刚满25岁的林奈接受了瑞典皇家科学院的资助,到瑞典北部的一个偏远山区拉普兰进行野外考察和采集植物标本。他辞别师友,独自一人开始了艰苦的探险活动。虽然林奈为这次探险做了周密的准备,携带了一些工具和书籍,也找了一名当地的向导,但由于经费少得可怜,4000英里①的旅途仅备有400铜第里尔(相当于50美元),因此他通常都是买最便宜的食品充饥,有时甚至要向路过的村民讨一点食物和饮水。在长达5个月的时间里,林奈蹚过沼泽,穿过林海,步行千里,历尽了千辛万苦。他风餐露宿,有时甚至用野果充饥。

下面是林奈探险日记中的一些片段,我们可以体会其探险活动的艰辛:

> ……早晨,我们开始爬山,并且持续攀登了一整天,山势陡峭且高得难以置信,令人生厌,我们一直在不停地出汗……在到达凯马图之前,我们迈着疲惫的步伐走过了好多陡峭的山坡,出了好多汗,几乎筋疲力尽。有时,我们被云雾环绕,几乎被它遮蔽了视线;有时,我们需要改道以避过溪流;有时,我们需要脱掉衣服,从冰水中穿过。如果没有足够的热量让我们从这么冰冷的雪水中复原,我们不可能生存下来……我再也不想赶路了,尤其是我们的面包在两周之前就已经吃完了。[42]

———————————————
① 1英里=1.609 344千米。

他每到一处，就尽力采集各种动植物标本，观察各种奇艳的花卉。有时，他一连几天都吃不到面包和食盐，只能饥食生鱼、渴饮山泉。就在这种艰苦的环境下，他获得了很多特别的经验，还发现了100多种新植物。野外考察不但丰富了林奈的生物学知识，而且让他有机会对各种生物进行仔细的观察和研究，同时也使他不断思考怎样将生物分门别类的问题。通过自己的观察、研究和思考，他最终创立了植物分类系统。

由于林奈在学术上不断进步，他在很年轻时就成为非常有影响的学者，被誉为"植物大王"，成为当时家喻户晓的名人。

五、上帝创造，林奈整理

在林奈30岁那年，一些支持林奈的植物学家在荷兰的阿姆斯特丹集资出版了他的著作《自然系统》。该书第一版是一本小册子，基本上是一个动物、植物、矿物的名录，却涵盖了植物分类学的基本体系，林奈创立的著名的"林氏二十四纲"即首次发表于这本书里。在该书中，林奈把自然界分成三界——动物界、植物界和矿物界。在植物界，林奈主要依据雄蕊和雌蕊的类型、大小、数量、排列规律等特点，按照他自定的分类标准，把植物分为24纲（即"林氏二十四纲"）、116目、1000多属和大约10 000种[43]。

他提出的分类系统虽然属于人为分类系统，与自然分类系统相距甚远，但其简单明了、便于检索，深受当时的学界欢迎，他也由此声名远播。他的重要著作《植物种志》始作于1746年，历时6年终告完成，于1753年出版。该书奠定了近代植物分类学的基础。《自然系统》在多次再版过程中，进行了持续的大量增补和修订，在1758年刊行的第十版已扩展为1384页的巨著。在这一版中，他首次对动物分类采用"双名法"，开创了近代动物分类学。他将动物界分为哺乳、鸟、两栖、鱼、昆虫及蠕虫等6纲，界下设纲、目、属、种4级阶元（尚无"门"及"科"级阶元）。

在林奈的"双名法"提出之前，人们对生物的命名非常随意，这样就显得非常混乱。植物学家描述植物时主要依据的是形态特征，有的采用"单名法"（只用一个属名），有的采用"双名法"（一个属名加一个形容种的性质的词），有的采用"多名法"（一个属名再加上几个形容词）。而且，"一名多种""一种多名"的现象十分严重。随着生物学的发展，人们迫切需要一个各国科学家普遍承认和接受的共同科学语言。不少科学家曾尝试过进行命名法的改革，但他们所建立的命名法，都因为烦琐复杂、缺乏简便性和实用性，未被世界各地的科学家普遍接受。

林奈提出的"双名法"，即每一个物种的学名由两个拉丁词组成，属名在前，种名在后。例如，家猫的拉丁学名为 *Felis catus*，其中 *Felis* 为猫属（共 26 种），*catus* 是种名，拉丁语为"家养的"意思。再如，黄瓜的学名为 *Cucurmis sativus*，前者为属名，后者为种名。这种命名法让人一目了然，精确又简短，被各国生物学家所接受并公认为生物命名法规而沿用至今。

林奈一生的最大贡献是确立了生物分类的"双名法"，鉴定并命名了数以万计的动植物物种，结束了动植物分类命名的混乱局面，大大促进了分类学的发展。

后人在林奈创立的分类系统中加入了"门"和"科"两个阶元，使之更加科学完善。我们现在将动物界以下分为门，常见的动物门如表 4-1 所示。

表 4-1　常见的动物门

序号	中文	拉丁文	种数
1	原生动物门	Protozoa	约 30 000 种
2	多孔动物门	Porifera	约 5 100 种
3	刺胞动物门	Cnidaria	约 9 000 种
4	栉水母门	Ctenophora	约 90 种
5	扁形动物门	Platyhelminthes	约 15 000 种
6	纽形动物门	Nemertina	约 750 种
7	假体腔动物门	Pseudocoelomata	约 13 000 种
8	环节动物门	Annelida	约 8 700 种

续表

序号	中文	拉丁文	种数
9	软体动物门	Mollusca	约 100 000 种
10	节肢动物门	Arthropoda	约 923 000 种
11	腕足动物门	Brachiopoda	约 260 种
12	棘皮动物门	Echinodermata	约 6 000 种
13	毛颚动物门	Chaetognatha	约 50 种
14	半索动物门	Hemichordata	约 80 种
15	脊索动物门	Chordata	约 41 210 种

对于具体的动物分类，下面以大家熟知的"家猫"这一物种的名称为例，其分类系统和名称如表 4-2 所示。

表 4-2　家猫分类系统和名称

分类系统	拉丁文名称	中文名称
界	Animalia	动物界
门	Chordata	脊索动物门
亚门	Vertebrata	脊椎动物亚门
纲	Mammalia	哺乳纲
目	Carnivora	食肉目
科	Felidae	猫科
属	*Felis*	猫
种	*Felis catus*	家猫

在林奈所在的时代，进化思想已经萌芽。晚年时，林奈也从过去坚定的"特创论"者转变为不反对进化思想的植物学家。虽然没有公开支持进化思想，也没能提出"进化论"，但他在 1768 年出版的《自然系统》的第 12 版中主动删去了有关"种不会变"的论述。他的分类系统成为 19 世纪被广大植物学家广泛接受的准则。

林奈对动物分类也有巨大贡献。不同于植物分类的是，他把动物的各种特征，包括动物内部解剖结构的观察都作为分类的依据。林奈对许多生物的描述和分类是非常准确的，直到今天都没有改变过。

林奈知识渊博，著述浩繁，重要的有《自然系统》《植物命名规则》《植物种志》等二十多本。就学术成就而言，影响最大的还是他创立的"双名法"。1778年1月10日，这位杰出的博物学家因患脑卒中（又称"中风"）在乌普萨拉与世长辞。

1783年，林奈收藏的图书和制作的标本被拍卖给了一个叫詹姆斯·爱德华·史密斯（James Edward Emith，1759—1828）的英国植物学家。1788年，由史密斯等主持在英国成立了林奈学会。林奈学会具有较高的国际威望，不少国际上著名的生物学家是该学会的会员，他们不少重要的论文也由这个学会公布于世。最为突出的是，阿尔弗雷德·拉塞尔·华莱士（Alfred Russel Wallace，1823—1913）和达尔文关于物种起源的原始论文就是在这个学会的讲台上宣读的。以后，瑞典政府为纪念这位爱国的、杰出的科学家，先后建立了林奈博物馆、林奈植物园等，并于1917年成立了瑞典林奈学会。

第三节　进化与分类学

作为对生物分类学有开创性贡献的科学家，林奈的成就是毋庸置疑的。但他的分类方法也有很多缺点。例如，林奈早期认为物种是不变的，地球上的所有生物都是上帝创造的，最初上帝创造了多少种生物，现在就是多少种，以后还是多少种。对于自己在分类学上的贡献，林奈曾经自豪地总结道："上帝创造，林奈整理。"他不承认"进化论"，因此在分类学上也不可能用进化的思想去理解生物之间的关系。

虽然晚年时林奈逐渐接受了"进化论"，但他的分类方法早已成定局。由于在确立分类标准的时候没有考虑不同物种间的整体相似性，许多亲缘关系近的物种被分在了不同的类别中。

在林奈的《自然系统》里没有亲缘概念，所以书中的 6 个动物纲是按哺乳纲、鸟纲、两栖纲、鱼纲、昆虫纲、蠕虫纲的顺序排列的。"进化论"的奠基人拉马克（详见第七章）把这个颠倒了的系统拨正过来，从低级到高级列成进化系统——蠕虫纲、昆虫纲、鱼纲、两栖纲、鸟纲、哺乳纲。并且他还把动物区分为脊椎动物和无脊椎动物两类。这些标准一直沿用至今。但是，由于拉马克对生物进化及其原因的解释在当时备受争议，他的理论最终被淹没在反对派的讨伐声中，因而对分类学影响不大。达尔文是对分类学有重大影响的学者。

达尔文是英国生物学家，"进化论"的奠基人（详见第七章）。达尔文这位伟大人物的出现不但离不开他本人的刻苦钻研，而且其时代背景也是非常重要的因素。随着资本主义的发展和科学技术的进步，欧洲航海和探险事业兴起，欧洲人探索外面的未知世界的欲望也越来越强烈。在这种背景下，才有了达尔文 1831 年乘坐英国海军"贝格尔号"军舰进行环球旅行。在这次历时 5 年的环球航行中，达尔文搜集了大量的动植物标本并进行了无数次的实地考察。又经过回国后的长期研究，他终于在 1859 年出版的《物种起源》里提出了以"自然选择学说"为核心的"生物进化论"。

当达尔文的"自然选择学说"被逐渐认可后，人们回过头来审视林奈的分类标准，发现林奈没能将生物之间的亲缘关系考虑进去，这是他的分类标准的一大缺陷。受达尔文"自然选择学说"的影响，德国植物分类学家奥古斯特·威廉·艾希勒（August Wilhelm Eichler，1839—1887）于 1883 年将植物界分为隐花植物（包括叶状体、苔藓植物、蕨类植物）、显花植物（包括裸子植物和被子植物）两大类。艾希勒认为，植物的进化次序为叶状体→苔藓植物→蕨类植物→裸子植物→被子植物，其中被子植物在进化上等级最高。此后，植物分类工作日渐完善，各个门、科、属、种的形态结构特征、地理分布等都纳入了植物学著作中，植物学分类学日臻完善。

第四节　生物分类学的发展

20世纪50年代以后，DNA双螺旋结构被发现，人类开始从分子水平来研究生命特征，细胞学和遗传学得到飞速发展。人们可以根据染色体的数目、组型及染色体显带等来确定生物之间的亲缘关系。此时，仅仅借助于形态解剖和地理分布来进行的生物分类学已经落伍，而基于分子水平的生物分类学繁荣起来。

20世纪80年代，扫描式电子显微镜已经可以观察湿样本。它不仅可以观察花粉、果实、种子等结构的纳米级别的细微性状，还可以利用这些精细的差别修正生物分类中的一些偏差。

自1990年启动"人类基因组计划"以来，基因组学得到迅猛发展。借助基因组学的成果，我们就可以比对不同生物之间的基因，再根据基因差异的大小来确定生物亲缘关系的远近。

第五节　当今的生物分类学

一、生物分类学的发展阶段

从林奈创立比较科学的分类方法到今天，随着自然科学的不断进步，生物分类学也在不断发展。整体看来，我们可以把生物分类学的发展分为如下四个阶段。

（1）18世纪之前为人为划分阶段，不同学者之间的交流难度很大。

（2）18世纪为地区种类研究阶段，以林奈为突出代表，主要进行物种的区分、鉴定和命名工作。

（3）19世纪为进化思想阶段，这一阶段的主要任务就是将物种进行归纳梳理，排列在适当的分类阶元中，建立科学的分类系统。

（4）20世纪之后至今为种群研究阶段，以种群作为研究生物进化的单位，对种群基因频率的变化及其对进化的影响进行研究。

二、两个主流的生物分类学派

现在，自然科学的分工越来越细，研究手段也越来越先进。生物分类学的发展日新月异。目前，在世界各地活跃着很多生物分类学派。下面我们介绍两个主流学派。

1. 亲缘分支分类法

亲缘分支分类法（种系发生学的系统分类学）的理论由德国生物学家埃米尔·汉斯·维利·亨尼希（Emil Hans Willi Hennig，1913—1976）创立。他认为，生物之间的亲缘关系可以作为生物分类的依据。两个物种的亲缘关系越近，它们的分类地位就应该越接近。

那么，怎样确定不同生物之间的亲缘关系呢？亨尼希认为，通过对比与共同祖先的相对远近可以确定生物之间的亲缘关系。那么，采用什么手段进行对比呢？随着基因组学的发展，我们可以比较不同生物的核基因、线粒体基因，根据他们之间基因中脱氧核苷酸序列的相似程度来确定亲缘关系的远近。该方法条理清晰、科学严谨，已经被越来越多的分类工作者接受。

虽然这个分类标准是由亨尼希提出的，但地球上的生物种类纷繁复杂，当今的分类学也早已变成特别精细的工作。因此亨尼希作为生物分类学家也只是擅长研究某些类群，他是研究双翅目昆虫的专家。

目前，计算机技术和互联网的高速发展让亲缘分支分类法走上了快车道。已经开发出有关亲缘分支分类法的分析软件，并在不断修改完善，使亲缘分支分类法的理论和方法被大多数的现代分类学工作者所接受，在实际工作中发挥着越来越重要的作用。

2. 进化分类法

进化分类法（综合分类学）以恩斯特·瓦尔特·迈尔（Ernst Walter Mayr，1904—2005）、乔治·盖洛德·辛普森（George Gaylord Simpson，1902—1984）等为代表。该学派反对将生物之间的亲缘关系作为归类和编级的唯一标准，主张同时考虑生物进化的量和质，力求最大限度地同时利用生物亲缘关系和生物外在表现（性状）这两类信息内容。

进化分类法认为，在千百万个世代的系统发育历史中，基因的重组频率发生过千百万次的随机变化，谱系关系和基因型的差异随着世代的推移也越来越大，因此单独用谱系关系去表现亲缘关系是不确切的。在亲缘关系这个概念中，更重要的是进化过程中的进化速率、适应辐射、新适应区的占领及镶嵌进化等，因此他们强调被称为"进化等级"的适应水平，并将此作为归类和编级的重要标准。显然，进化等级的存在要比单纯的谱系关系具有更大的生物学意义和分类重要性。

亲缘分支分类法和进化分类法是当今生物分类学界的主流。目前整个生物分类学界虽然存在诸多不同的分类学派，但在实际工作中，科学家并不会固执地只采用一种方法，他们常常采取折中的态度，吸取各学派的优点和可取之处加以发展，从而促进分类学的进步。

随着科学技术的不断发展，许多新的技术、理论和方法逐渐渗透到古老的生物分类学研究领域，加速了该学科理论的发展，研究内容和研究方法也发生了很大的变化。

自1953年DNA分子的双螺旋结构被发现后，分子生物学迅速发展起来，并已渗透到生物分类学的各个领域。在今后相当长的一段时间内，分子分类法将蓬勃发展，但在系统发育关系的建立等诸多方面仍需与分支分类法、进化分类法等相互协作，互为补充。

系统分类的研究工作，首先要确立模式标本。新种或新亚种的确认则不仅要有模式标本，还要有代表新种或新亚种的一系列标本。

种、种群及种下分类将是未来的主要研究对象，并将从各个不同的方面利用不同的研究方法对它们进行系统而深入的研究。

第六节　我国的生物分类学状况

　　我国的生物分类学研究自新中国成立后开始发展，特别是改革开放以来，虽已取得了非常突出的成就，但仍有许多重大问题没有得到解决，如"家底"没有摸清、亲缘关系的研究工作还只是零零星星的、前沿的领域还处于空白状态等。众所周知，我国幅员辽阔，境内生态环境复杂多样，生物种类非常丰富。在《中国生物物种名录 2023 版》中收录了 135 061 个物种，其中包括动物 65 362 种，植物 39 539 种，还有真菌等其他生物。很多物种是我国特有的原始类群。例如，中国有鸟类 1445 种，约占全球鸟类物种总数的 14%，93 种为中国特有；中国有哺乳动物 694 种，约占全球哺乳动物总数的 11.8%，146 种为中国特有；中国有鱼类 5082 种，约占世界鱼类总种数的 17.5%。954 种内陆鱼类为中国特有[44]。这些生物资源是我国的自然宝库，但要研究它、认识它、保护好它，又绝非一件容易的事情。

　　近一个世纪以来，我国人口增长过快，对自然资源的索取日益增加；经济建设的快速发展，有些地方又以牺牲环境换取 GDP 的增长，导致森林面积锐减，生态环境恶化。根据《中国生物多样性红色名录——脊椎动物卷》，科学家对中国除海洋鱼类外的 4357 种脊椎动物进行了评估，结果表明已经有 17 种中国脊椎动物灭绝、野外灭绝或者区域灭绝，灭绝风险高于世界平均水平；中国受威胁脊椎动物物种共有 932 种，占总数的 21.4%，其中哺乳动物受威胁比例 26.4%，鸟类 10.6%，内陆鱼类 20.44%，爬行动物 29.7%，两栖动物比例最高达到 43.1%。植物方面，科学家首次完成了中国 3.5 万余种野生高等植物的濒危状况评估，发现 40 个物种已经灭绝、野外灭绝或者地区灭绝，受威胁物种共计 3879 种，比例为 10.84%。其中，裸子植物受威胁程度最高，达到 58.0%（148/251），中国现有分布的 22 种苏铁科植物全部为受威胁物种，受威胁比例达 100%，红豆杉科（16/23）和罗汉松科（11/14）濒危比例分别为 70.0% 和 78.6%。真菌方面，科学家们首次对中国 9302 种大型真菌进行全面评估，结果表明受威胁物种 97 个，占被评估物种总数 1.04%。但是，由于约有 6000 多种大型真菌缺少数据，无法有效进行评估，因此专家认为中国需关注和保护的大型真菌达 6538 种，占被评估物种总数的 70.29%。可以看出，中国生物多样性保护面临严峻形势[44]。所以，及时对我国现有的生物进行分门别类，了解这些生物的形态、结构、生理、分类，也变得尤为迫切。

然而，生物分类学不像其他科学技术领域，或许可以在实验室里完成；也没有什么捷径可以走，因为很多生物都需要经过实地采集和鉴定。我国幅员辽阔，局部生态环境丰富多样，野生生物的分布广泛而复杂，要做好生物分类工作难度很大。随着我国的国力提升和科技进步，生物分类学也取得了日新月异的成就。

第五章
抽丝剥茧：从解剖到生理的研究

生物的内部结构是怎样的？各个器官的生理功能如何？研究生物体的结构和生理功能，不仅可以满足人类与生俱来的好奇心，而且可以在疾病治疗和科学研究等方面起到积极的促进作用。经过长期的观察和研究，解剖学和生理学逐渐发展起来。

我国最早施行外科手术的医学家华佗

第一节　解剖学的萌芽

一、打开世界上最精妙的"天书"

地球上每种生物都是一本复杂、精妙的"天书"。即便是最简单的生命体，也比世界上最先进的机器复杂。人是万物之灵，人体是最复杂的生命体之一，所以人类在探究生命奥秘时，更加关注人体本身的结构和功能。人体解剖就是研究人体内部结构的第一步。那么，人类研究人体解剖只是为了满足个人的好奇心吗？当然不是。只有人类掌握了人体的解剖结构，才能正确理解人体的生理功能和病理变化，否则就无法区分人体的正常与异常、生理与病理，也就不能对疾病进行正确的诊断和治疗。研究人体解剖结构的这门科学就是人体解剖学。因此，人体解剖学的发展是建立在医学发展基础之上的。学习和掌握人体各器官的正常形态结构知识，是学习其他基础医学课程和临床医学课程的基础。

古人由于对人类生、老、病、死的机制不清楚，因此他们对生命的理解从好奇到敬畏，常常用宗教和迷信来解释自己当时不能解释的生命现象。封建社会时，封建礼教和迷信盛行，禁锢了人们的思想，古人不愿意也不敢主动尝试解剖人体。这受复杂的社会因素制约，也有众多的人为因素在阻碍。因此，人体解剖学的发展经历了漫长的历史。经过不断地探索、实践和积累，人体解剖学才逐渐发展起来。

二、从华佗到王清任

在古代的中国、古印度和古埃及，人们虽然能在书籍中能看到一些解剖学的知识，但这些知识并不是人类通过直接解剖人体获得的，而是在祭祀、狩猎、屠宰和战争负伤时偶然观察发现的。获取这些解剖知识也不是为了科学研究，而是为了给人治病，这在一定程度上限制了解剖学的发展，致使解剖学直到近代才发展为一门相对独立的学科。

我国作为一个文明古国，拥有源远流长的历史和文化。现存最早的一本医学著作《黄帝内经》中就有很多人体解剖的知识。比如，书中的《经水》篇中这样写道："若夫八尺之士，皮肉在此，外可度量切循而得之，其死可解剖而视之。其脏之坚脆，腑之大小，谷之多少，脉之长短……皆有大数。"[45] 所以"解剖"这个概念在春秋战国时期就有了，书中还提到人体各部分结构都可以"度量循切"，而且不同人身体结构是相似的，即"皆有大数"。书中不但有胃、心、肺、脾、肾等内脏器官的概念，还对这些器官的大小、形状和位置进行了比较详细的记载。这些概念有很多直到今天仍在沿用，关于内脏器官的很多数据都比较准确，说明当时的医学家肯定进行过实体观察，甚至有可能亲自进行了解剖与测量。所以，《黄帝内经》是我国最早也可能是世界上最早的人体解剖学知识汇编。

秦汉时期，人体解剖学进一步发展。《汉书·王莽传》记载，当时在执行宫刑、腰斩、剐刑（凌迟处死）时，会有专人在一旁进行记录。

三国时期，名医华佗（？—208）医术高超，相传能"起死回生"。他对人体解剖结构有深刻的了解，能进行复杂的外科手术。

两晋时期，由于中医理论逐渐成熟，研究经络、腧穴及刺灸方法的医学家逐渐增多，针灸学也在这个时期发展成为一门医学。王叔和（约210—280）所著的《脉经》和皇甫谧（215—282）所著的《针灸甲乙经》有许多内脏尺寸的记载。

两宋时期，执政者对医学非常重视，促进了医学的发展。针灸学家王惟一（又名王维德，约987—1067，曾任太医局翰林医官，殿中省尚药奉御）于天圣四年（1026年）编成《铜人腧穴针灸图经》三卷，同时考虑到"传心岂如会目，著辞不若案形"，就设计铸造了两个铜人，分脏腑十三经和旁注腧穴，这是人体模型的创始。他还设计了利用铜人对医生进行考试的办法："外涂黄蜡，中实以汞，俾医工以分析寸，按穴试针。中穴，则针入而汞出，稍差，则针不可入矣……"[46]

宋代提刑官宋慈（1186—1249）著《洗冤录》，对人体解剖结构，特别是人的骨骼有比较详细的记载，并绘制了检骨图用以说明。此外，他对各种死因进行了研究。这些研究可以算是解剖学上的探索。

清代王清任（1768—1831）著有《医林改错》一书。该书有约 1/3 的篇幅为解剖学内容，作者把自己亲眼所见的内脏器官与古代医书上的描述进行比较，指出了古代医书中的错误。

但总体看来，我国长期受封建社会制度和儒家思想的束缚，解剖学的研究始终未脱离为医学服务的范畴，没有作为一个独立的学科发展。到了近代，我国的人体解剖学更是大大落后于西方国家。光绪七年（1881 年），清政府在天津开办了医学馆，1893 年更名为"北洋医学堂"。教授课程中设有"人体解剖学"。至此，解剖学在我国才成为一门独立的学科[47]。

三、从希波克拉底到亚里士多德

西方一般认为古希腊名医希波克拉底（Hippocratēs，约公元前 460—前 377）为医学始祖。他对骨骼、关节、肌肉都有比较深入的研究，却没能把神经和肌腱区别开来。他提出了"体液学说"，用来解释人体的生理活动。他认为，人体由血液、黏液、黄胆汁和黑胆汁 4 种体液组成，不同的人有不同的体质是由于这 4 种体液的不同组合。

古希腊的另一位学者亚里士多德是动物学的创始人。他纠正了希波克拉底的一些错误观点，将神经和肌腱区别开来。他还指出，心是血液循环的中枢，血液自心流入血管。但他把动物解剖所得的结果移用于人体，产生了很多偏差和谬误。

盖伦是古罗马的著名医生和解剖学家，写了许多关于医学和解剖学的著作。他指出，血管里流动的是血液，而不是空气；发现脊神经是按区域分布的。但他研究的材料仅限于动物。中世纪宗教统治一切的时代绝对禁止解剖人的尸体，致使解剖学上的一些错误见解达千余年之久没有得到更正。下面让我们来领略一下这位医学大师的风采。

第二节　医学大师盖伦

　　盖伦（图5-1）是古罗马时期最著名、最有影响的医学大师之一，他被认为是仅次于希波克拉底的第二位医学权威。此外，盖伦还是一位著名的解剖学家。他一生专心致力于医疗实践、解剖研究、写作和各类学术活动。他学识渊博，著述浩繁，包罗万象，一生写了131本著作。他在医学和生物学方面有很多开创性的发现，并根据自己的实践和思考提出了一些影响极为深远的学说。他的学说带有神秘的宗教气息，因此一直被奉为西方医学的经典，影响西方医学界达1500年之久。直到17世纪，哈维用实验证实血液循环后，盖伦关于血液产生、流动的学说才被纠正过来。

图5-1　盖伦

一、从天才少年到宫廷医生

盖伦出生于古希腊位于爱琴海边的帕加姆斯（Pergamus）。他的父亲是一位建筑师，传说由于他的母亲脾气暴躁，喜怒无常，父亲就给他取名为"盖伦"，因为"盖伦"在古希腊语中是平静的意思[48]。

少年时期的盖伦聪明好学，兴趣广泛，曾跟随一位柏拉图学派的学者学习哲学。19 岁时，他还当过神庙祭司的助手，后来才转而学习医学。这是因为盖伦本人对治病救人比较感兴趣，而且当时医生有较高的社会地位，是受人尊重的精英阶层。最初，他跟随一位精通解剖学的医生学习，20 岁时开始到各地游学。他先后到过古希腊的科林斯，以及古埃及的亚历山大港等地。他在游学过程中不但学到了很多医学知识，而且获得了丰富的社会阅历。28 岁时，他回到柏加曼开始行医。在治疗外伤的过程中，他意识到伤口是外界病原体进入身体的"窗口"。

从 162 年开始，盖伦定居古罗马，一边行医，一边进行写作、教书等学术活动。当时一位古罗马皇族患上了久治不愈的疾病，请了很多名医都没有好转。盖伦去了却药到病除，一下子成了闻名古罗马城的名医。因为盖伦医术高超、声名卓著，他被当时的古罗马皇帝聘为宫廷御医。

此后，盖伦一边担任宫廷御医，一边从事医学研究。他曾解剖过马、牛、羊、猪、狗等家畜及猴子、野兔等野生动物。因为猿与人比较相像，他最喜欢用直布罗陀猿进行实验研究。

盖伦医术超群，知识渊博，口才出众，是著名的医学家、学者和社会活动家。为了让自己的思想、知识和经验传承下去，有 20 个助手随时跟在他身后，记录他的言语并整理成书。

二、由动物到人体

在古罗马人统治时期，人体解剖是被严令禁止的。因此，盖伦只能进行动物解剖实验，他通过动物的身体结构来推测人的解剖结构。盖伦被称为"解剖学之父"，在解剖学方面做出了开创性的贡献。他准确记述了脊柱和颅骨的构造，描述了约 300 块肌肉的形态、起止点和功能，记述了胼胝体、第四脑室、脑膜、四叠体、垂体、松果体和 7 对脑神经、脑下血管网，还观察到大多数静脉与动脉并行，并把小肠到肝的静脉称为"门静脉"……他发现心脏充满血液，推翻了此前流传的心脏里充满空气的错误观点。

此外，盖伦还进行了一些动物活体实验。他通过结扎神经，证明脑控制咽的活动；通过结扎输尿管，证明尿液从肾脏产生，经过输尿管再到膀胱。这些当今中学生都熟知的解剖学知识在当时都是开创性的发现。

盖伦虽然没有直接解剖过人体，但他通过从动物解剖中获取的知识再结合观察人类骸骨，对人体各部分的解剖结构和生理功能有了在当时最精确的认识。盖伦在《论解剖过程》《论身体各部器官功能》两本书中阐述了自己在人体解剖生理上的许多发现。这些著作既反映了他的学术成就，又反映了他敏锐的观察能力和超强的判断能力。这些关于人体各部分结构和功能的理论，在以后相当长一段时间内为医学提供了理论依据，也为西方医学中的解剖学、生理学的发展奠定了基础。

三、三种灵气与四种气质

古希腊哲学家柏拉图（Plato，前427—前347）认为人的灵魂由理性、意志和情感三部分组成，其中理性是灵魂的基础。

亚里士多德将这三种灵魂发展为生殖灵魂、感觉灵魂和理性灵魂。植物只有生殖灵魂，动物有前两种灵魂，只有人才具备三种灵魂。

盖伦把这些说法与自己的观察研究结合起来，提出了"自然灵气""生命灵气""智慧灵气"的理论。他认为这三种灵气在人体内分别位于消化系统、呼吸系统和神经系统。它们都发源于一个被称为"纽玛"的中心灵气。这种"纽玛"存在于空气中，人体通过呼吸吸进"纽玛"而获得灵气。

在生理学方面，盖伦的贡献比较少。他认为肝脏是血液活动的中心。食物经过消化吸收后进入肝脏，在这里转变成深色的静脉血，这样的血液带有自然灵气。这种静脉血从肝脏出发，沿着静脉系统将营养物质送到全身各处。盖伦认为肝脏不停地制造血液，血液不断地被送到身体各部分并被吸收，最终消失，所以血液是不循环的。那么心脏在血液运送中起什么作用呢？盖伦认为从肝脏出来进入心脏右边（最后进入右心室）的血液，有一部分自右心室进入肺，再从肺转入左心室；另一部分血液可以通过心脏膈膜上的小孔进入左心室。流经肺部而进入左心室的血液，排出了废气、废物并获得了生命灵气，所以成为鲜红色的动脉血。动脉血通过动脉系统流向全身各处，使人能够有感觉和进行各种活动；有一部分动脉血流经大脑获得了智慧灵气，再通过神经系统将灵气传遍全身。盖伦认为，血液在静脉和动脉中都是进行单程直线运动的，像潮汐一样，一涨一落，朝着一个方向运动，而不是循环往复地运动。

在心理学方面，盖伦也做出了贡献。古希腊医生希波克拉底早在公元前 5 世纪就曾提出人体内有 4 种体液（即血液、黏液、黄胆汁、黑胆汁），每种体液所占比例的不同决定了人的气质差异，其中黑胆汁占优势的人就属于抑郁质。盖伦借鉴和发展了希波克拉底的理论，将人的性格分为 4 种气质类型，即多血质、黏液质、抑郁质和胆汁质。这种分类方式在心理学中一直沿用至今。4 种气质的人的性格特征具体如下。

（1）多血质：外向，活泼好动，善于交际；思维敏捷；容易接受新鲜事物；情绪情感容易产生，也容易变化和消失，容易外露。

（2）黏液质：情绪稳定，有耐心，自信心强。

（3）抑郁质：内向，言行缓慢，优柔寡断。

（4）胆汁质：反应迅速，情绪有时激烈、冲动，很外向。

四、文艺复兴之后的解剖学研究

盖伦注重解剖实践，他在解剖学研究方面的成就处于当时的顶峰。人们称他为"西方的医圣"，他对西方医学的影响持续了 1500 年之久，可以说是"前无古人后无来者"。他的"血液运动理论"直到文艺复兴时期之后才被哈维的"血液循环学说"纠正。由于盖伦通过解剖动物来研究人体，他对一些生理现象的解释，有些比较合理，但也有很多是凭借着自己在动物身上观察到的一些现象而进行的主观猜测和臆想，所以不可避免地会出现错误。还有，他根据自己的经验和实践所创立的医学理论——"气质学说"，虽然属于一种理性的思考，但因其包含一些神秘的成分而被宗教势力利用。后来人们为消除他的错误影响，付出了巨大的代价。

当然，我们不能因为这些缺点就否认盖伦的成就。现在他的许多著作已经散失，仅存有少量阿拉伯文译本。流传最广的著作是他的 17 卷的《人体各部位的作用》。此外，他还写了许多关于哲学和语言学的著作。直到今天，还有很多学者在终生研究盖伦的思想和著作。

文艺复兴之后，自然科学迎来了一个民主、和谐、迅猛发展的新时代，人体解剖学也从"地下"转到"地上"，并最终发展成为一门独立的学科。

这段时间，列奥纳多·达·芬奇（Leonardo da Vinci，1452—1519），曾解剖过尸体，并留下了精美、准确的解剖草图。不过，达·芬奇研究人体结构是出于绘画的需要，他对人体各部位的功能没有进行具体研究。

这一时期最有代表性的人物是比利时的医生维萨里。他被认为是近代解剖学的创始人，于 1543 年出版了《人体的构造》一书，创立并奠定了人体解剖学的基础。17 世纪，哈维创立了"血液循环学说"。马尔皮吉证明了动脉与静脉通过毛细血管相连，为哈维的"血液循环学说"提供了有力证据。

19 世纪，达尔文的《物种起源》和《人类的由来及性选择》为探索人体形态结构的发展规律提供了理论基础。19 世纪，俄罗斯的解剖学家彼得·安德烈耶维奇·扎戈尔斯基（Pyotr Andreyevich Zagorsky，1764—1846）用解剖学的材料研究了人体结构，提出了功能决定器官形态的见解。他们对解剖学的发展均做出了卓越的贡献。

第三节 维萨里: 超越时代的"疯子"和"狂人"

维萨里（图 5-2）是比利时著名的医生和解剖学家、生理学家和美术家，近代人体解剖学的创始人。维萨里与尼古劳斯·哥白尼（Nicołaus Copernicus，1473—1543）齐名，是科学革命的两大代表人物。

图5-2　维萨里

一、冲破禁锢的先辈们

在维萨里出生时的欧洲，教会仍然禁锢着人们的思想。教会禁止研究解剖学和外科学，理由是"教会厌恶流血"。在这种社会背景下，解剖学不能正大光明地迅速发展，从事解剖学研究的人也受到了种种非议和排斥。但社会总在不断进步，不断有人冲破重重阻力来从事这项科学研究。

意大利解剖学学家蒙迪诺·德·卢齐（Mondino De' Luzzi，1275—1326）是第一个用解剖学知识来理解生理和疾病的医生。他在1316年出版了《解剖学》一书，是人类历史上第一本真正意义上的解剖学专著。该书不仅被医学院的学生广泛使用，而且被著名艺术家达·芬奇和米开朗琪罗·博那罗蒂（Michelangelo Buonarroti，1475—1564）阅读。他们通过这本书了解了人体的构造。

但真正使解剖学发展成为一门科学并动摇了盖伦的权威论调的人，

是年轻的维萨里。

二、黑夜里的"盗尸人"

1514 年 12 月 31 日，维萨里出生在比利时布鲁塞尔的一个医学世家。他的祖父是皇帝马克西米连一世（Maximilian I，1459—1519）的皇室御医，父亲是德国皇帝查理五世（Charles Ⅴ，1500—1558）的御用药剂师兼贴身侍从。在这个医学世家里收藏了大量的医学典籍。维萨里耳濡目染，从小就立志成为一名出色的医生。维萨里经常跟在父亲身边学习医学知识，很早就学会了解剖动物的技能。在童年时期，他就解剖过狗、兔子和一些鸟类，并学会了通过解剖观察动物体内各个组织器官的构造。他喜欢读书，从家里的医学典籍中学到了很多医学知识，为日后成为一代名医打下了基础。成年后的维萨里首先就读于卢万大学，毕业后又前往巴黎医学院学医。之后，他当过一段时间的军医，于 1537 年在帕多瓦大学取得医学学位，接着在该校担任外科学和解剖学讲师。

巴黎是欧洲文艺复兴的思想中心，那里聚集了一大批当时最优秀的艺术家、文学家和科学家。但他们在医学课堂上讲授的还是盖伦的理论。自命清高的教授们在讲授解剖学知识时，从来不亲自动手，要么照本宣科，要么找一个外科手术技师或者刽子手去解剖动物的尸体。由于动物与人体有差异，因此学生所学的理论与实际严重脱节，而且错误百出。

意气风发的青年学生维萨里与众不同。由于早就掌握了一些解剖学知识，因此他在实验课上就亲自动手做实验。在解剖实践过程中，他逐渐认识到盖伦在人体解剖方面的一些错误。有一天老师在课堂上讲到，盖伦认为人的腿骨是弯的，可维萨里根据自己收集的腿骨发现实际上人的腿骨是直的。这一发现激发了他继续研究的热情。

维萨里认为，盖伦通过解剖动物研究人体不太科学，应该通过人体本身的解剖来研究人体构造。由于当时的法律禁止解剖人体，维萨里只能一个人偷偷地从事人体解剖研究，把被抓、被杀的危险置之度外，心无旁骛地努力工作。

有一次，维萨里与著名医师兼数学家雷尼耶·杰马·弗里西乌斯（Regnier Gemma Frisius，1508—1555）出去散步，发现了一具尸体。由于鸟类的啄食和动物的啃咬，尸体上的肌肉几乎没有了。有些骨骼已经掉落，有些则通过残存的韧带连接着。这正是维萨里要找的完整的人类骨骼。于是，他请弗里西乌斯帮忙，将尸骨从捆绑它的木桩上卸下来。为了不被人发现，他们将尸骨转移到另一个地方藏起来，然后分几次运回家里。

就这样，维萨里想尽办法搜集实验材料，刻苦钻研，终于拥有了珍贵可靠的第一手材料。

维萨里的做法与传统相背离，自然遭到一片反对之声。守旧派甚至对他恨之入骨，最后学校开除了他的学籍。维萨里被迫离开了巴黎。

后来，他凭借自己的学术成就在威尼斯共和国帕多瓦大学任教，并于 1537 年 12 月 6 日获得帕多瓦大学的医学博士学位，之后又被委任做解剖学和外科学讲师。

三、发表《人体的构造》的年轻人

维萨里在帕多瓦大学这个条件相对较好的环境里一边教学，一边把自己的研究成果整理成书。

1543 年，年仅 20 多岁的维萨里完成了《人体的构造》一书的写作。这本书按骨骼、肌腱、神经等几大系统对人体进行了描述，是第一本科学阐述人体解剖学基本知识的著作。该书的出版，意味着近代人体解剖学的诞生，是生物学发展史上具有里程碑意义的一件大事。全书共分七卷，书中有维萨里请比利时画家简·斯蒂芬·范·卡尔卡（Jan Stephan van Calcar，1499—1546）画的 300 多幅精美的木刻插图。这使全书图文并茂，增色不少。在这本书里，维萨里一改盖伦等臆测的方法，以丰富的解剖实践资料做基础，对人体的解剖结构进行了精确的描述。该书的主要内容如下。

第一卷：专门论述了支撑整个身体的骨骼。

第二卷：论述了"运动的执行者"——肌肉。

第三卷：描述了脉管和动脉系统。

第四卷：论述了神经系统，包括脑神经系统和脊神经系统。

（在第三、第四卷中，当维萨里谈及动脉、神经等的作用时，其观点往往和盖伦的生理学观点一致。例如，神经的作用被描述成传递知觉的灵气，动脉的作用是输送生命的灵气及热量。）

第五卷：描述了腹部的内脏器官和生殖器官。

第六卷：叙述了胸部的内脏器官心脏、肺。

第七卷：描述了脑、脑垂体和眼睛。

这七卷中最成功的是第一、第二卷。这两卷的内容使 16 世纪的人体解剖学从此走上正轨。

四、创立解剖学

维萨里的学术水平远远超越了当时人们的认知水平，因而被称为"疯子"和"狂人"。维萨里遭到了各方守旧势力的冷嘲热讽甚至是沉重打击。比如，盖伦认为人的大腿骨是弯曲的，维萨里就拿着真人的大腿骨说它是直的。反对者之一雅克·杜布瓦（Jacques Dubois）在事实面前不但不认错，还强词夺理地说："人的腿骨在盖仑（伦）那个时代还是弯曲的，但是在数百年间，狭窄的裤腿改变了腿的形状。"[49] 这让人感到哭笑不得。

当维萨里说男人和女人的左右肋骨同样多，都是 24 根，驳斥了《圣经》中关于上帝抽去亚当一条肋骨创造夏娃的传说时，教会势力就说他"渎神"。1563 年，他被宗教法庭拘禁、审讯和判决，作为异教徒被判处死刑，后来又被菲利普二世（Philip of Spain，1527—1598）赦免；最后教会势力逼他去耶路撒冷朝圣来表示忏悔。1564 年，年仅 50 岁的维萨里在朝圣回来的路上因贫病交加而去世。

与哥白尼一样，维萨里为了捍卫科学真理，遭到教会的迫害。但他建立的解剖学为血液循环的发现开辟了道路，成为人们铭记他的丰碑。

1565 年，《人体构造》印了第二版，不到半个世纪，这本书所讲的内容已经被人们所普遍接受，成为欧洲医科学校的通用教材。

第四节　备受争议的"血液循环学说"

古希腊人盖伦最早提出"血液运动学说"，被认为是医学界的圣人，他的"血液运动学说"也在长达 1500 年的时间里一直占据权威地位。但社会总要进步，与事实不符的理论早晚会被纠正。到文艺复兴之后，越来越多的学者根据已知的事实对盖伦的理论进行了质疑。这些质疑受到了保守派的坚决抵制和无情镇压。前文讲过，维萨里曾因研究解剖学而死在被逼朝圣返回的路上。西班牙医生、解剖学家、维萨里的学生弥贵尔·塞尔维特（Michael Servetus，1511—1553）也对盖伦的"血液运动学说"做出了驳斥。他认为，血液从右心室进入左心室不是经过中隔上的孔，而是在肺里经过漫长的迂回流动之后来到左心室的。塞尔维特预言有看不见的微血管和极为纤细的肺动脉、肺静脉。他的理论被权威们认为是异端邪说，他最终被宗教裁判所处以火刑，惨死在日内瓦。但学者们并没有因此而停下追求真理的脚步。这段时间，意大利的马泰奥·雷亚尔多·科隆博（Matteo Realdo Colombo，1516—1559）等都以各自的观察及实验为依据，从不同的侧面指出了盖伦的"血液运动学说"的错误。这些在科学史上有所发现、有所创造的人，都是敢于向权威挑战的人。正是这些人的努力和斗争，逐渐改变了世人的看法，也为哈维的"血液循环学说"奠定了基础。

关于血液流量和流动缘由方面尚待解释的内容是如此新奇独特，闻所未闻，我不仅害怕会招致几人嫉恨，而且想到我会因此与全社会为敌，不免不寒而栗。匮乏和习俗已成为人类的第二天性，加之过去确立的已经根深蒂固的理论，还有人们尊古师古的癖性，这些都极严重地影响着全社会。然而木已成舟，义无反顾，我信赖自己对真理的热爱及文明人类所固有的坦率。

——威廉·哈维[50]

哈维（图 5-3）出生于英国的一个富裕的农民家庭。少年时期的哈维聪明好学，10 岁时就考上了当地有名的坎特伯雷中学，还获得了奖学金。16 岁时，哈维考取了剑桥大学的冈维尔与凯斯学院，获得马太-帕克奖学金。19 岁时，他获得了文学学士学位。

图5-3　哈维

在剑桥大学读书时，有一次，哈维生病了，医生用小刀割破他手臂上的一处静脉，给他放了一点血。这是当时流行的治疗办法，理由是放了血就能将体内的病原放出，病就会被治愈。哈维不相信这种带有迷信色彩的古老治疗方法，就产生了学习医学给人治病的想法。因此，从剑桥大学毕业后，哈维就到威尼斯共和国帕多瓦大学学医。5年后，他成为年轻的医学博士。这期间他有一位当时很有名望的老师——解剖学家西罗尼姆斯·法布里休斯（Girolamo Fabricius，1537—1619）。他每次上课时，都是一边讲，一边把动物标本、挂图搬上讲台，并且经常进行动物活体的现场解剖。这种研究方法和治学态度对哈维的影响很大。后来，哈维返回剑桥大学，又获得了剑桥大学的解剖学博士学位，此后拥有两个博士学位的哈维在伦敦开设诊所行医。1607 年，哈维任英国皇家医学院讲师，1609 年起兼任著名的圣巴托罗缪医院主任医师。1616 年以后，先后担任过英王詹姆斯一世（James I，1566—1625）和查理一世（Charles I，1600—1649）的御医[51]。

一、从实验研究到理论著述

哈维不仅医术高明，而且还是一名非常重视实验的医学家。他从帕多瓦大学求学起，就开始了对动物的解剖、观察和研究工作。在伦敦行医期间，他每年都要参加几次死刑犯人的尸体解剖。每次解剖，他都要做极为详细的记录，回去以后还要进一步整理和研究。随着资料的积累和研究的深入，他发现盖伦的一些理论与事实根本不符，这让他对自己原来崇拜的偶像产生了怀疑。这种怀疑反过来又促进了他的观察和研究，潜藏在哈维心中的反叛精神逐渐凸显出来。

在给人治病过程中，哈维接触到很多外伤患者，通过对这些患者的观察和治疗，哈维获得了很多珍贵的第一手资料。1616 年，哈维做了一个简单而又巧妙的绷带实验。他先用绷带在人的手臂上结扎动脉，很快就发现在结扎的上方（即靠近心脏处）的动脉明显鼓胀起来。这说明动脉中的血液是来自心脏的。接着，他又将静脉扎起来，结果结扎的下方（即远离心脏的一方）的静脉很快胀大，表明血液是从静脉流回心脏的。

哈维在阅读文献时发现，维萨里曾提到，在解剖动物的心脏以后，他发现心脏中的隔很厚实，不存在盖伦说的那种小孔，血液根本透不过去。此后，他在自己家里的实验室中用青蛙、鱼、蛇、鸡、鸭、鸽、兔子、羊、狗、猴子等 40 余种动物进行了活体解剖和实验，并做了大量的人的尸体解剖实验。越做实验他就越坚信，自己有关血液循环的发现是正确的。

1628 年，凝集着哈维 20 多年心血的专著《动物心血运动的解剖研究》终于出版了。哈维在书中这样向公众解释：心脏就像水泵一样将血液推入大动脉，再从大动脉到小动脉，流到全身，然后由较小静脉流向较大静脉，最后流回心脏。哈维绘出了一幅完整的血液循环图，肯定了心脏是血液运动的中心，明确了心脏的功能就像水泵一样，心脏的搏动是血液循环的推动力。

二、血液循环的证据

哈维的"血液循环学说"一句批判盖伦的"血液运动学说"的话也没有讲，却用事实纠正了盖伦"血液运动学说"在人们心中根深蒂固的陈旧观念。

然而，《动物心血运动的解剖研究》这一里程碑式的著作出版后，给哈维带来的不是荣誉而是灾难。保守派认为哈维的学说是荒谬的、无用的、有害的。很多有名望的学者也站出来攻击哈维。哈维的好友、著名解剖学家、巴黎医学院院长让·里奥兰（Jean Riolan，1580—1657）最先站出来反对哈维的理论。爱丁堡大学的一位著名教授用14天的时间写了一本书，强词夺理地说"如果解剖上的事实与盖伦所描述的不一样的话，那么只能说这不是盖伦错了，而是由于盖伦以后的自然界发生了变化"。为了反驳哈维，他甚至用"以前的医生并不知道血液循环，但也会看病"作为自己的论据[52]。

哈维感到最痛苦的是，自己以前门庭若市的诊所变得冷冷清清，因为他被大家看成是精神有问题的医生，大多数人不再相信他的医术。偶尔来一个找他看病的，也往往是无钱付医疗费的人。但是，哈维毫不气馁。面对守旧学者的无耻打压，他用铁的事实一一给予无情的揭露和驳斥。他还让反对自己的人到他的实验室看他做实验，或者让他们自己做实验。哈维被反对者讥讽为"循环的人"，因为这个词在拉丁文里是指"庸医"。

幸而哈维当时已是国王的御医，有国王的保护，才没有受到太多的人身摧残。由于没有显微镜这样的先进仪器，哈维没能找到动脉和静脉之间的连通途径，但他坚信这一点总有一天会得到证明。

遗憾的是，直到哈维去世4年后的1661年，血液循环的有力证据才被发现。伽利略发明的望远镜，被马尔皮吉教授改制为显微镜用于医学。马尔皮吉在观察蝙蝠翼膜和金鱼尾鳍时发现了最纤细的血管，将它们命名为毛细血管（"毛发似的血管"）。这些血管用肉眼看不见，在显微镜中却清晰可见。它们把最小的可见动脉与最小的可见静脉连接起来。这样，马尔皮吉为哈维的"血液循环学说"提供了关键证据，哈维的"血液循环学说"才被大家所公认，这也是科技进步在当时医学领域中的显著成就。1688 年，荷兰显微镜学家列文虎克也发现了类似的证据。他观察了蝌蚪尾巴和青蛙脚上的微血管，发现里面的血液像小河一样在不停地流动。

哈维所处的时代还没有显微镜，他手边的工具，除解剖刀、剪刀、镊子之外，只有一个手持放大镜。哈维的"血液循环学说"的建立全靠他自己不断的实验和深入的思考及超强的推断能力，这是多么了不起的成就啊！哈维还是近代实验生理学的奠基人，他使生理学成为一门独立的学科。他敢于冲破神圣不可侵犯的传统和权威的束缚，在斗争中确立了自己的新学说，这一伟大功绩将永远为后人敬仰。

第五节　从器官到组织

维萨里的工作使人们对人体各个器官的构造有了清晰准确的认识，促进了人体解剖学和人体生理学的发展。法国解剖学家马里－弗朗索瓦·格扎维埃·比夏（Marie-François Xavier Bichat，1771—1802）则使人们对人体的认识深入组织水平。

出于工作的需要和研究者的好奇，比夏经常解剖人体。通过自己的研究，他发现器官是由更小的单位——组织构成的，并把构成人体的组织分为 21 种。他不承认当时已经发现的细胞，认为细胞是观察者在显微镜的镜筒中看到的东西，并受到了观察者主观意识的影响，所以无法让人信服。这是由于当时的显微镜放大倍数很低，分辨率也很差，图像比较模糊，很多显微图谱是观察者结合自己的想象绘制的。

比夏认为，组织是构成人体的最小单位，各种不同的组织构成器官，不同的器官再构成系统。

19世纪30年代，科学家通过显微镜发现，各种组织又是由不同的细胞构成的，如多边形的表皮细胞、梭形的肌肉细胞、有很长凸起的神经细胞等。后来的学者还修正了比夏的组织概念，指出构成人体的基本组织只有四种——上皮组织、肌肉组织、神经组织和结缔组织。

第六节　我国古代的解剖学

我国的解剖学研究，虽然在历代医学家的努力下也取得了很大成就，但是由于长期受封建社会制度和儒家思想的束缚，未能得到深入的发展。总体看来，我国古代解剖学的发展是为医学服务的，没有成为一门独立的学科。影响较大的学者有汉代的华佗、隋唐时期的孙思邈（581—682）、宋代的宋慈和清代的王清任等，他们都对医学做出了巨大贡献，也在解剖学上取得了一定的成就。

一、擅长外科手术的华佗

华佗（图5-4）是东汉末年的医学家。他首创了用全身麻醉方法减轻外科手术痛苦的治疗方式，被后人推崇为"外科鼻祖"。

我国古典文学名著《三国演义》第七十八回中通过华歆（157—231）之口介绍了华佗的高超医术："华佗，字元化，沛国谯人也……其医术之妙，世所罕有。但有患者，或用药，或用针，或用灸，随手而愈。"[53，54]

《后汉书·华佗传》中记载了华佗进行外科手术的情景："若病结积在内，针药所不能及，当须刳割者，便饮其麻沸散，须臾便如醉死，无所知，因破取。病若在肠中，便断肠湔洗，缝腹膏摩，四五日差，不痛，人亦不自寤，一月之间，即平复矣。"[55]

图5-4　华佗

在发明麻醉药之前，医生需要将外伤患者绑在柱子上再给他实施手术，以防止患者因极度疼痛乱动而影响治疗。患者在没有麻醉的情况下被医生用刀子划开皮肤，就像受到剐刑，痛苦是不言而喻的。华佗是世界上第一个使用麻醉术进行全身手术的人，他借鉴前人的经验发明了用于外科手术的麻沸散。1979年中外出版社出版的《华佗神方》记载，麻沸散的配方是：羊踯躅9克、茉莉花根3克、当归30克、菖蒲0.9克，水煎服一碗。这些药物加上酒的麻醉作用，大大降低了患者在手术时的痛苦。这种做法与现代医学的外科手术程序非常相近。

华佗发明的用于局部手术的止血减痛方法，也足足比西方早了1300多年。民间广为流传的"刮骨疗毒"故事更是脍炙人口。话说关羽（约160—220）在樊城一战，右臂被毒箭所伤，华佗驾一叶小舟从江东赶来，专程为关羽治疗箭伤。关羽问华佗："用何物治之？"华佗曰："某自有治法……当于静处立一标柱，上钉大环，请君侯将臂穿于环中，以绳系之，然后以被蒙其首。吾用尖刀割开皮肉，直至于骨，刮去骨上箭毒，用药敷之，以线缝其口，方可无事。"[55]

这次，华佗没有使用麻沸散，这是由于麻沸散是全身麻醉药，而关羽的右臂箭伤只需要局部麻醉。那么那个时代是怎么施行局部麻醉的呢？方法就在上文。我们在这里再给读者解释一下：华佗在手术时将患者的手臂拴在吊环和立柱上，就会造成手臂血液循环障碍，肢体会感到麻木，时间一长，对疼痛就不敏感了。华佗正是采用这个办法进行局部麻醉的。

据记载，华佗的著作除了《青囊书》外，还有《华佗察声色要诀》《华佗服食论》《急救仙方》《华佗老子五禽六气诀》等[56]。

二、法医学之父宋慈

宋慈，字惠父，宋代建阳（今属福建南平地区）人，在其一生二十余年的官宦生涯中，先后四次担任高级刑法官，是我国古代杰出的法医学家，被称为"法医学之父"。

在电视剧《大宋提刑官》中，我们看到了一个心细如发、断案如神的刑法官宋慈。宋慈不但是一个爱民如子的清官，还是一个懂得通过各种证据确定案件性质的刑法官。他在处理狱讼中，特别重视现场勘验。由于经常接触刑事案件中的尸体，他获取了较丰富的人体解剖学知识。经过长期的观察、研究和思考，他积累了利用人体解剖、人体尸骨状态断案的经验。他对古代流传下来的尸伤检验著作进行了整合，并结合自己丰富的实践经验进行了大量的修改，于辞世前两年（1247 年）刻印了《洗冤录》五卷。此书是其一生经验、思想的结晶，不仅是中国，也是世界上的第一本法医学专著，比意大利人福尔图纳托·费代莱（Fortunato Fedele，1550—1630）写成于 1602 年的同类著作要早 350 多年。刘克庄（1187—1269）在墓志铭中这样称赞他："听讼清明，决事刚果，抚善良甚恩，临豪猾甚威。"

三、医学大家王清任

王清任（图 5-5）又名全任，字勋臣，是清代直隶省（今河北省）玉田县人。他是一位富有革新精神的解剖学家和医学家。

王清任认为医生要治病救人，首先就要了解清楚人的脏腑结构。他认为"治病不明脏腑，何异于盲人夜行"。所以，他非常关注人体各部分的真实结构，曾多次实地观察疫病暴死者的骸骨，并对残缺的尸体进行观察，研究内脏器官的形态结构。通过观察和研究，王清任发

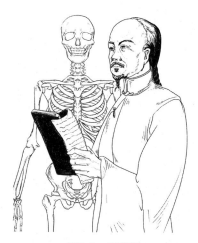

图5-5 王清任

现古医书中关于人体记述的错误非常多。于是，他努力搜集这方面的
材料，经过多年的积累，终于在 1830 年著成《医林改错》，书中附图
25 幅，一一列举了历代医学典籍中的错误。比如，他提到人的体腔由
隔膜分为胸、腹两腔，而非古书图中所给两个隔膜、三个体腔——三
焦。古人认为肺有六叶两耳二十四管，而王清任观察的结果是：肺有
左、右两大叶，肺外皮实无透窍，亦无行气的二十四孔。他还发现肝
有四叶，胆附于肝右第二叶，纠正了古图肝为七叶的错误。他关于胰
腺、胆管、幽门括约肌、肠系膜等的描绘也更接近实际。他在书中还
论证了脑是思维的产生场所而不是心。"灵机记性不在心在脑。""饮食
生气血，长肌肉，精汗之清者化而为髓，由脊骨上行入脑，名曰脑髓，
盛脑髓者，名曰髓海。其上之骨，名曰天灵盖。两耳通脑，所听之声
归于脑。""脑气与耳之气不接，故耳虚聋；耳窍通脑之路中，若有阻
滞，故耳实聋。""两目所见之物、鼻之所闻皆归于脑。"[57] 这些结论在
那个时代是非常先进的。

　　当然，由于他没有对各种脏器进行解剖，更没有设计科学的实验，
所以他也得出了一些错误结论。比如对左、右颈总动脉的功能，由于
他是在尸体上观察的，因此误认为动脉是行气的管道。

　　除了在解剖学上的贡献，王清任对我国中医学的理论发展也做出
了贡献。他发明的活血化瘀方剂至今仍在广泛使用。

第七节　现代解剖学

从文艺复兴时期到 19 世纪末，人体解剖学从学科创立走向成熟。随着研究越来越细、越来越全面，人体解剖学的发展似乎走到了尽头。有些学者认为解剖学已经成为"化石"，到了山穷水尽的地步，没有什么发展的前景。另一些学者开始从机能解剖学、进化形态学和实验形态学等方面寻求新的路径。

到了 20 世纪，自然科学的发展使医学发生了一场技术革命。医疗器械的现代化促进了整个医学的发展，也使解剖学上了一个新台阶。人体解剖学在不断地发展着，尤其是近数十年来，生物力学、免疫学、组织化学、分子生物学等不断向解剖学渗透，使解剖学重新焕发青春，发展得特别迅速。

近二十年来，人体解剖学分化出系统解剖学、局部解剖学、艺术解剖学、运动解剖学、应用（手术）解剖学等，还出现了以肉眼观察、解剖操作为主的巨视解剖学与以显微镜及电子显微镜观察组织的微视和超微解剖学，以及专门研究个体发生和发育过程及其规律的人体胚胎学或人体发生学等。目前那种纯形态学研究的情况已经越来越少了。一些新兴技术（如示踪技术、免疫组织化学技术、细胞培养技术和原位分子杂交技术等）被引入解剖学领域，使这个学科重新焕发光彩。

我国的现代解剖学是在 19 世纪由西欧传入现代医学以后发展起来的。新中国成立以前，专业的解剖学工作者非常少。1947 年 7 月，中国解剖学会在上海成立，共有会员 80 人[58]。老一辈的解剖学家［如马文昭（1886—1965）、张鋆（1890—1977）和臧玉诠（1901—1964）等］都曾对解剖学的研究做出过一定的成绩。新中国成立后，研究解剖学的科研队伍不断发展壮大，拥有了成套的教学设备、标本、模型和图谱，还编写了我国自己的解剖学教材。从学术水平上看，我国在人类学、组织学、胚胎学、神经解剖学和人体解剖学等方面也都取得了丰硕的科研成果，达到了比较先进的水平。

第八节 巴甫洛夫小胃与条件反射

　　科学家在进行人或动物的解剖研究时，一定会思考各个器官的生理功能。因此，随着解剖学的发展，生理学也随之诞生了。例如，人们早就通过观察知道了胃能通过蠕动将食物磨碎，也就是进行物理性消化。那么胃的功能仅限于此吗？这个问题一直没有确切的答案。直到 18 世纪，有一位名叫拉扎罗·斯帕兰扎尼（Lazzaro Spallanzani，1729—1799）的人设计了一个用绳子作为系带的非常小巧的金属笼。然后将肉块放在金属笼里让鹰吞食，过一段时间他将金属笼从鹰的胃里拽出来，发现肉块消失了，证明胃的作用不只是物理性消化，还有化学性消化。他还将海绵放入动物的胃里吸收胃液，过一段时间再重新取出，在体外研究胃液对食物的消化作用。荷兰人雷尼尔·德·格拉夫（Regnier de Graaf，1641—1673）在狗的胃里成功地制造了一个人工瘘管，用来收集胃液，以便研究胃液的功能。但这些研究都没有引起科学界足够的重视。直到 19 世纪中叶，科学家才真正开始采用实验的方法研究各种复杂的生理活动。

　　伊万·彼得罗维奇·巴甫洛夫（Ivan Petrovich Pavlov，1849—1936，图 5-6）是苏联生理学家、心理学家，"高级神经活动学说"的创始人，行为主义学派的先驱，苏联科学院院士。他 1870 年开始在圣彼得堡国立大学学习动物生理学，1875 年转入军事医学院学习，1883 年获医学博士学位。巴甫洛夫曾长期研究血液循环和消化功能，1904 年，他因消化腺生理学研究而获得诺贝尔生理学或医学奖。

巴浦洛夫的条件反射实验装置

图5-6　巴甫洛夫

一、曲折的求学历程

1849 年 9 月 26 日，巴甫洛夫出生在俄国梁赞的一个信教家庭里，父亲是一位神父。受家庭环境的影响，他在青少年时也曾想继承父业，所以他上过教会学校并考入神学院进行深造。后来，他偶然得到了伊凡·米哈伊洛维奇·谢切诺夫（Ivan Mikhaillovich Sechenov，1829—1905）的著作《大脑的反射》。在这本书中，他第一次读到了生理过程和心理过程之间的物质联系。巴甫洛夫还研读了英国人乔治·亨利·刘易斯（George Henry Lewes，1817—1878）的著作《日常生活的生理学》。这本书中关于消化的章节让巴甫洛夫找到了自己喜欢的研究课题。这是由于刘易斯在书中提到，体外吸收的营养物质如何转化成体内的自身物质是当时悬而未决的问题。1870 年夏，巴甫洛夫和他的兄弟一起迁居到圣彼得堡，以便巴甫洛夫在那里上大学。巴甫洛夫在法学系学习了 4 星期就又转入物理数学系学习。后来，他在伊利亚·法德耶维奇·齐翁（Ilya Fadeevich Tsion，1843—1912）的实验室工作。在这里，他开始研究消化腺的活动和神经对血液循环的影响。在此期间，他完成了关于胰腺神经生理学的第一篇科学论文，并获得了金质奖章。1875 年，巴甫洛夫获得了自然科学候补博士学位[59]。

二、假饲与巴甫洛夫小胃

巴甫洛夫以前的消化生理学研究是在摸索中前进的。研究者们积累了个别材料，由于没有设计出科学的研究方案，所以他们的研究是非常零散、不成体系的，有些甚至是盲目的。

当时，很多生理学家想要研究胃液的成分及其分泌机制，但都遇到了巨大的困难：没有食物刺激，胃液就不分泌；有了食物刺激，胃液又会与食物混合，很难得到纯净的胃液。很多学者认为，胃壁接触不到食物，就不会分泌胃液，所以这是一个无解的难题。巴甫洛夫却通过自己设计的巧妙实验证明，胃壁不接触食物也能分泌胃液。更重要的是，采用他的实验方案还能收集到纯净的胃液。这就是那两个著名的实验——假饲和巴甫洛夫小胃。

1889 年，他设计了假饲实验。通过施行手术，让狗在接受饲喂时食物不进入胃里，而是在从食管上的开口流出。虽然胃里并没有进入食物，却开始了胃液分泌，这样就得到了纯净的胃液。进一步研究发现，如果切断狗的迷走神经，假饲不会引起胃液的分泌。巴甫洛夫从这个实验中得出一个结论，即食物引起味觉器官的兴奋，通过味觉神经传给延髓后再传给迷走神经，通过迷走神经传给胃腺。这说明胃液的分泌既受神经控制，又受食物刺激的影响。

巴甫洛夫曾留学德国，向著名生理学家鲁道夫·彼得·海因里希·海登海因（Rudolph Peter Heinrich Heidenhain，1834—1897）学习。海登海因曾创制成功一种无神经支配的小胃——海登海因小胃。海登海因小胃虽然能收集到纯净的胃液，却由于没有神经支配而不能研究反射活动。1894 年，巴甫洛夫成功地做成了保留部分神经（迷走神经）的小胃，其后被命名为"巴甫洛夫小胃"。巴甫洛夫在动物胃的基部分出一个不大的袋囊，与胃之间有共同的胃壁、血液供给和神经支配，使进入大胃的食物等不能进入小胃，但引起的反射与大胃内腺体的所有活动都会同时发生在小胃。设计这个实验的初衷是研究胃液分泌的神经调节机制。研究发现，食物的种类和数量与胃液分泌有重要关系，消化腺的分泌活动与食物的种类和数量是相适应的。后来很多学者在巴甫洛夫的基础上进行了很多改良，但主要思路多年来一直保持不变。

三、条件反射

巴甫洛夫的另一项重要工作是关于高级神经活动的研究。他对动物和人的高级神经活动进行了科学的研究，是研究条件反射的创始人之一，也是"高级神经活动学说"的创立者之一。他详细地研究了神经活动的基本过程——反射。他把反射分为非条件反射（人和动物生来就有的、不需要学习和锻炼就能完成的）和条件反射（出生后经过反复的学习和锻炼才能建立的）。他通过实验研究了两个神经中枢之间的暂时联系，以及条件反射的建立、维持与消退的规律，论述了神经活动中的兴奋和抑制规律，提出了神经系统类型的学说和两种信号系统的概念。

巴甫洛夫先通过手术给狗做了一个巴甫洛夫小胃，然后进行了如表 5-1 所示的条件反射实验。

表 5-1 条件反射实验

步骤	刺激类型	实验结果
1	食物	在小胃里收集到胃液
2	灯光	在小胃里没有收集到胃液
3	灯光 + 食物	在小胃里收集到胃液
4	重复步骤 3	在小胃里收集到胃液
5	重复步骤 3 两周后，只给灯光	在小胃里收集到胃液

巴甫洛夫把食物刺激引起的唾液分泌这种简单的生来就具备的纯生理反应称为"非条件反射"。这种反射是不需要学习和锻炼的，是动物生来就会的本能行为。

给狗饲喂的同时给予灯光刺激，一段时间后，只给灯光狗也能分泌唾液，这种反射行为称为"条件反射"。食物是非条件刺激，灯光就是分泌唾液的条件刺激。

狗是怎么建立条件反射的呢？巴甫洛夫认为，食物→胃壁（感受器）→传入神经→大脑皮层的神经中枢→传出神经→胃腺（效应器）→胃液，是一条反射弧，能够完成食物刺激到胃液分泌的活动。

狗感受灯光的是在大脑皮层里的另一个神经中枢，正常情况下与控制胃液分泌的神经中枢并不发生联系，但如果每次喂食都有灯光，时间一长，两个神经中枢之间就建立了暂时的联系。这时单独给狗灯光刺激，狗也能分泌胃液。

后来，巴甫洛夫进一步研究了条件反射的表现、抑制，研究了睡眠及其在治疗上的作用，还研究了人的第二信号系统。巴甫洛夫认为，第二信号系统是和人类的语言机能密切联系的神经活动，是人类特有的神经活动。它在婴儿的个体发育过程中逐渐形成，是在第一信号系统（对现实中的具体刺激，如声、光、电、味等刺激做出反应的神经活动）的基础上建立起来的。这些研究成果成为生理学的基础。

四、不承认自己是心理学家

作为一名严谨的、擅长实验研究的科学家，巴甫洛夫十分反对当时的心理学，反对过分强调"心灵""意识"等看不见、摸不着的仅凭主观臆断推测而得到的东西。巴甫洛夫在心理学界的盛名首先是由于他对条件反射的研究。正是对狗的消化研究实验将他推向了心理学研究领域。后来，该项研究的成果——条件反射理论，又被行为主义学派所吸收，并成为制约行为主义的最根本原则之一。巴甫洛夫对心理学界的第二大贡献在于他对高级神经活动类型的划分，而这同样始于他对狗的研究。他发现，有些狗对条件反射任务的反应方式和其他狗不一样，因而他开始对狗进行分类，后来又按同样的规律将人划分为四种类型，并和古希腊人提出的人的四种气质类型（多血质、黏液质、抑郁质和胆汁质）对应起来。由此，他又向心理学领域迈进了一步。但是，巴甫洛夫直到弥留之际都不愿意把自己当作一位心理学家。尽管如此，鉴于他对心理学领域的重大贡献，人们还是违背了他的"遗愿"，将他归入了心理学家的行列，并由于他对行为主义学派的重大影响而视其为行为主义学派的先驱。

第六章
神秘的遗传：
是继承也是发展

　　从利用人工选择培育庄稼和家畜，到发现遗传的基本规律，再到运用基因编辑技术制造出自然界没有的新品种，遗传学经历了从无到有、从慢到快的发展历程。现如今，以遗传学为基础的基因工程、蛋白质工程和酶工程飞速发展，开辟出日新月异的生物工程产业。

对探索DNA结构有重要贡献的富兰克林

第一节　龙生龙，凤生凤

　　人类的祖先——古猿最初生活在森林里。后来，其中的一支离开森林来到草原生活。留在森林里的一支演化成了现在的黑猩猩；离开森林的一支大约在 320 万年前学会了直立行走，并最终演化成人类。在视野开阔的草原上，生活环境更加复杂，面对狮子、猎豹、狼等强大的肉食动物，人类的祖先要么学会快速奔跑，像羚羊、鹿一样逃避敌害；要么学会挖洞，像野兔、猪獾一样偷生。但如果向这两个方向演化，就不会有今天的人类了。也许是偶然，也许是必然，人类最终向另一个更高的目标——智慧生物的方向发展。在每天都要想尽一切办法填饱肚子时，人类还要绞尽脑汁地思考如何躲避豺狼虎豹的袭击，如何成功地对付形形色色毒虫的侵扰。要想在猎豹吃饱离开后、鬣狗到来前抢到一点肉吃而不被它们吃掉，也需要很高的技巧和谋略。最后的结果是，复杂而残酷的环境没有使人类的祖先被淘汰，反而让他们变得越来越聪明。在人类的智力远远地超越了这些野兽后，他们不但可以比较容易地避开各种肉食动物的捕食，而且可以通过各种计谋捕猎其他动物来将其作为自己的食物。从这时开始，地球上的动植物就成了人类的生活来源。逐渐地，人类学会了有意识地栽培植物，这就是农业生产的雏形。当猎获到的动物在满足当时的需要还有剩余时，或者偶然猎获了野生动物的幼崽后，出于未雨绸缪的考量，人类逐渐学会了动物的饲养和驯化，这就是原始畜牧业的开始。在动物驯化和植物栽培过程中，人类按照自己的需求对动植物进行选择，即进行了人工选择。长期的人工选择使具有温顺听话、繁殖力强、产肉率高等优良性状的家养动物出现了，这就是现在的猪、马、牛、羊等家畜。长期的栽培、筛选使水稻、小麦、玉米等结实率高、营养丰富、口感良好的粮食作物出现了。随着人类生活水平的提高，人们的需求也越来越多样化。此外，不同地区的气候条件不同，适于生长的生物类型也不同。所以人类在自然选择的基础上，对这些动植物进行了多个方向的人工选择，使每种家禽家畜和农作物出现了拥有不同生长特性与营养价值的新品种。

在长期的生产和生活实践中，人们对生物的遗传和变异有了初步的认识。比如，"龙生龙，凤生凤，老鼠的儿子会打洞"体现出了人们对遗传的认识；"一母生九子，连母十个样"则体现的是对变异的认识。不仅如此，人们还试图根据自己的认识去改造动植物，由此才有了遗传学的萌芽和发展。可以说，遗传学的最基本规律是通过杂交育种的实践总结出来的。

早在2000年前，我国劳动人民就让母马与公驴杂交，得到力气大、耐力强、节省饲料的"役骡"。这就是古人利用杂交种优势的例子。

后来，人们采用同种农作物的不同品种间作的方法来提高农作物产量。比如，将黄粒玉米和白粒玉米间作，比二者单独分片种植的产量高。

随着科技的进步，人们开始有意识地探索关于遗传、变异的规律。许多人在从事动植物杂交活动的基础上力图阐明亲代和杂交子代的性状之间的遗传规律，但都未获得成功。直到1865年奥地利学者孟德尔根据他的豌豆杂交实验结果发表了《植物杂交实验》这篇论文，揭示了现在称为"孟德尔定律"的遗传规律，才奠定了遗传学的基础。

第二节　孟德尔：基因的"分"与"合"

孟德尔（图6-1）是奥地利遗传学家，遗传学的奠基人。通过8年的豌豆杂交实验，他总结出了遗传学上最基本的两个定律——"分离定律"及"自由组合定律"。此外，他也从事过植物嫁接和养蜂等方面的研究；是一位气象研究爱好者，多年坚持进行气象观测；是维也纳动植物学会会员；是布吕恩自然科学研究协会和奥地利气象学会的创始人之一。

图6-1　孟德尔

一、艰难的求学之路

孟德尔1822年7月22日出生于奥地利西里西亚附近（现捷克境内）的一户农民家庭。9岁时，孟德尔被送到村里的小学读书，这是一所简单而又有特色的初级小学。学校里只有一位教师托马斯·马基塔，每天只上半天的文化课，学生放学后就回家干农活。

孟德尔的父亲在教区牧师的指导下学会了嫁接果树的技术，他就利用空闲时间手把手地教给孟德尔嫁接的技巧。看到自己嫁接的果树结满了丰硕的果实，生命的神奇深深地印刻在了孟德尔的记忆中。这种美好的记忆伴随了孟德尔的一生，在晚年不再从事植物杂交实验的时候，他还经常从事果树嫁接工作。

1833年，在村小学读了二年级之后，孟德尔因为成绩优秀被老师推荐到离家 20 英里 ^① 远的莱普尼克高等小学读书。当时孟德尔刚刚 11 岁，去这么远的学校读书只能住校，这无疑加重了家里的负担。在马基塔老师的劝说下，父亲最终同意孟德尔去读书。由于家境贫寒，无法支付在学校的生活费用，父母就经常把面包和奶油从 20 英里外的家里送来，如果赶上天气不好影响了父母的行程，孟德尔就得一整天饿着肚子听讲。

1834 年，孟德尔小学毕业后被特洛帕瓦的文理中学录取。1838 年，父亲在果园劳动时被一棵砍伐的树桩击中了胸口，使他在很长一段时间里不能像以前那么劳动，家庭收入大幅度减少，孟德尔的生活更加艰难了。但无论生活多么窘迫，他都没有放弃过学习。16 岁的他想通过勤工俭学解决一些困难。最后他考取了"私人补习教师"资格，但微薄的酬金仍然不能解决他的吃饭问题。由于长时间的劳累和营养不良，孟德尔终于病倒了，他只好向学校请假休学了一个学期。

当时的中学学制是 8 年，特洛帕瓦的文理中学只能提供 6 年的教学，所以孟德尔还要继续求学才能获得中学毕业证书。

1840 年，孟德尔进入阿罗木次大学附属哲学学校读书，学习宗教、神学、初等数学、物理学及教育学等课程。这时家里由于父亲受伤已经不能给他提供多少生活费了。他再一次因病休学。后来，父亲不得已变卖了一部分田产，妹妹特蕾西亚还拿出一些留给自己当嫁妆的钱给他作学费，孟德尔才得以继续读书。由于是一所大学的附属学校，这里的教师有很多都是造诣很高的学者，这为他后来的学习和研究奠定了基础。

1843 年，孟德尔中学毕业。

二、年轻的修道士

1843 年 10 月，21 岁的孟德尔实在受不了疾病和贫苦的困扰，就托人给布尔诺修道院的院长写信。西里尔·纳普（Cyrill Napp，1792—

---

① 1 英里≈1.609 千米。

1867）院长了解了孟德尔的情况后，非常同情，就批准他进入修道院生活。纳普不但是受人尊敬的神父，还是当地有名的学者。所以这座修道院除了传教以外，还把研究自然科学、培养农业科技人才作为修道院的第二职责。纳普院长培养了一批熟悉农业知识的修道士，派他们到农村、各个学校去讲学。这些活动使布尔诺修道院成为摩拉维亚地区的文化中心。

孟德尔到修道院后虚心学习，很快就显示出他的科研能力。纳普很爱惜孟德尔这个人才，就悉心培养他。1844 年，他送孟德尔去布尔诺哲学院进修，主要学习神学和农学。在这里，孟德尔师从弗兰蒂塞克·迪布尔（František Diebl，1770—1859）教授，学习农学。迪布尔给他讲过农业生产、水果和葡萄种植等知识。在这里，孟德尔学到了很多关于植物杂交的知识。他还在迪布尔的指导下阅读了很多农学方面的专业书籍。这些学习活动使他受益匪浅。迪布尔还和纳普院长一起在修道院的园子里进行农作物栽培试验，孟德尔担任这两个人的助手，后来他完全负责这个实验园地。两位导师手把手地指导，使孟德尔很快掌握了植物杂交的技能与方法。

1847 年，孟德尔被任命为候补牧师，负责教会所辖医院的传教工作。后来，他因不适应医院工作，又被派到当地一所中学当代课教师。

三、到维也纳大学深造

1850 年，孟德尔为了成为一名正式教师，参加了教师资格考试。但是他由于动物学成绩不好而考试未通过。幸好，阅卷人安德烈亚斯·弗莱赫尔·冯·鲍姆加特纳（Andreas Freiherr von Baumgartner，1793—1865）教授从孟德尔的物理学试卷中发现了孟德尔的才华，认为孟德尔是在自然科学上非常有培养前途的青年。于是，孟德尔在鲍姆加特纳教授的推荐及主教的资助下被送往维也纳大学深造。孟德尔非常珍惜这次学习的机会。在维也纳大学学习期间，他学习了动物学、植物形态学、植物分类学，还学习了高等数学、物理学、普通化学、生物化学、医学化学等课程，为他后来从事植物杂交实验打下了坚实的理论基础。

1853 年秋天，孟德尔返回了布尔诺修道院，被聘为时代学校的动植物学教师。1854 年 5 月，他被聘为高等实业学校的助理教师，讲授动物学、植物学、物理学等自然科学的课程。从此，他致力于教育工作 14 年之久。他在维也纳大学受教于当时著名的物理学家克里斯蒂安·安德烈亚斯·多普勒（Christian Andreas Doppler，1803—1853）、数学家安德烈亚斯·冯·埃廷斯豪森（Andreas von Ettingshausen，1796—1878）和植物学家昂格尔等。当时大多数科学家所惯用的科研方法是归纳法，而多普勒则主张先对自然现象进行分析，从分析中提出设想，然后通过实验来进行证实或否决。埃廷斯豪森是一位成功地应用数学分析来研究物理现象的科学家，孟德尔对他的大作《组合分析》进行了仔细研读。孟德尔后来做豌豆杂交实验，能坚持正确的指导思想，成功地将数学统计方法用于杂交种后代的分析，与这些科学家的培养和熏陶是密不可分的。

四、为什么是孟德尔而不是达尔文

通过多年的学习，孟德尔已经具备了进行科学研究所必需的知识。其实，当时特殊的时代背景也促进了孟德尔的相关研究。

到了 19 世纪，很多学者尝试通过植物杂交实验来研究生物的遗传现象。典型的例子有，德国的植物学家约瑟夫·戈特利布·科尔罗伊特（Joseph Gottlieb Kölreuter，1733—1806）曾用 138 种植物进行了 500 多种杂交实验，并发现了杂交种第一代一般只表现一个亲本的性状，从第二代、第三代开始出现性状分离。因此，他被后人称为"植物杂交实验之父"。法国植物学家查尔斯·诺丁（Charles Naudin，1815—1899）也注意到了这种现象。但是，他们由于没有采用正确的分析方法，都被纷繁复杂的事实所迷惑，最终未能发现遗传学规律。他们认为，产生杂交种时没有统一的法则，即便是真的有，那也一定是非常复杂的。

达尔文只比孟德尔大 13 岁，他们可以算是同一代人。在这个特殊的时代，达尔文在他的"自然选择学说"中也曾想从本质上对遗传、变异进行说明。他认为，亲代控制遗传的因子（他称为"胚芽"）会进入精子和卵细胞中，受精时，来自双亲的遗传胚芽会结合在一起，从而使子代与双亲都有相似的地方。这种遗传胚芽有的优先遗传，有的没有遗传下去，所以有的特点在子代中出现了，有的没有出现。他说的这种现象相当于显性遗传与隐性遗传。但达尔文的这些解释都是他凭直觉进行的猜测，他只是隐隐约约地感觉到遗传是通过某种小颗粒来完成的，至于这种小颗粒在亲代和子代之间的传递规律，达尔文没能进行深入的探讨。

孟德尔生活的环境也为他进行植物杂交实验创造了浓郁的研究氛围。孟德尔所在的摩拉维亚地区改良品种的风气盛行，修道院院长纳普也曾进行植物杂交实验，试图找到性状遗传的规律。修道士同时也是哲学家的马修斯·弗朗茨·克拉塞尔（1808—?）则用自然哲学的思想观点解释了生物的遗传和变异。可以认为，上述情况从知识、经验、文化氛围等方面为孟德尔的实验准备了条件。同时，孟德尔在大学学习了相关的专业知识，能以比较专业的眼光来看待生物的遗传现象，这是他成功必不可少的自身条件。

五、豌豆杂交实验

回到布尔诺修道院以后，孟德尔利用闲暇时间在修道院的植物园中进行了许多杂交实验。修道院内有一块 223 平方米的小园地。孟德尔在这里种植了很多种植物，在园地附近还饲养了蜜蜂，甚至在自己的住房里饲养了小家鼠。他用这些植物、动物做了许多杂交实验。其中成就最突出的就是豌豆杂交实验。

通过自己的学习和观察，孟德尔发现植物有各种形态、结构特征，即使同一物种的不同品种之间也存在很多差异。比如，豌豆种子的形态有圆滑的，也有皱缩的；豌豆子叶的颜色有黄色的，也有绿色的；豌豆花的位置有在叶腋的，也有在茎顶的。这些特征是怎么传递给后代的？其中有什么规律？这就是孟德尔最初提出的实验问题。

经过对多种农作物的观察比较，孟德尔发现豌豆正是他寻找的理想实验材料。豌豆是自花授粉植物，而且是闭花授粉，没有天然杂交的可能，这样豌豆在没有突变的自然状态下永远是纯种，这就避免了人为杂交和天然杂交混淆不清的麻烦。此外，豌豆的不同品种之间还有许多稳定的、容易区分的性状。比如，高茎豌豆可高达2米多，而矮茎豌豆只有30多厘米；它的种子形态有圆滑的，也有皱缩的；等等。

孟德尔的豌豆杂交实验是在1856年开始的。他先后选择了32个性状稳定的品系，设置了278个杂交组合。在这些杂交实验中，有7对明显的相对性状，这7对相对性状分别是：①茎的高度——高茎和矮茎；②种子的形态——圆滑和皱缩；③子叶的颜色——黄色和绿色；④花的位置——叶腋和茎顶；⑤种皮的颜色——灰色和白色；⑥豆荚的形态——饱满和不饱满；⑦豆荚的颜色——绿色和黄色。

孟德尔进行了这样的豌豆杂交实验：让高茎纯合豌豆和矮茎纯合豌豆杂交，无论谁做父本，它们的杂交子一代（F_1）都表现为高茎，让F_1自交，杂交子二代（F_2）都既有高茎，又有矮茎，而且高和矮之比大约为3:1（图6-2）。

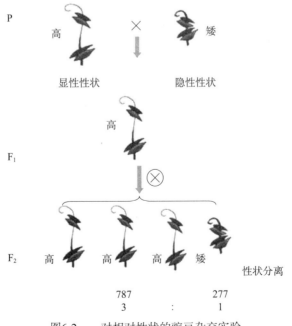

图6-2 一对相对性状的豌豆杂交实验

孟德尔又做了其他几对相对性状的杂交实验，结果都是F_1只表现出一个亲本的性状（称为"显性性状"），让F_1自交，F_2都是既有显性性状，又有隐性性状，而且显性个体和隐性个体之比约为$3:1$。

豌豆的性状在亲代和子代之间的传递规律找到了。孟德尔没有满足于发现这种表面的规律，他要找到问题的本源。他想到了一个重要的问题：豌豆的高矮、子叶的颜色、种子的形态等一系列特征是由什么控制的呢？根据自己在大学学到的知识，孟德尔认为，某种物质在化学反应中生成了，一定有最初的前体物质。豌豆的高矮等性状是它的外在特征，在豌豆的体内一定有控制这些外在特征的决定因素。所以，豌豆体内应该有一种确实存在的某种物质控制着这种现象。他把这种控制生物遗传的物质称为"遗传因子"，他认为生物的性状是由"遗传因子"控制的。

通过仔细的分析和长时间的思考，孟德尔提出了以下假说。

（1）生物的性状由遗传因子（现在被称为"基因"）决定，体细胞中遗传因子是成对存在的。遗传因子组成相同的个体叫作"纯合子"（如DD、dd），遗传因子组成不同的个体叫作"杂合子"（如Dd）。

控制显性性状的遗传因子称为"显性遗传因子"，用大写英文字母（如D）表示；控制隐性性状的遗传因子称为"隐性遗传因子"，用小写英文字母（如d）表示。

（2）遗传因子有一定的独立性。在配子形成时，成对的遗传因子相互分离，分别进入不同的配子，所以每个配子中只有每对遗传因子中的一个。高茎纯合体（DD）只能产生一种配子D，矮茎纯合体（dd）只能产生一种配子d。F_1(Dd)能产生两种配子D和d，而且这两种配子的比例为$1:1$。当雌雄配子结合完成受精后，遗传因子又恢复成对。显性基因（D）对隐性基因（d）有显性作用，所以F_1(Dd)表现出高茎（显性性状）。

（3）受精时，雌雄配子的结合机会均等。所以F_2会出现性状分离，表现型比为$3:1$，遗传因子组成类型比为$1:2:1$。具体可以用图6-3所示的遗传图解表示。

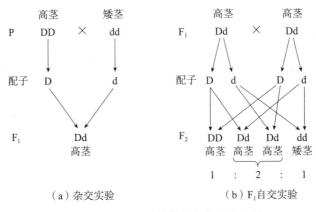

图6-3　对一对相对性状杂交实验的解释

　　那么，这个假说到底对不对呢？孟德尔又开始思考如何验证的问题了。他认为，以上推理中最关键的是杂合子是不是确实产生两种配子，这两种配子的数量是不是相等。要验证这两个问题，就需要让 F_1 与隐性类型测交。测交后代中，高茎和矮茎的理论比应该是1∶1。具体的演绎推测如图 6-4 所示。

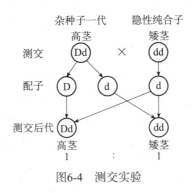

图6-4　测交实验

　　孟德尔亲自用豌豆进行了测交实验，测交后代的表现型比例确实是1∶1。这个结果表明，前面提出的假说是正确的。

　　据此，孟德尔提出了关于遗传因子的分离定律：在生物体的体细胞中，控制同一性状的遗传因子成对存在，不相融合；在形成配子时，成对的遗传因子发生分离，分离后的遗传因子分别进入不同的配子中，独立地随配子遗传给后代。

　　之后，孟德尔又按照从简单到复杂的原则，将多对相对性状放在一起进行研究，又发现了控制两对或多对性状的遗传因子的传递规律——自由组合定律。

　　经过整整 8 年（1856～1864 年）的不懈努力，孟德尔终于在 1865 年发表了《植物杂交实验》的论文，提出了遗传单位是遗传因子的论点，并揭示出遗传学的两个基本规律——分离定律和自由组合定律。这是遗传学中最基本、最重要的定律。后来发现的遗传学规律都是在它们的基础上产生并建立起来的。它们就像大海中的航标灯一样，照亮了近代遗传学发展的道路。

　　我们可以简单地总结一下孟德尔成功的原因。

　　第一，时代造就英雄。19 世纪科学家对生物性状遗传规律的探讨为孟德尔的成功奠定了基础。

　　第二，精心选择实验材料。选用豌豆做实验材料，是孟德尔成功的原因之一。在这里应该指出，孟德尔所做的实验并不都是成功的。比如，他曾分别用蜜蜂和山柳菊进行了各自的杂交实验。但蜜蜂进行孤雌生殖，又有很强的迁飞能力；山柳菊既存在有性生殖，又存在无性生殖。这些情况都导致实验过程很难控制，所以实验最后都以失败告终。

　　第三，由简到繁，由易到难。孟德尔先研究一对相对性状的遗传，再研究两对或两对以上相对性状。这种从简单到复杂的研究方法也是孟德尔成功的关键之一。

　　第四，采用科学的方法对实验结果进行分析。孟德尔用数学统计方法对实验结果进行分析，并没有受复杂多变的外界环境变化的影响。运用数学方法进行遗传规律的研究是孟德尔的创举，也是他成功的主要原因之一。这是遗传学研究方法的重大创新和突破，对整个生物学的研究和发展具有极其深远的影响。

　　第五，大胆假说，科学推理，设计实验，验证推论。孟德尔在获得 F_2 的性状分离比后，大胆地提出了以"性状由遗传因子决定"为核心的一系列假说，并据此设计了以检验"F_1 产生的配子种类及比例"为目的的测交实验，通过测交实验验证了推论，确认了假说的正确性。

尽管孟德尔有这么重要的发现，但是他的工作在当时并未引起学术界的重视。当他于 1865 年 2 月在布尔诺召开的奥地利自然科学学会会议上报告自己的研究成果时，到会的学者有约 50 人，其中有博物学、天文学、物理学、化学等方面的科学家。孟德尔花了 1 个小时介绍他的豌豆杂交实验，与会者除对孟德尔长达 8 年的实验、多达 21 000 多份样本及将数学统计引入遗传学的研究策略感到钦佩和惊讶以外，对他所讲的内容既听不懂又感到索然无味。他们耐心地听完报告，有礼貌地鼓掌后，都默默地拂袖而去。会议记录在简要地记述孟德尔的报告时说道："没有提出问题，没有进行讨论。"[61]

六、孟德尔遗传定律的再发现

布尔诺修道院除进行宗教活动外，还鼓励修道士从事农学研究，这无疑为孟德尔提供了很好的科研氛围和基础条件。但孟德尔当上修道院院长后，需要处理许多繁杂的事务。他同时兼任许多社会职务，如摩拉维亚农业协会会长的事务帮办、督学、技术员的考试官等。此外，孟德尔还参加了很多民众团体，如布尔诺建设协会、布尔诺音乐学会、布尔诺饮食研究会、摩拉维亚战争孤儿及负伤军人救护联盟、幼儿医院协会、保护盲人协会及学校十字架联盟等。

在做完豌豆杂交实验之后，孟德尔一方面因为修道院的日常事务和社会活动过于繁多，另一方面因为自己年龄越来越大，就逐渐停止了科研活动。这也许是遗传学发展史上的一个重大损失吧！

孟德尔从小就身体不好，在读中学期间曾两次因病休学。修道院繁忙的工作让他感到非常疲惫，晚年又因纳税问题与政府关系紧张，再加上他终生未婚，日常生活没有人照料，这一切都让他心情不好。在空闲的时候，他就用吸烟打发时间。时间一长，他的烟瘾越来越大，每天需要吸 20 支雪茄。尼古丁在无情地损害着他的身体，使他迅速地走向衰老。晚年时，孟德尔心动过速，每分钟达 120 次以上。

从 1883 年春天起，孟德尔的健康状况就越来越糟了。他在一次外出活动时受了风寒，接着又由感冒诱发了肾炎，从此卧床不起。后来，他的病情逐渐恶化，全身都出现了水肿。

1884 年 1 月 6 日，星期日，孟德尔在修道院里与世长辞。他生前曾写了一个给修道院的书面要求，希望有医生解剖自己的遗体，以弄清自己的病因。后来，当地医院的院长布伦纳掌刀，解剖了他的遗体，最后确定孟德尔的死因是心脏病和肾炎。

1900 年，欧洲三个不同国家的科学家——荷兰植物学家雨果·德弗里斯（Hugo de Vries，1848—1935）、德国植物学家卡尔·弗朗茨·约瑟夫·埃里克·科伦斯（Erich Correns，1864—1933）、奥地利植物学家埃里克·冯·切尔马克－塞塞内格（Erich von Tschermak-Seysenegg，1871—1962），在总结了他们各自的实验后，几乎是同时发现了植物遗传的规律。他们在自己的文章中都提到了孟德尔的发现，称自己的工作是证实了孟德尔的定律。这就是生物学史上有名的"孟德尔定律的再发现"。

第三节　摩尔根：基因在哪里

摩尔根（图 6-5）是美国生物学家，遗传学的奠基人。在近代生物学领域中，摩尔根具有重要地位。在遗传学方面，他创立了孟德尔－摩尔根学派，开创了遗传学研究的一个新的时期——细胞遗传学时期。这一时期从摩尔根在 1910 年发表关于果蝇的伴性遗传论文开始，到 1941 年美国遗传学家比德尔和美国生物化学家塔特姆发表关于红色面包霉的营养缺陷型方面的研究结果为止。1933 年，摩尔根因为创立"遗传的染色体学说"——基因理论方面的成就而获得诺贝尔奖。

图6-5　摩尔根

　　摩尔根1866年9月25日出生于美国肯塔基州列克星敦。他的家族可谓人才辈出。他的父亲查尔顿·亨特·摩尔根（Charlton Hunt Morgan，1839—1912）曾任驻西西里墨西纳的美国领事，他的叔叔是联邦军的将军，在军队里显赫一时，他母亲的祖父是美国国歌的作者。

一、善于观察和实践的少年

　　童年时，摩尔根对千奇百怪的大自然和形形色色的动植物十分着迷，经常到野外采集动植物标本。远古时代动植物的化石也让他特别着迷。为了采集标本和寻找化石，摩尔根在少年时期就游历了肯塔基州的很多山村和田野。

　　在与家人去教堂做礼拜的空闲时间，摩尔根经常偷偷跑到田野里观察各种动植物。他在野外发现了一个田鼠的窝，之后就经常悄悄地到那里观察田鼠的生活习性。回到家里，他就不断向父母问起关于田鼠的问题：田鼠吃什么？这么活泼可爱的小田鼠是怎么生出来的呢？田鼠喜欢什么时候出来活动？爸爸妈妈回答不了他这么多关于田鼠的问题，他就想在家里养田鼠。他的爸爸妈妈没有同意。后来，他偷偷地捉来几只田鼠，把它们养在自己家的抽屉里。每天，他都要抽空给它们喂食物、清理粪便，顺便观察它们的生活习性。过了一些日子，他真的看到母田鼠生出了一窝小田鼠。看到这些还没长毛的、红红的、肉乎乎的小生命，他兴奋极了，每天的观察和饲喂更加及时认真了。这件事后来还是被他的爸爸妈妈知道了。他们听了摩尔根的观察成果后，不但没有批评他，还帮他在院子里搭了一个田鼠窝，支持他进行观察和研究。

少年时期的摩尔根仍然喜欢到大自然里去观察和采集。当时，美国地质勘查队要对肯塔基州的山区进行野外考察，需要几名当地的向导和助手。摩尔根听说后就报名参加了。连续两个夏天，他都随美国地质勘查队进行野外考察。野外考察活动异常艰苦，不管是刮风下雨，还是烈日炎炎，他都一直抽空去观察和采集动植物标本。这些活动不仅锻炼了摩尔根的体魄，而且培养了摩尔根对生物学的浓厚兴趣，为他日后从事生物学研究打下了很好的基础。

二、潜心动物学研究

1880 年，摩尔根在自己家乡的肯塔基州立学院（现在的肯塔基大学）读预科，两年后转入本科。之后又经过四年的刻苦学习，他于1886 年获得了动物学学士学位，并获得学校颁发的头等奖。在这一年夏天，摩尔根到海洋研究站研究海洋生物，开始对海洋生物学产生浓厚的兴趣。后来，他曾在伍兹霍尔海洋生物学实验室从事这方面的研究，并取得了丰硕的成果。

1886 年秋季，摩尔根在他的一位好友的推荐下，来到约翰·霍普金斯大学研究自然史并攻读博士学位。在约翰·霍普金斯大学，摩尔根遇到了几位令他终身受益的导师。他先后在亨利·纽厄尔·马丁（Heny Newell Martin，1848—1896）的指导下攻读普通生物学和生理学，在威廉·纳撒尼尔·霍华德（William Nathaniel Howard）的指导下攻读解剖学，在威廉·基思·布鲁克斯（William Keith Brooks，1848—1908）的指导下攻读生物形态学和胚胎学。

经过四年的不懈努力，摩尔根于 1890 年在布鲁克斯的指导下，完成了题为"论海洋蜘蛛"（Pycnogonida）的博士学位论文。论文主要对四种海洋蜘蛛的胚胎进行了比较研究。同年，摩尔根还获得了哲学博士学位。接着，他留校做了一年博士后研究。

1891 年秋，摩尔根任布莱恩默尔学院动物学副教授。在那里，他又遇见了早年结识的好友雅克·洛布（Jacques Loeb，1859—1924）。洛布重视实验，擅长设计巧妙的实验验证自己的猜想。他的研究方法对摩尔根影响很大，使摩尔根对生物学的研究从形态描述方法转到实验验证方法上。

1903 年，美国遗传学家沃尔特·萨顿（Walter Sutton，1877—1916）用蝗虫做实验材料，研究精子和卵细胞的形成过程。他发现了减数分裂过程中的染色体与孟德尔所说的遗传因子具有一致的行为，所以萨顿用类比推理的方法提出：基因在染色体上，基因是由染色体携带着从亲代传给子代的。这就是著名的"萨顿假说"。但是类比推理得出的结论并不具有逻辑上的必然性，其正确与否，还需要观察和实验的验证。摩尔根则通过自己设计的实验证实"萨顿假说"是正确的。

三、以果蝇为实验材料

1909 年，摩尔根和他的学生开始用果蝇作为实验材料进行科学研究。

入夏以后，我们经常可以看到在腐烂的水果附近有一些小小的蝇类飞来飞去，这就是果蝇。它们因为喜欢以腐烂的水果为食而得名。果蝇的身体很小，体长仅 2.5 毫米左右，50 万只果蝇的重量只有 1 磅，一个试管就可以饲养上百只果蝇。而且这种小型蝇类繁殖得很快，只需要一天时间，它的卵就可以孵化成幼虫——蛆，2～3 天后就可以变成蛹，再过 5 天就可以羽化成虫，从卵到成虫的生活史大约是 10 天。这样在一年的时间里，果蝇就可以繁殖 30 多代。它不仅繁殖生长快，繁殖的后代的数量也非常庞大。一只雌果蝇每次产卵可多达 400 粒。此外，果蝇的饲养也非常容易，把少量香蕉捣碎使之发酵，就可以用来饲养果蝇了。

果蝇是那样的渺小，以至于人们常常忽视了它的存在，但它作为遗传学研究的材料具有难得的优越性。试想如果用大型动物（如马、牛、羊）作为遗传材料进行观察，亲代的遗传特点要在子代中显现出来，就需要几年的时间。而且这些高等动物的子代数量很少，每胎只有1～2只，不一定能显现出预期的结果。但是用果蝇就不一样了，它的个头小、繁殖快、容易饲养，具有一些稳定的、容易区分的性状，每年就可以观察30多代的遗传现象，能够观察到很多突变类型，因此是研究遗传学的好材料。

大约在1910年5月，摩尔根和他的助手卡尔文·布莱克曼·布里奇斯（Calvin Blackman Bridges，1889—1938）、赫尔曼·约瑟夫·穆勒（Hermann Joseph Muller，1890—1967）及艾尔弗雷德·亨利·斯特蒂文特（Alfred Henry Sturtevant，1891—1970），从红眼的果蝇群体中发现了1只白眼的雄果蝇。正常的果蝇都是红眼的，叫作"野生型"，所以白眼果蝇被称为"突变型"。到了1915年，他们一共找到了85种果蝇的突变型。与正常的野生型果蝇相比，这些突变型果蝇在诸多性状（如翅长、体色、刚毛形状、复眼数目等）上存在差别。有了这些突变型，就能够更广泛地进行杂交实验，也能更加深入地研究遗传、变异的机理。

摩尔根让白眼雄果蝇与红眼雌果蝇交配，所产生的子一代无论雌雄都是红眼的。让这些子一代果蝇互相交配，所产生的子二代有红眼的也有白眼的，而且红眼和白眼的比例接近3∶1。这说明果蝇的眼色遗传遵循孟德尔的分离定律。早先，摩尔根是怀疑"孟德尔遗传定律"的。但现在他在实验中证实了分离定律，从此他成为孟德尔的坚定支持者。但子二代中所有的白眼果蝇都是雄性的，这与孟德尔的豌豆杂交实验不同。

摩尔根怎样解释这种现象的呢？当时，人们已经知道果蝇的体细胞有8条染色体，其中2条染色体是性染色体。而且，果蝇与人类的性别决定方式一致，即雄性个体有两个异型的性染色体，记作X、Y；雌性个体有两个同型的性染色体，记作X、X。摩尔根推测，控制果蝇眼色的基因与性别相关联，而且位于X染色体上。具体的遗传图解如图6-6所示。

P （♂）X^bY （白眼） × （♀）X^BX^B （红眼）

F$_1$ （♀）X^BX^b （红眼） × （♂）X^BY （红眼）

F$_2$（♀） X^BX^B（红眼）（♀）X^BX^b（红眼）（♂）X^BY（红眼）（♂）X^bY（白眼）

图6-6 果蝇眼色的基因遗传图解

那么，这种解释到底对不对呢？摩尔根又进行了演绎推理。如果控制果蝇眼色的基因确实在 X 染色体上，那么白眼雌蝇与红眼雄蝇的后代就应该是这样的：雄蝇全是白眼，雌蝇全是红眼。摩尔根接着做了这个实验，结果证明自己的推测是正确的。具体的遗传图解如图 6-7 所示。

P （♀）X^bX^b （白眼） × （♂）X^BY （红眼）

F$_1$ （♀）X^BX^b （红眼） （♂）X^bY （白眼）

图6-7 果蝇眼色遗传的验证实验

这样，摩尔根的实验不但验证了孟德尔的分离定律，而且首次证明基因确实位于染色体上，证明了"萨顿假说"的正确性。

四、科研团队里的贴心人

摩尔根治学严谨、思维敏捷，对科研中出现的各种困难都能想办法克服。他对待困难的格言是："确实是困难的，但不是不可能的。"[62] 有一次，他和助手进行了几十个实验，但都陷入僵局或者干脆失败了。这时，他还幽默地打趣说道："我做了三类实验，它们是愚蠢、非常愚蠢和最愚蠢的。"[62] 他这种乐观主义精神，使他的科研团队在面临一次又一次的失败时仍然充满了斗志。此外，他还能根据研究进展调整目标和方向，尽量使他的团队将无谓的研究工作减少到最低程度。他曾经说道："不要把志向立得太高，太高近乎妄想。目标不妨设得近点，近了，就有百发百中的把握。标标中的，志必大成！"[62]

在工作中，摩尔根还能对下面的助手知人善任。1910 年，摩尔根让生物学系的学生布里奇斯在实验室干一些零活，其中一项工作就是洗刷做实验用过的培养瓶。有一天，细心的布里奇斯在打算清洗一只培养瓶时发现了问题：他透过厚厚的牛奶瓶壁看出里面残留的一只果蝇有些异常。经过仔细观察，他发现这只果蝇的眼色与其他果蝇有些不同，于是他赶快将这一发现报告了摩尔根。经过仔细观察，摩尔根确认这是一只朱色眼突变型。通过这件事，摩尔根发现布里奇斯有很高的研究天赋和敏锐的观察能力，因为能通过厚厚的牛奶瓶壁看出果蝇眼色的细微异常（正常红色变为朱红色）是非常不容易的。于是，他马上让布里奇斯做自己的助手，用自己的收入给布里奇斯开工资。布里奇斯此后发现了果蝇的很多突变类型，他戏称自己的工作主要是"数果蝇"。直到1938年因病去世，布里奇斯总共在摩尔根身边工作了17年。

摩尔根不仅是科研小组里的和蔼可亲的长者，还是一位平易近人的朋友，同时也是一位慷慨无私的同事。他除了自己出钱给助手支付薪金以外，获得的奖金也都和大家分享。1933年，摩尔根获得了诺贝尔生理学或医学奖时，主动将奖金分给自己的助手布里奇斯和斯特蒂文特。他说道："这份奖金应该我们三个人共享。"他不顾助手的推辞而执意将奖金各分给了他们一份，还表示要承担他们子女的全部学习费用。

五、基因的连锁与互换

摩尔根团队用果蝇做实验材料取得了巨大的成功。到1925年，他们已经鉴定了约100个不同的基因，并弄清楚了这些基因在果蝇4对染色体上的位置关系。根据这些研究，摩尔根在1911年提出了"遗传的染色体学说"。该学说认为，基因是一种颗粒体，就像念珠一样按一定次序排列在染色体上。每个基因都在染色体上占有一定位置，这个位置通常是固定不变的；染色体上携带着基因，它是基因的载体。

摩尔根还发现了"基因的连锁与互换定律"。1906年，威廉·贝特森（William Bateson，1861—1926）用香豌豆做杂交实验时就发现了连锁现象。可惜的是，他没能对这一现象做出本质上的阐明。

摩尔根用灰身长翅和黑身残翅的果蝇杂交，F_1都是灰身长翅。用F_1雄果蝇和F_1雌果蝇分别进行测交（与隐性类型杂交）实验，得到的结果却完全不同，如图6-8所示。

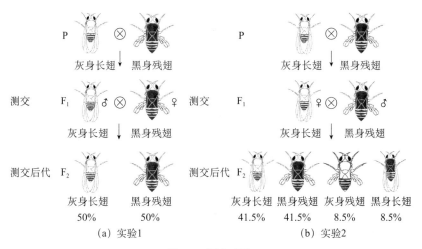

图6-8　测交实验

　　这种现象与孟德尔做"豌豆杂交实验"结果不同。摩尔根对这个问题进行了深入研究。他通过研究提出，每一条染色体上都有成百上千个的基因，这些基因就像念珠一样串在一起。但染色体并不像串好的念珠那样固定不变，有时它会断裂，有时还会与另一条染色体互换一部分基因。为什么 F_1 雌果蝇的测交后代不符合 1 : 1 的分离比呢？摩尔根是这样解释的：进行有性生殖的生物在通过减数分裂产生配子时，位于同一条染色体上的基因一般是连在一起遗传给子代的；在减数分裂过程中（后来知道具体发生在四分体时期），位于一对同源染色体上的非等位基因之间可以发生交换（后来知道是四分体上的非姐妹染色单体发生交叉互换），使后代出现重组类型。这就是"基因的连锁与互换定律"，它揭示了位于同源染色体上的两对或两对以上等位基因的遗传规律。

　　据此，摩尔根按图 6-9 来解释上面的果蝇杂交实验。

　　进一步研究发现，不同生物、同一生物的不同染色体上的连锁基因交换率是不一样的。比如，雄果蝇和雌家蚕的基因就表现为完全连锁，交换率为零。一般说来，两个基因之间的距离越近，交换的可能性就越小；两个基因在染色体上的相对距离越远，它们之间交换的可能性就越大。因此，人们可以通过基因之间的交换率来推测基因在染色体上的位置与距离。

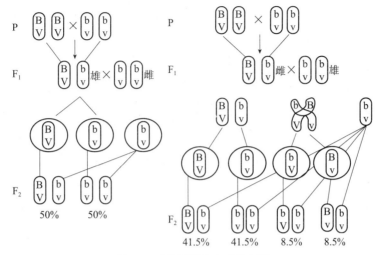

图6-9　对果蝇测交实验的解释

对果蝇的研究让摩尔根获得了巨大的成功，以致有人戏称小小的果蝇是上帝专门为摩尔根创造的。

摩尔根懂得合作，善于沟通，能让团队的成员充分发挥自己的特长。除科学思辨能力、锲而不舍的探索精神之外，勤奋也是他成功的保证。在哥伦比亚大学工作的24年里，摩尔根的日程总是排得满满的，他每天都全身心地进行科研工作。当然，摩尔根并不是一个不懂人情、只会搞科研的工作狂。尽管工作繁忙，但是他仍然会尽量抽出时间与家人相聚。他是一个富有责任感的、充满爱心的人。

摩尔根一生获得了很多荣誉，如英国皇家学会授予的达尔文奖章（1924年）和科普利奖章（1939年）等。他一共写了22本书，发表了大约370篇论文，其中不少都是遗传学的经典之作[63]。

摩尔根提出了"遗传的染色体学说"。该学说主要回答了基因在哪里这个问题，人们知道了控制某个特定性状的基因位于某条特定的染色体上（如控制果蝇白眼的基因就在X染色体上）。摩尔根还提出了"基因的连锁与互换定律"，它和孟德尔的两个定律（"分离定律"和"自由组合定律"）被称为"三大遗传定律"。在摩尔根的工作基础上，遗传学家们构建了基因的连锁图，进一步揭示了染色体是基因的主要载体，基因在染色体上呈线性排列。

　　从此，基因不再是一个假想的虚无概念，而是有内涵的客观存在的物质。孟德尔遗传定律也成为学术界普遍接受的公理。人们把这种基于基因理念的遗传学称为"孟德尔－摩尔根遗传学"。

　　但基因到底是由什么物质组成的？这在当时还是个谜。直到 1953 年，摩尔根的学生穆勒的学生沃森和英国物理学家克里克提出了 DNA 的双螺旋结构模型，遗传学的发展才深入分子水平。

第四节　微生物遗传学的发展

　　微生物包括病毒、细菌、小型真菌及单细胞原生生物等。微生物遗传学是遗传学的分支，以各种微生物为研究对象。自 20 世纪 40 年代起，微生物遗传学迅猛发展，促进了遗传学中一些基本理论的形成，也推动了分子遗传学的诞生和发展。

　　"遗传的染色体学说"虽然得到了学术界的普遍认可，但当时人们对基因本质的认识还相当模糊，基因与性状、基因与蛋白质之间的关系是怎样的？这些问题推动着遗传学家们积极探索。

　　在摩尔根之前，遗传学家多使用高等动植物作为实验材料。很快他们就发现，这些实验材料有很多缺点，如繁殖慢、成本高、性状复杂，很难按照科学家的意愿进行杂交，要观察到预期的结果也是困难重重。所以到了 20 世纪 40 年代初，主流科学家就已经意识到继续沿用过去的研究方法和实验体系是很难有所发现的。随着显微镜的进步，微生物学迅速发展起来。这时，微生物也走进了遗传学家的视野。他们发现微生物有许多高等动植物无法比拟的优点——个体小、生活周期短、便于操作、能在简单的合成培养基上迅速繁殖，并且可以在人为设定的条件下处理大量个体，所以微生物是进行遗传学研究的好材料。

从 20 世纪 40 年代开始到 60 年代结束的这段时期是微生物遗传学发展的黄金时期。从具体事例来说，是从比德尔和塔特姆通过研究红色面包霉提出"一个基因一种酶"假说开始，到 1961 年法国遗传学家雅各布和莫诺提出关于大肠杆菌的"操纵子学说"为止。

在这段时间里，科学家们以微生物作为实验材料研究基因的化学本质、分子结构、突变机制、重组机理、调控机制等，取得了非常大的成绩。这些成绩是以往研究高等动植物时难以企及的，在短时间内大大丰富了遗传学的基础理论。

后来，科学家们广泛地转用红色面包霉和肺炎双球菌（*Diplococcus pneumoniae*）等微生物为研究材料，并着力从生物化学的角度探索基因与蛋白质及性状之间的内在联系。所以人们称这个阶段的遗传学为"微生物遗传学"。

这段时间的主要成就如下。

（1）"一个基因一种酶"假说的提出。在"第三章微生物：一直与我们同在"中已经提到，比德尔和塔特姆通过诱变红色面包霉，观察到在突变菌株中有营养需求和酶形式的变化。经过在不同培养基中反复培养各种突变菌株，他们推断每种酶的形成都专一地受到一个基因的控制，于是他们提出了"一个基因一种酶"的假说，而且认为这个规律普遍适用于各种生物。这个在今天看来非常简单的概念的提出推动了生化遗传学的创立。

此后在 1957 年，这个假说被英国科学家弗农·马丁·英格拉姆（Vernon Martin Ingram，1924—2006）证明是正确的。后来进一步的研究表明，基因控制性状主要有两种方式：①基因可以通过控制酶的合成来控制代谢，进而控制生物性状。比如，酪氨酸酶存在于皮肤、毛发等处，能将酪氨酸转变成黑色素；如果控制酪氨酸酶的基因出现异常，人体就不能合成黑色素，那么这个人就会患上白化病。老年人的头发变白，是头发根部的黑色素细胞衰老、酪氨酸酶的活性降低、黑色素的合成减少导致的。②基因还可以通过控制蛋白质直接控制生物性状。比如，镰状细胞贫血就是控制血红蛋白的基因发生了突变，导致血红蛋白异常，使患者的红细胞在缺氧时变成镰刀形，在血液快速流动时，双凹圆盘状的正常红细胞之间的摩擦很小，而镰刀形的红细胞之间的摩擦增大，甚至会互相缠绕，最终导致溶血性贫血。

（2）细菌基因重组的发现。20世纪初，随着孟德尔遗传定律被重新发现和摩尔根提出"基因的连锁与互换定律"，基因的分离与重组问题成为热点。由于孟德尔和摩尔根发现的规律都适用于进行有性生殖的生物，所以当时就有人提出：微生物是否也有基因重组呢？大家众说纷纭，各种观点是"你方唱罢我登场"。另外，还有很多科学家设计了各种各样的实验，但都没有取得令人满意的结果。

1946年，美国微生物遗传学家莱德伯格和塔特姆在大肠杆菌中以营养缺陷型为选择标记，发现了细菌的基因重组现象。

普通大肠杆菌能在基本培养基上生长，受紫外线照射产生的突变型中有一些成为营养缺陷型，丧失合成某种或几种物质（如氨基酸、维生素、核苷酸等）的能力，因而它们不能在基本培养基上生长，必须补充所需的物质才能生长。比如，某种突变株不能合成赖氨酸，则只有在添加了赖氨酸的培养基上才能生长。根据这一特点，人们可将有关的营养缺陷型通过特定的方法筛选出来。

莱德伯格和塔特姆发现，细菌也是有"性别"的。有的细菌能通过"性菌毛"与另一个细菌建立连接桥，把自己的DNA输送给另一个细菌。即它类似于高等生物的雄性，接收DNA的细菌则相当于雌性。因此，细菌也存在基因的分离与重组。这一发现既说明了遗传规律在生物界是普遍适用的，也开辟了将大肠杆菌等微生物作为实验材料进行遗传学研究的道路。

此后，莱德伯格和他的科研团队又在细菌遗传学方面做出了许多贡献。1952年，他们发现了控制细菌性菌毛形成的F因子（一种质粒，游离在细胞质中的小型环状DNA）；同年，发现了沙门氏菌中存在普遍性转导；1953年，发现了大肠杆菌的温和λ噬菌体能把自己的DNA整合到细菌染色体上；1956年，发现了λ噬菌体能进行局限性转导。他们的研究工作还涉及细菌的免疫学和代谢作用等方面。此外，莱德伯格还证实一个效应B淋巴细胞（浆细胞）只能分泌一种抗体，为免疫学的发展做出了贡献。

莱德伯格和塔特姆的研究工作开创了细菌遗传学，对整个遗传学的发展也起到重要的促进作用。1958年，莱德伯格、比德尔和塔特姆共同获得诺贝尔生理学或医学奖。

在20世纪40年代以前，虽然大多数科学家都认可基因在染色体上，但由于染色体的主要成分是DNA和蛋白质两种，他们对到底谁是遗传物质的问题依然争论不休。这是由于DNA的结构单位——脱氧核苷酸只有4种，而蛋白质的结构单位——氨基酸却有21种，而且当时人们已经知道蛋白质有复杂的空间结构，因而大多数科学家都认为蛋白质是生物的遗传物质。1944年，微生物学家艾弗里及其同事证明，肺炎双球菌的转化因子是DNA。这是DNA是遗传物质的最重要的证据之一。

一、艾弗里与细菌转化实验

艾弗里（图6-10）是美籍加拿大细菌学家。他通过对细菌转化的研究，证明DNA是遗传物质。此外，他还对细菌免疫学进行了开创性的研究，证明糖蛋白对免疫有重要作用。由于其突出成就，艾弗里被选为美国国家科学院院士及英国皇家学会会员。

图6-10 艾弗里

艾弗里的工作是在弗雷德里克·格里菲斯（Frederick Griffith，1877—1941）的工作的基础上进行的。1928 年，格里菲斯公布了他的研究成果。他发现，肺炎双球菌有两种类型。一种是无荚膜的（R 菌），它没有作为抗原的外层荚膜，对小鼠不致病；另一种是有荚膜的（S 菌），可以使小鼠患败血症死亡。格里菲斯的实验过程如表 6-1 所示。

表 6-1　格里菲斯的小鼠实验过程

组别	实验方案	实验结果
1	将 R 菌注入小鼠体内	小鼠不死亡
2	将 S 菌注入小鼠体内	小鼠患败血症死亡
3	将加热杀死的 S 菌注入小鼠体内	小鼠不死亡
4	将加热杀死的 S 菌与活的 R 菌的混合物注入小鼠体内	小鼠患败血症死亡

从第 4 组病死的小鼠体内，格里菲斯分离出了能使小鼠致死的、活的、有荚膜的 S 菌。从第 1 组的老鼠体内，他只检测到了 R 菌，没有致死的 S 菌。难道在第 4 组老鼠的体内，R 菌能使死亡的 S 菌复活？这显然不可能。格里菲斯猜测，虽然第 4 组的 S 菌是死的，但它能让 R 菌变成 S 菌。原因是，死亡的 S 菌体内存在一种被他称为"转化因子"的东西，能使无荚膜的 R 菌长出荚膜，转变成 S 菌，后者能使小鼠患败血症死亡。而且，当这些 S 菌繁殖时，它的后代也具有荚膜结构，表明转化因子已经掺入 R 菌的遗传物质中了。

起初，艾弗里并没有注意格里菲斯的发现，但是当这些发现被他自己的研究证实时，他才与科林·麦克劳德（Colin MacLeod，1909—1972）和麦克林恩·麦卡蒂（Maclyn McCarthy，1911—2005）合作，研究引起细菌转化的实质。20 世纪 40 年代初，他们着手利用肺炎双球菌做实验。

艾弗里他们采用更直观的体外培养方法进行实验。他们先通过培养获得纯净的 S 菌，再将这些 S 菌用高温杀死，之后将它们的各种成分进行分离，得到蛋白质、多糖、DNA 等后将每种成分分别与无荚膜的 R 菌混合培养。他们发现，当 R 菌与 S 菌的 DNA 混合培养时，培养基上出现了一些 S 菌的菌落（图 6-11）。这表明，DNA 是导致无荚膜的 R 菌变成有荚膜的 S 菌的"转化因子"。

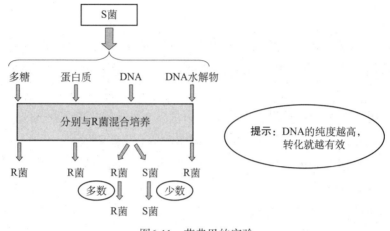

图6-11 艾弗里的实验

1944 年，艾弗里公布了他的发现。这个发现的重要性在于它首次证明了 DNA 控制着细胞性状（在这里是多糖荚膜）的发育，意味着 DNA 是细胞的基本遗传物质。后来，其他研究者也证明 DNA 控制着生物的性状发育，证实 DNA 是参与遗传的基本分子。

这个实验还有一个间接的意义，就是艾弗里的工作激发了人们对 DNA 的兴趣，最终使沃森和克里克在 1953 年提出了 DNA 的双螺旋结构模型。

值得一提的是，艾弗里还从免疫学的角度研究了肺炎双球菌。他证实，这种细菌可以按其对特定抗体的免疫反应加以分类，而这种免疫专一性则是由于各类细菌的荚膜成分含有不同的多糖。这项研究证明多糖对免疫至关重要，促进了鉴别各类双球菌的精确诊断检验技术的问世。

艾弗里的实验获得了很多科学家的认可，但仍有一些主流科学家不支持他的结论。这是因为艾弗里提取的 DNA 在纯度最高时仍混有约 0.02% 的蛋白质，因此他们仍坚信蛋白质是生物的遗传物质。在这种情况下，就需要有人设计一个能单独观察 DNA 和蛋白质在生物遗传中的作用的实验。艾尔弗雷德·戴·赫尔希（Alfred Day Hershey，1908—

1997）和玛莎·考尔斯·蔡斯（Martha Cowles Chase，1927—2003）就做了这样的一个实验，用无可争议的事实证明了 DNA 是遗传物质。

二、噬菌体侵染细菌实验

1952 年，赫尔希和蔡斯采用放射性同位素示踪技术在噬菌体侵染细菌的实验中证实控制生物性状的物质的确是 DNA，肯定了艾弗里的结论。

噬菌体是寄生在细菌细胞中的病毒。一个典型的噬菌体的生活周期可以分为 3 个阶段：感染阶段、增殖阶段和成熟阶段。

（1）感染阶段：噬菌体侵染寄主细胞的第一步是"吸附"，即噬菌体的尾部附着在细菌的细胞壁上，然后进行"侵入"。噬菌体先通过溶菌酶的作用在细菌的细胞壁上打开一个缺口，尾鞘收缩，露出尾轴，伸入细胞壁内，如同注射器的注射动作，把头部的 DNA 注入细菌的细胞内，其蛋白质外壳留在细菌外面，不参与增殖过程。

（2）增殖阶段：噬菌体的 DNA 进入细菌细胞后，会马上接管细菌的生命活动，将其作为复制自己的工厂：细菌的 DNA 合成停止，酶的合成也受到影响。接着，细菌细胞里的核糖体等各种"机器"被噬菌体征用，大量地复制子代噬菌体的 DNA 和蛋白质，最终形成完整的噬菌体颗粒。因此，子代噬菌体的形成是借助细菌细胞的代谢机构，由亲代噬菌体的 DNA 操控的。据观察，当噬菌体侵入细菌细胞后，细菌的细胞质里很快便充满了 DNA 细丝，10 分钟左右便开始出现完整的多角形头部结构。噬菌体成熟时，这些 DNA 聚缩成多角体，头部蛋白质通过排列和结晶过程，把多角形 DNA 聚缩体包裹进来，然后头部和尾部结合，组装成一个完整的子代噬菌体。

（3）成熟阶段：在噬菌体成熟后的潜伏后期，溶解寄主细胞壁的溶菌酶逐渐增加，促使细菌裂解，释放出子代噬菌体。在光学显微镜下观察培养的感染细胞，可以直接看到细胞的裂解现象。T_2 噬菌体在 37℃下大约只需 40 分钟就可以产生 100～300 个子代噬菌体。子代噬菌体释放出来后，又去侵染邻近的细菌细胞，产生子二代噬菌体。

怎么知道噬菌体注入细菌内部的物质只是 DNA 呢？虽然 DNA 属

于大分子，但仍然是普通显微镜难以观察到的。当时出现了一种新技术——放射性同位素示踪技术。1952 年，赫尔希和蔡斯采用了这种新技术证明了 DNA 是遗传物质。他们设计的实验如表 6-2 所示。

表 6-2　噬菌体侵染细菌实验

标记部分	侵染大肠杆菌的结果	证明的问题
^{35}S 标记噬菌体的蛋白质外壳	沉淀物的放射性很低	噬菌体的蛋白质外壳与子代噬菌体的形成无关
^{32}P 标记噬菌体的 DNA	沉淀物的放射性很高	DNA 控制了子代噬菌体的合成

我们知道，蛋白质含有硫元素（S）而 DNA 没有，DNA 含有磷元素（P）而蛋白质没有。噬菌体又叫作"细菌病毒"，它的化学成分只有两种——蛋白质外壳和里面的 DNA。把宿主细菌分别培养在含有 ^{35}S 和 ^{32}P 的培养基中，宿主细菌在生长过程中就分别被 ^{35}S 和 ^{32}P 所标记。然后，赫尔希等用 T$_2$ 噬菌体分别去侵染被 ^{35}S 和 ^{32}P 标记的细菌。噬菌体在细菌细胞内增殖，裂解后释放出很多子代噬菌体，在这些子代噬菌体中，前者被 ^{35}S 所标记（标记了蛋白质外壳），后者被 ^{32}P 所标记（标记了 DNA）。

同位素标记实验的第二步，是分别用被 ^{35}S 和 ^{32}P 标记的噬菌体去侵染未标记的细菌，然后测定宿主细胞的同位素标记。当用被 ^{35}S 标记的噬菌体侵染细菌时，测定结果显示，宿主细胞集中存在的沉淀物中很少有同位素标记，噬菌体蛋白质外壳集中存在的上清液中放射性却很高。当用被 ^{32}P 标记的噬菌体感染细菌时，测定结果显示噬菌体外壳集中存在的上清液很少有放射性同位素 ^{32}P，而大多数放射性同位素 ^{32}P 在宿主细胞集中存在的沉淀物里。以上实验表明，噬菌体在侵染细菌时，进入细菌内的是 DNA，而蛋白质外壳留在细菌的外面。由此可见，在噬菌体的生活史中，只有 DNA 是在亲代和子代之间具有连续性的物质。因此，DNA 是遗传物质。

至此，基因的分子载体是 DNA 已是无可争议的事实。微生物遗传学上承经典遗传学，下启分子遗传学，是经典遗传学向分子遗传学发展中的一个重要过渡阶段。

第五节　分子遗传学的发展

经典遗传学的代表人物是孟德尔和摩尔根。他们发现了"三大遗传定律",摩尔根还可以根据交换率推算出基因在染色体上的相对位置。微生物遗传学的代表人物是艾弗里、赫尔希和蔡斯,他们证明了遗传物质是 DNA。但还有一个问题没有解决,那就是 DNA(基因)究竟是通过什么原理、怎样的途径来控制个体的发育过程和表型特征的?这正是分子遗传学的研究内容。

分子遗传学以研究基因、染色质的结构与功能为基础,以真核细胞的基因调控为重点,并从分子水平阐述了发育、癌变与衰老等重大生物学问题。

自 1953 年沃森和克里克提出 DNA 的双螺旋模型后,人们对基因的结构和复制有了清晰的认识。但是,细胞核中的基因是如何控制细胞质中的各种生化过程的呢?遗传信息、信使 RNA(mRNA)、转移 RNA(tRNA)、核糖体的功能分别是什么?这些问题直到 20 世纪 50 年代末～60 年代初才初步搞清楚。

分子遗传学的另一个主要概念——基因调控,是由莫诺和雅各布在 1960～1961 年提出的。分子遗传学以微生物为研究对象,主要研究基因与蛋白质的线性调控关系。

从研究过程来看,分子遗传学首先研究原核生物,在取得一定成果后,才逐渐在真核生物方面开展研究。分子遗传学推动了整个遗传学的发展,在它的基础上诞生了现代遗传学的 3 个主要分支——基因工程学、基因组学和表观遗传学。

分子遗传学发展中的大事如下。

(1)1955 年,美国生物化学家海因茨·弗伦克尔－康拉特(Heinz

Fraenkal-Conrat，1910—1999）在研究噬菌体时发明了一种新技术，他能将病毒的核酸和蛋白质外壳分离，但又不会对它们造成严重损害，而且分离后还可以重新组装在一起。一些经过这样步骤重新组装的病毒仍然具有侵染能力。他的进一步研究证实，被分离出来的蛋白质外壳是没有生物活性的，而被分离出来的核酸则保留着微弱的侵染性。因此他的实验证明，蛋白质只是病毒侵入细胞的工具，核酸才是决定侵染性的物质。他推测，核酸通过某种方式支配着蛋白质分子的制造。弗伦克尔-康拉特的实验与赫尔希、蔡斯的实验殊途同归，都成为DNA 是遗传物质的重要证据。在他的实验基础上，人为地拆分、重组病毒的实验迅速发展起来，推动了分子遗传学的发展。

（2）1956年，塞韦罗·奥乔亚·德·阿尔沃诺斯（Severo Ochoa de Albornoz，1905—1993）和阿瑟·科恩伯格（Arthur Kornberg，1918—2007）在大肠杆菌中发现了 DNA 聚合酶 Ⅰ。这种酶能够催化 DNA 的合成，由此科学家找到了人工合成 DNA 的钥匙，使人类首次掌握了遗传物质的合成技术。他们两个人因此获得了 1959 年的诺贝尔生理学或医学奖。

（3）1957 年，海因茨路·德维格弗·伦克尔·康拉特（Heinz Ludwig Fraenkel-Conrat，1910—1999）等在研究烟草花叶病时发现，烟草花叶病毒（tobacco mosaic virus，TMV）的遗传物质是 RNA，说明 RNA 也可以作为生物的遗传物质。

（4）1958 年，马修·斯坦利·梅塞尔森（Matthew Stanley Meselson，1930—　）和富兰克林·威廉·斯塔尔（Franklin William Stahl，1929—　）运用放射性同位素示踪技术揭示出 DNA 的半保留复制机理，证明 DNA 能够严格地复制自己，从而实现亲子代遗传物质的连续性，保证了生物的遗传特性。就在同一年，克里克提出了描述遗传信息传递方向的"中心法则"，阐明了遗传信息从 DNA 流向 RNA，再由 RNA 流向蛋白质的传递途径。

（5）1961 年，雅各布和莫诺两位法国科学家提出了大肠杆菌的乳糖操纵子模型，阐明了原核生物基因表达的调控机制。

（6）1961 年，马歇尔·沃伦·尼伦伯格（Marshall Warren Nirenberg，

1927—2010）首先合成了一条全部由尿嘧啶核糖核苷酸（U）组成的多苷酸链，即"UUU……"。然后，他将这种多聚 U 加到含有 20 种氨基酸及有关酶的缓冲液中，产生了一种只含有苯丙氨酸的多肽链。这是一个惊人的发现：与苯丙氨酸对应的遗传密码是 UUU（在此之前已经有科学家推测出氨基酸的密码子应该是由 3 个相邻的碱基构成的）。这是人类破译的第一个遗传密码子。后来，尼伦伯格将人工合成的密码子（核苷酸三联体）连接到核糖体上。这个人工合成的密码子便像天然的 mRNA 一样，从介质中"捞起"完全确定的 tRNA 及其所携带的氨基酸。尼伦伯格及其合作者合成了 64 种理论上可能的核苷酸三联体密码子，终于将 64 个密码子的含义一一解读出来。在这 64 个密码子中，有 2 个是起始密码子，有 3 个并不编码任何氨基酸，而是作为蛋白质合成的终止信号，被称为"终止密码子"。

（7）哈尔·戈宾德·霍拉纳（Har Gobind Khorana，1922—2011）则从另一条途径解决了破译密码子的问题。他首先合成具有特定核苷酸序列的人工 mRNA，然后用它来指导多肽链的合成，以检测各个密码子的含义，证实了构成基因编码的一般原则和单个密码的词义。霍拉纳确定，在一个分子中，每个三联体密码子是分开读取的，互不重叠，密码子之间没有间隔。1966 年，霍拉纳宣布所有氨基酸（64 种）密码已全部被破译，从而将 RNA 分子上的核苷酸序列和蛋白质的氨基酸序列联系起来，这是分子遗传学发展中影响最深远的科学发现之一。

（8）1970 年，美国科学家霍华德·马丁·特明（Howard Martin Temin，1934—1994）和戴维·巴尔的摩（David Baltimore，1938—   ）从致癌病毒中发现了逆转录酶。这种酶的发现表明生物的遗传信息路径可以是 DNA → mRNA →蛋白质，也可以从 RNA 反向传递到 DNA，这是对"中心法则"的重大修正。它促进了分子生物学、生物化学和病毒学的研究。如今，逆转录酶已成为研究这些学科的常用工具。

（9）1970 年，汉密尔顿·奥塞内尔·史密斯（Hamilton Othanel Smith，1931—   ）等从流感嗜血菌中首先分离到 Ⅱ 型限制性内切核酸酶（简称限制酶）。它与 1967 年发现的 DNA 连接酶一起为 DNA 体外重组技术的建立提供了酶学基础。从此，科学家可以按照自己的意愿在生物体外对 DNA 进行剪切和拼接，一种生物的基因可以转移到另一种生物体内，这就克服了远缘杂交不亲和的障碍。这些发现为基因工程的兴起铺平了道路。

第六节　诺贝尔奖中的奇迹

沃森是美国生物学家，美国国家科学院院士，主要从事动物学的研究。

克里克是英国分子生物学家、生物物理学家和神经生物学家。大学期间，克里克主修物理学，但第二次世界大战中断了他的学术研究，他被分配到英国海军制造水雷。第二次世界大战结束后，克里克大量阅读各种科学书籍，对"生物与非生物的区别"产生了浓厚的兴趣，开始自修生物学。1947 年从海军退役后，克里克进入剑桥大学，不久顺利进入卡文迪许实验室的医学研究理事会攻读生物学博士。

1951 年，克里克与沃森在卡文迪许实验室相识。两个人认定解决 DNA 分子结构问题是解开遗传之谜的关键（图 6-12）。

1953 年 4 月 25 日，在剑桥大学卡文迪许实验室工作的沃森和克里克的论文《核酸的分子结构——脱氧核糖核酸的结构》在英国《自然》上发表，宣告了 DNA 双螺旋结构模型的诞生，这是分子生物学正式开始的标志。这一期《自然》上还发表了罗莎琳德·埃尔茜·富兰克林（Rosalind Elsie Franklin，1920—1958）拍出的非常清晰的 DNA 的 X 射线衍射图像，以及莫里斯·休·弗雷德里克·威尔金斯（Maurice Hugh Frederick Wilkins，1916—2004）的 DNA 的 X 射线衍射数据。这

图6-12　沃森和克里克研究DNA空间结构

两篇实验报告等于为 DNA 双螺旋结构模型提供了实验证据。1962 年，卡罗林斯卡学院诺贝尔委员会让沃森、克里克和威尔金斯分享了诺贝尔生理学或医学奖，以表彰他们研究 DNA 分子结构的伟大成就。

　　DNA 双螺旋结构的发现是生物学史上的奇迹，因为这样一件伟大的事业主要是由两位年轻人完成的，也因为这两位年轻人当时并不是生物化学或生物物理领域的资深专家，而且他们从真正接触 DNA 到提出 DNA 结构模型只用了不到一年的时间。

　　那么，沃森和克里克是怎样发现 DNA 的双螺旋结构的呢？

　　20 世纪 50 年代初，英国科学家威尔金斯等用 X 射线衍射技术潜心研究了 DNA 结构三年。他已经隐约意识到 DNA 是一种螺旋结构，但还不能确定其到底是怎样的一种螺旋。

　　女物理学家富兰克林（图 6-13）对沃森和克里克发现 DNA 双螺旋结构也做出了重要的贡献。富兰克林于 1942 年毕业于剑桥大学物理系。富兰克林年仅 30 岁时，就已发表了不少独创性的论文，引起科学界的重视。她被认为是出色的物理学家、物理化学家、结晶学家，并凭借自己高超的实验技能成为 X 射线衍射技术专家。1951 年，她在进行 DNA 分子衍射技术研究时，拍到了一张十分清晰的 DNA 的 X 射线衍射照片，由此推算出 DNA 分子呈螺旋状，并定量测定了 DNA 螺旋体的直径和螺距。这些数据是沃森和克里克研究工作的基础。

图6-13　富兰克林

1952年，美国化学家莱纳斯·卡尔·鲍林（Linus Carl Pauling，1901—1994）发表了关于DNA三链模型的研究报告。这种模型被称为"α螺旋"。可是，鲍林的DNA模型不能科学地解释当时人们发现的一些遗传现象，因而受到许多科学家的质疑。

沃森、克里克与威尔金斯、富兰克林等讨论了鲍林的模型。他们认为鲍林的模型还存在缺陷。于是，他们试图根据自己已经掌握的知识提出新的三螺旋模型。但是，构成DNA的脱氧核苷酸在空间上是怎样排列的？构成脱氧核苷酸的碱基、磷酸、脱氧核糖在空间上是如何排列的？它们之间的位置关系如何？这些问题都没有解决。如果提出一个模型，那么这个模型就应该可以解释当前已知的关于DNA的一些遗传现象，如DNA的复制，以及DNA如何控制RNA、如何指导蛋白质合成、如何与具体的性状对应等。

当沃森和克里克在剑桥大学确立DNA结构的研究方向时，诺贝尔奖获得者布拉格等负责人曾极力反对，理由是两个人都缺乏这一领域的专门训练和成果，要攻克这一顶级难题无异于"癞蛤蟆想吃天鹅肉"。在方方面面的压力下，两个人的研究不得不转入"半地下"状态。

沃森和克里克进行了艰难的探索。在研究过程中，他们两个人的看法经常产生分歧。但在激烈的争吵之后，他们又能一起探讨工作中出现的问题。他们通过讨论和交流互相补充彼此专业知识的不足。沃森是一位研究噬菌体的生物学家，克里克则是物理学博士。在专业知识方面，两个人差别巨大而又能彼此互补。沃森有相关的生物学知识，克里克则长于根据已有的数据进行计算。所以常常是沃森把搜集来的数据交给克里克，让他推算构成 DNA 分子的各个结构单位之间的空间距离。沃森回忆到，在发现 DNA 空间结构的日子里，"我和克里克每天至少交谈几个小时⋯⋯当他对一些方程式不得其解的时候，常常向我问及噬菌体方面的知识。其他时间，克里克就用晶体学武装我的头脑。这些知识通常是需要耐心阅读专业杂志才能获得的"[64]。他们两个人不仅专业不同，家庭出身和性格差异也非常大。沃森是实用型美国人，穿皱巴巴的牛仔裤，不修边幅；克里克则是典型的英国绅士，穿着讲究。沃森性格内向，喜欢独来独往；克里克则喜欢高声谈笑。从年龄上来看，沃森到 1953 年时才 25 岁，克里克比他大 12 岁。但这两个知识背景差异巨大的年轻人不但很轻松地建立起了友谊，而且发挥了各自的长处，使他们的合作更加完美。克里克在《疯狂的追逐》一书中是这样阐述原因的："吉姆（克里克对沃森的昵称）和我一拍即合，一部分原因是我们的兴趣惊人的相似，另外，我想，我们的身上都自然地流露出年轻人特有的傲慢、鲁莽和草率。"[65]

沃森则在《双螺旋：发现 DNA 结构的故事》一书中带着调侃的语调说，"我从来没有见过克里克表现出谦虚平和的态度"[66]。

就这样，他们用克里克的物理学知识和沃森的生物学知识共同探讨 DNA 的分子结构。在经过无数次的演算和推理后，他们提出了自己的三螺旋模型。但这个用硬纸板搭建的像孩子玩具一样的模型很快就被富兰克林从理论上否定了，她在对沃森搭建的硬纸板模型不屑一顾的同时，还根据自己的研究指出 DNA 分子结构绝对不是三螺旋，而极有可能是双螺旋。

第一个模型的失败并没有使沃森和克里克灰心。那么，如果 DNA 是双螺旋结构，各个结构单位在空间上的相互位置是如何排列的呢？它们之间应该通过怎样的化学键连接？⋯⋯一系列新问题又摆在沃森和克里克眼前。他们又开始了夜以继日的推算和建模实验。在千万次的争吵和商讨之后，不知多少个模型被搭上后又被拆掉重建，沃森和克里克又根据搜集、研究和分析实验数据，提出了 DNA 双螺旋结构模型。由于对实验数据分析有误，他们将模型中的磷酸－脱氧核糖骨架放置在螺旋的内侧。这个模型后来也很快被推翻了。

沃森和克里克一起讨论了美国化学家鲍林是如何发现蛋白质的 α 螺旋的。沃森注意到鲍林模型并不仅靠研究 X 射线衍射图谱，相反地，其主要是用一组分子模型来探讨分子中的原子间的关系。在这一启示下，沃森用硬纸板和铁丝构建了一些模型来解释所观察到的事实。他们特别注意到如下四个证据。

（1）DNA 分子是细而长的多聚物，含有 4 种碱基和磷酸键。

（2）夏格夫法则，即 A＝T，G＝C。

（3）DNA 分子内存在弱键。经过纯化的 DNA 能形成一种黏稠的溶液，就像鸡蛋清一样；但是加热后，DNA 溶液的黏度就会降低。由于中度加热时脱氧核糖与磷酸构成的骨架上的化学键不会被破坏，因此加热时 DNA 溶液的物理性质改变意味着一系列弱的化学键被破坏，这些弱键对维持 DNA 的正常结构可能是非常必要的。

（4）鲍林发现多肽链通过氢键扭成 α 螺旋。氢键是一种可以通过适度加热而破坏的弱键。鲍林曾由此推测 DNA 可能形成如 α 螺旋那样的结构。

这时，威尔金斯和富兰克林各自拍摄的 DNA 的 X 射线衍射照片提供了有关 DNA 螺旋结构的进一步证据。这两张照片比以往任何照片都好，各个衍射斑点清晰可见。DNA 是巨大且复杂的分子，它的 X 射线衍射照片分析起来非常困难。富兰克林尝试过，她猜测图中的阴影部分和标记部分可能意味着 DNA 是一个螺旋体，其中磷酸骨架在外，分子的平均直径约是 2.0 纳米，她甚至还估计了这样一个螺旋体中相邻螺圈之间的距离。

守着各种各样的证据，沃森和克里克开始构建 DNA 三维模型。他们设计了经过精确度量的模型，评价模型解决复杂的三维空间问题的能力。DNA 模型建了拆，拆了建。模型的建立过程是对沃森和克里克的意志与能力的考验过程。他们用简单的工具制作了由单个核苷酸组成的模型，计算模型中原子的大小、键长和键角等。这个工作非常冗长、乏味且令人沮丧，因为至少有十几种方式可以让碱基、磷酸和脱氧核糖结合在一起。一开始，没有一个模型能与所观察到的数据和标准一致。

常言说"功夫不负有心人"，成功的一天终于到来了。当一天早上他们突然尝试到在纸板模型上 A 和 T 相对、G 和 C 相对时，年轻的沃森兴奋得满脸通红。这就是关键：成对的碱基堆积在双螺旋的内侧，它们的排列方式非常像梯子上的横木，磷酸基团和脱氧核糖排在外面，就像梯子两侧的骨架。DNA 不是单螺旋，也不是三螺旋，而是由两条反向平行的脱氧核苷酸长链构成的双螺旋。沃森和克里克搭成的第一个完整的 DNA 分子模型清楚地显示出，含氮碱基被精确地配置在两条骨架之间。由于碱基以互补配对的方式结合，双螺旋梯子扭转产生了一个有 3.4 纳米螺距的螺旋体。如果碱基对是由两个嘌呤构成的，螺旋体的直径就会大于 2.0 纳米；如果碱基对是由两个嘧啶构成的，螺旋体的直径又会小于 2.0 纳米。唯一的可能是一个嘌呤与一个嘧啶通过氢键连接形成碱基对，而且必须是 A 与 T 结合、G 与 C 结合，这正好与夏格夫法则完全相符。沃森和克里克用奇妙绝顶的洞察力使人类掌握了生物的主要遗传物质 DNA 的秘密。接下来的另一个问题是，如果碱基配对限制在 A 与 T、G 与 C 两种组合上，那么 DNA 如何携带多种多样的遗传信息？这就是沃森和克里克的另一个杰出推理，即四种碱基沿螺旋长轴的排列是随机的。根据这个推理，如果一个 DNA 有 60 个碱基对，它的分子结构就有 4^{60} 种可能，那么它编码的蛋白质结构也应该有 4^{60} 种。实际上，种间和种内所有的分化上的差异都反映在 $\frac{A+T}{G+C}$ 的比例和碱基对的排列顺序上。DNA 分子非常长，每个物种又有自己的全套染色体，碱基对的数目巨大。例如，人的一套染色体共有 30 亿个碱基对，理论上可以形成 $4^{30\text{亿}}$ 种序列，这无疑是个天文数字，因此每个人拥有一种特定的 DNA 序列是完全可能的。

DNA 的双螺旋模型令所有的生物学家叹为观止，它解释了迄今所观察到的 DNA 的一切物理的和化学的性质，说明了 DNA 为什么是遗传信息的携带者，说明了基因的复制和突变原理，等等。克里克曾满怀深情地讲起他心爱的 DNA：有一种内在美存在于 DNA 分子中，DNA 是一个有模有样的分子。

后来沃森写的自传体小说《双螺旋：发现 DNA 结构的故事》就像侦探小说那样引人入胜。书中没有枯燥乏味的公式，没有艰深难懂的推理，有的只是戏剧化的情节和人物：克里克因其滔滔不绝的大嗓门而遭人嫌；鲍林、埃尔温·夏格夫（Erwin Chargaff，1905—2002）等精英科学家轮番登场，全都在为 DNA 而暗中较劲；其中还有一个孤傲的女科学家富兰克林，她似乎是这个团体中的另类；此外，还有各种轻松的晚会、异国情调的旅游和美貌女郎的频频出现作为陪衬。科学发现原来是如此轻松愉悦，科学家也不是只会在实验室里摆弄仪器、在大街上走路一不小心就撞到电线杆的"老古板"。相反，他们也像我们一样，怕苦怕累而且笨手笨脚。沃森公开坦承，在芝加哥大学念书时，他尽力不去选修任何有点难度的化学或物理学课程。当用一只煤气灯直接加热苯导致爆炸后，他从此远离了化学，因为这次爆炸让他觉得自己是那么粗心而且又笨手笨脚。借学术会议之名而享受豪华旅游的经历使沃森悟出一个与科学有关的真理，即科学家的生活不仅在智力活动方面丰富多彩，而且在社交活动方面也可以做得趣味盎然。

在性格及人生旨趣上，沃森和克里克可说是两种类型的人。沃森的导师萨尔瓦多·爱德华·卢里亚（Salvador Edward Luria，1912—1991）曾认为，沃森看上去是一个不拘小节、随便邋遢的人，但是他的笔记本却出奇的整洁有条理，上面还标有各种不同颜色的线条，几乎没有人能比得上。这就是沃森，骨子里的实用主义者。对于值得做的事，他会倾全力去做，并做得相当漂亮，而对不值得做的事就撒手不管。克里克则出生于英国伦敦附近的一个中产阶级的家庭，从小受到正规严格的教育，衣着整洁时髦，骨子里透着一股贵族气息。而且，他从内心深处认为科学是一种绅士的职业（即使是有些贫穷的绅士）。当他首次投奔剑桥卡文迪许实验室时，以为每个出租车司机都会知道这个神圣的地方，结果发现并不是如此，他不得不自己告诉司机地址，而司机却说"那个地方离集市广场不远"。这就是克里克，一个身上有点书呆子气的科学家。

　　克里克是一位非常勤奋的科学家。在发现 DNA 的双螺旋结构后，他并没有停下探索的脚步。随后，他又提出"中心法则"、三联体密码、预测 tRNA 等。他的这些贡献极大地丰富了分子生物学的知识，为分子生物学的腾飞奠定了基础。在 1966 年出版的《分子与人》一书中，他曾特别提及几乎生命的所有方面都是在分子水平上进行设计的，如果不理解分子，我们对生命本身就不能有一个全面的认识。

　　自 1953 年沃森和克里克提出 DNA 双螺旋结构模型后，分子生物学获得了飞速发展。20 世纪 70 年代又诞生了一门全新的工程技术——基因工程，它使人类利用和改造生物的能力发展到一个崭新的阶段。

新进展：DNA 结构不仅是双螺旋

　　DNA 的双螺旋结构发现后，遗传学飞速发展，但科学家并没有忽略对 DNA 结构的继续探索。2018 年 4 月，《自然－化学》上刊登了以澳大利亚科学家马哈迪·泽拉蒂（Mahdi Zeraati）为第一作者的文章。他们在人体活细胞中发现了一种扭曲的 DNA "结"。这是 DNA 的一种特殊嵌入基序（i-motif）结构（图 6-14）。

图6-14　DNA嵌入基序

　　这种结构在 20 世纪 90 年代就已经被发现了。但当时的科学家认为，这种特殊结构可以在实验室创造，却不可能在自然界发生，更不可能出现在生物的细胞里。

　　科学家发现，双链 DNA 的常见结构是双螺旋，但也有 A 型 DNA

（A-DNA）、Z 型 DNA（Z-DNA）、三链 DNA、十字形 DNA 等特殊结构。不过，嵌入基序是首先被证实的天然存在于人体活细胞中的一种特殊结构。

那么，这种特殊结构对细胞的生命活动有什么作用呢？科学家用绿色荧光标记了细胞中的嵌入基序，发现它通常出现在以下几个特殊阶段。

（1）细胞分裂将要结束时，在基因的启动子区域有嵌入基序被发现。此时 DNA 正在大量转录成 mRNA，所以它可能与基因的开启或关闭有关。

（2）在染色体的端粒中常常可以发现 DNA 嵌入基序，而端粒与细胞的衰老有密切关系。

尽管目前人们对 DNA 的嵌入基序了解得还非常肤浅，但根据它可以在某些时期、某些区域形成又可以随时消失的特点，科学家猜测它可能对细胞的基因表达有重要作用，对细胞发挥正常功能可能是至关重要的。[67]

第七节　遗传信息的法则

20世纪 40 年代，艾弗里通过肺炎双球菌的转化实验证实 DNA 是遗传物质。后来，赫尔希和蔡斯通过噬菌体侵染细菌实验进一步证明了这个结论。到了 1953 年，沃森和克里克提出了 DNA 的双螺旋结构模型，科学地解释了基因的复制和传递问题。

至此，人们已经认识到核酸是生物的遗传物质，蛋白质是生命活动的主要承担者。但 DNA 是储存在细胞核里的生物大分子，它是不能从细胞核里出来的；大多数生命活动都是在细胞质中依靠蛋白质进行的，蛋白质是在细胞质中的核糖体上合成的。这就有一个问题——位于细胞核里的 DNA 是如何指导合成细胞质里的蛋白质呢？这是一个困扰生物学家的难题。

法国科学家安德烈·布瓦万（André Boivin，1895—1949）和罗歇·旺德雷利（Roger Vendrely，1910—1988）在这方面进行了探索。1947 年，他们在《实验》杂志上联名发表了一篇论文，讨论 DNA、RNA 与蛋白质之间可能的信息传递关系。他们认为，DNA 可能会把遗传信息以某种方式传递给 RNA，再由 RNA 控制蛋白质的合成。这是一个非常有创意的想法，但他们也只是根据自己的直觉认为应该是这样的，没能详细地描绘出这个过程，也没能证明这一过程确实存在，所以这种模糊的推测没有引起大家的共鸣。

克里克对这个问题进行了深入的研究。他认为，DNA 是一种生物大分子，无法从细胞核里出来。所以细胞核里的 DNA（基因）要指导合成细胞质的蛋白质（性状），就必须有一个信使。这个信使必须能把 DNA 的遗传信息准确无误地携带出来并能毫无差错地反映到蛋白质结构上。那么，谁能充当"信使"这个重要的角色呢？通过研究，他认为只有 RNA 能胜任"信使"这个角色。这是由于 RNA 和 DNA 都由 4 种核苷酸构成，RNA 上的碱基可以和 DNA 上的碱基建立互补配对关系。这样，特定结构的 DNA 在解开双螺旋后可以以其中的一条链为模板，按照碱基互补配对原则合成特定结构的 RNA。

1957 年 9 月，克里克发表了一篇题为"论蛋白质合成"的论文，在这篇论文中，克里克提出了以下观点。

（1）生物的全部遗传信息包含于 DNA 特定的碱基序列中，遗传信息要控制生物的外在表型（性状），最终要体现在蛋白质中的氨基酸序列上。

（2）性状形成的一切信息都储存在 DNA 分子中。遗传信息只能单向地从 DNA 到 RNA 再到蛋白质。蛋白质是遗传信息传递的终点，遗传信息一旦传递到蛋白质，就不可能再进行输出。

（3）作为基因的 DNA 序列与其所转录的 RNA 序列和最终翻译的

蛋白质的氨基酸序列必须有严格的对应关系。

根据以上叙述可以得出结论：DNA 是决定生物性状的内在因素，蛋白质是生物性状的最终体现者，RNA 则充当遗传信息从 DNA 到蛋白质的信使。

克里克在这篇论文里归纳出遗传信息流的传递方向是 DNA → RNA →蛋白质，也可以从 DNA 传递给 DNA，即完成 DNA 的复制过程。这是所有细胞生物共同遵循的法则，所以这个遗传信息的传递过程被学者们称为"中心法则"（图 6-15）。

1970 年特明和巴尔的摩在研究一些 RNA 致癌病毒时，发现它们在宿主细胞中的复制过程是先以病毒的 RNA 分子为模板合成一个 DNA 分子（逆转录），再以 DNA 分子为模板合成新的病毒 RNA。后来还有学者发现，有些病毒的 RNA 也能自我复制。这就是说，自然界中也存在遗传信息从 RNA 到 DNA、从 RNA 到 RNA 的流动，这些发现是对"中心法则"的重要补充。因此，克里克在 1970 年重申了"中心法则"的重要性，并提出了更完整的图解形式，具体如图 6-16 所示。

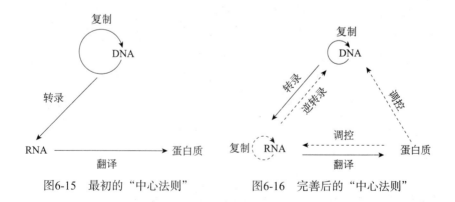

图6-15 最初的"中心法则"   图6-16 完善后的"中心法则"

"中心法则"是现代生物学中最重要、最基本的规律之一，在探索生命现象的本质及普遍规律方面起了巨大作用，极大地推动了现代生物学的发展，是现代生物学的理论基石，并为生物学基础理论的统一指明了方向，在生物科学发展过程中居于重要地位。

第八节　基因的操纵子

　　莫诺和雅各布都是法国科学家。莫诺于 1931 年从巴黎大学生物系毕业，1941 年取得博士学位。1945 年，莫诺正式转到巴斯德研究所研究大肠杆菌的生理活动。1950 年，原来学外科医学的雅各布加入巴斯德研究所的噬菌体实验室。他常和莫诺讨论科学问题，两个人的关系逐渐密切，成了合作研究的伙伴。1957 年，雅各布和莫诺共同采用细菌遗传分析的方法研究乳糖体系的实验，于 1961 年初提出了"操纵子理论"。现已证明，操纵子是原核细胞中普遍存在的基因调控模式。雅各布、莫诺、利沃夫共享了 1965 年的诺贝尔生理学或医学奖。

　　莫诺和雅各布发现，大肠杆菌内有一个十分巧妙的自动控制系统，用来控制它的代谢：当培养基中含有充分的乳糖却不含葡萄糖时，它便会自动产生半乳糖苷酶，使乳糖降解为半乳糖和葡萄糖，为自己提供能源；当培养基中不含乳糖时，大肠杆菌便自动关闭这一系统，不产生半乳糖苷酶，以减少物质和能量的浪费。

　　这个复杂而精妙的调节系统是怎样运行的呢？莫诺和雅各布发现，大肠杆菌体内指导半乳糖苷酶合成的基因是一个结构基因，这个结构基因与操纵它的基因共同组成了操纵子。操纵基因受一种叫作"阻遏蛋白"的蛋白质调控：当阻遏蛋白结合到操纵基因上时，半乳糖苷酶不能合成；当环境中只有乳糖时，乳糖就会与阻遏蛋白结合，使之从操纵基因上脱落下来。这时，操纵基因开启，相邻的结构基因得以转录和翻译，最终合成半乳糖苷酶，细菌就能分解并利用乳糖了。所以，乳糖是诱导半乳糖苷酶产生的诱导物。

　　这个系统运行的条件是，培养基中只有乳糖而不存在葡萄糖。那么，当培养基中存在葡萄糖时，大肠杆菌为什么会只利用葡萄糖而不利用乳糖呢？

　　20世纪60年代中期，科学家在操纵子中还发现了另一个开关基因，将其称为"启动子"。启动子位于操纵基因之前，二者紧密相邻。启动子由环腺苷酸（cyclic adenylic acid）启动，而环腺苷酸能被葡萄糖所抑制。这样，葡萄糖便通过抑制环腺苷酸而间接抑制启动子，使结构基因失活，停止合成半乳糖苷酶。

　　由此可知，结构基因同时受两个开关基因——操纵子与启动子的调控。只有当这两个开关都处于开启状态时，结构基因才能活化。当培养基中同时存在葡萄糖和乳糖时，葡萄糖通过抑制环腺苷酸而间接抑制启动子，并进而抑制结构基因，使大肠杆菌不产生半乳糖苷酶。在这种情况下，大肠杆菌便会自动优先利用葡萄糖，因为葡萄糖是比乳糖更好的能源。

　　1969年，乔纳森·罗杰·贝克威斯（Jonathan Roger Beckwith，1935—　）从大肠杆菌的DNA中分离出乳糖操纵子，证实了雅各布和莫诺的研究成果。

第九节　搬运基因的工程

一、基因工程的诞生

　　20世纪40～60年代，分子遗传学迅猛发展，到了20世纪70年代，一门崭新的生物技术科学——基因工程诞生了。这是与当时的科技发展水平相适应的。分子生物学和分子遗传学的飞速发展，为基因工程提供了强有力的技术支持，其中主要有DNA分子体外切割与拼接技术、基因表达载体的构建技术和大肠杆菌转化体系、DNA 碱基序列分析技术及 DNA 分子杂交技术和琼脂糖凝胶电泳技术等。这些技术几乎同时得到发展，又被迅速地应用于基因工程。这在理论上和技术上都为基因工程研究提供了巨大支持。基因工程的发展与应用反过来又有力地促进了分子遗传学向纵深发展，二者之间有互为依托、密不可分的内在联系。

基因工程是指在生物体外利用 DNA 重组技术，将目的基因与载体 DNA 在体外进行重组，然后把这种重组 DNA 分子导入受体细胞，并使之增殖和表达的技术。利用基因工程可以获得人们需要的产物或构建成新的生物类型。

1972 年，美国斯坦福大学的保罗·伯格（Paul Berg，1926—2023）等完成了世界上第一例 DNA 体外重组实验，因此获得了 1980 年的诺贝尔化学奖。

1973 年，斯坦福大学的另外两位科学家斯坦利·诺曼·科恩（Stanley Norman Cohen，1935—2020）和赫伯特·韦恩·博耶（Herbert Wayne Boyer，1936—　）将带有卡那霉素抗性基因的大肠杆菌质粒与带有四环素抗性基因的另一种大肠杆菌质粒进行拼接，再用这种重组质粒转化大肠杆菌，结果得到既抗卡那霉素又抗四环素的新型大肠杆菌。在此基础上，科恩和博耶发现把别的基因拼接到大肠杆菌的质粒上也可以利用大肠杆菌的繁殖实现目的基因的复制与表达。因此，质粒可以充当外源基因导入受体细胞的载体。

这些科学家的工作预示着基因工程学即将正式诞生。

基因工程有如下几个独特的优点。

首先，可以克服远缘杂交不亲和的障碍。古埃及人建造了巨大的狮身人面像，我国古代的镇墓兽通常也是兽首人身。在神话故事里，我们可以看到各种各样的奇人异兽。目前，创造拥有两种或两种以上的个别生物特征的新物种已经不再是天方夜谭。通过基因工程，可以把一种生物的 DNA（基因）转移到与其亲缘关系很远的另一种生物的细胞中进行复制与表达。这意味着有可能按照人们的主观愿望和社会需求，将不同物种的基因进行重新组合，创造出自然界原来没有的新的生物类型。当然，基因工程的应用也要受到法律的制约和伦理道德的规范，有违社会公序良俗的事是不能做的。

其次，可以利用微生物大量地扩增特定的 DNA 片段或目的基因。例如，可以将目的基因导入大肠杆菌，让它在增殖的同时大量扩增目的基因，然后再分离提纯目的基因。这样，人们就可以制备到大量纯净的目的基因，再利用这些目的基因进行分子遗传学的研究工作，克服了材料不足的限制。

最后，确立了反向遗传学（reverse genetics）研究途径。传统遗传学是根据生物个体的表现型（性状）去探究控制它的内在结构——基因型。人们将这样的遗传学研究途径称为"正向遗传学"（forward genetics）。随着分子遗传学尤其是基因工程中重组 DNA 技术的发展与应用，人们已经可以通过使用基因克隆、定点突变、聚合酶链式反应（PCR）扩增及转基因等各项技术，实现 DNA（基因）→蛋白质（性状）的反向研究。人们先研究基因的核苷酸序列特征，进而研究基因控制的蛋白质的结构与功能，再根据需求对基因进行修饰改造，然后再观察基因的生物学活性与生物性状的变化。为了和传统的正向遗传学相区别，人们称这样的遗传学研究途径为"反向遗传学"，也称为"基因工程学"。

迄今，基因工程除了受伦理学的限制被世界各国禁用于人体之外，在从细菌到家畜的很多生物体上都做了实验，并取得了很多突破性的成果。

二、基因工程生产胰岛素

糖尿病是一种非常常见的、过去人类不能从根本上控制的疾病。糖尿病的基本病理是由胰岛素绝对或相对不足而引起的糖、脂肪、蛋白质和继发的维生素、水、电解质代谢紊乱。正常人的空腹血糖浓度为 3.9 ～ 6.1 毫摩尔/升。在由肾脏形成尿液时，血浆经肾小球滤过形成原尿，原尿的葡萄糖浓度与血浆一致，也是 3.9 ～ 6.1 毫摩尔/升。但原尿中的葡萄糖能通过肾小管和集合管全部重吸收回来，所以正常人的尿液里是没有葡萄糖的。1 型糖尿病（曾称胰岛素依赖型糖尿病）患者胰岛 B 细胞受损，导致胰岛素分泌不足；2 型糖尿病（曾称非胰岛素依赖型糖尿病）患者自身能够产生胰岛素，但细胞无法对其做出反应，使胰岛素的效果大打折扣。胰岛素是唯一能降低血糖浓度的激素。当它分泌不足或不能发挥作用时，患者的血糖浓度就会升高。当患者的空腹血糖高于 10 毫摩尔／升时，肾脏就不能把原尿里的葡萄糖全部重新吸收回来，一部分葡萄糖就随着尿液排出了。经医学检查发现患者在空腹时的血糖浓度高于 6.1 毫摩尔／升，且餐后两小时血糖高于 7.8 毫摩尔／升，就称为"高血糖"。患者在餐后 2 小时血糖达到或高于 10 毫摩尔／升，结合尿糖检验存在，就可以确诊患有糖尿病了。

葡萄糖是人体主要的能源物质，糖尿病患者体内的葡萄糖不去细胞中氧化分解来提供能量，却大量积聚在血液中，会造成血管病变及病菌滋生；同时，血糖过高，超过了肾糖阈（肾小管和集合管能重吸收葡萄糖的最大浓度），会导致一部分葡萄糖从尿液流失，带走大量水分，造成患者多尿、多饮、多食的"三多"症状。同时，细胞缺乏能量，会导致自身的蛋白质及脂肪被分解用来制造更多的葡萄糖，使体重逐渐减轻。这就是糖尿病患者的"三多一少"症状。增加饮食只会使情况变得更糟，因此中医称这个疾病为"消渴症"。在长期"饥饿"下，大量由脂肪及氨基酸生成的酮体带有酸性，会造成患者出现酸中毒的症状。

糖尿病中最严重的是 1 型糖尿病，约占糖尿病患者总数的 10%，但多见于儿童和青少年。这是一种自身免疫性疾病，是由免疫系统将自身的胰岛 B 细胞当作非己成分进行攻击而造成的。1 型糖尿病患者多数起病急，"三多一少"症状比较明显，容易发生酮症，有些患者首次就诊时就表现为糖尿病酮症酸中毒。他们的血糖水平波动较大，空腹血浆胰岛素水平很低。这个类型的糖尿病患者必须用外源性胰岛素治疗，否则会反复出现糖尿病酮症酸中毒，甚至导致死亡。

胰岛素发现以前常用的控制糖尿病的方法就是禁食。患者每天只能摄取不到 1000 千卡的热量（拿米饭来说，一般一小碗米饭的热量是 220 千卡，吃五小碗就有 1100 千卡了。要注意，一整天摄入的所有能量只有这些）。这些食物（如蔬菜和粗粮）必须是含糖较少的。在这样控制饮食的情况下，原本已经消瘦的糖尿病患者会进一步变得骨瘦如柴。有些人的体重会低至20多千克，整天躺在床上，连抬头的力气都没有。这些人虽然免于酸中毒，却又要忍受极度瘦弱带来的危害。此外，严重的糖尿病患者还会出现视网膜病变、肾脏病变、肢体末端溃烂等并发症。但当时的医学面对这种疾病几乎是束手无策。这种状况在使用胰岛素治疗以后得到根本性改变。

早在1886年，两位生理学家约瑟夫·冯·梅林（Joseph von Mering，1849—1908）和奥斯卡·明科夫斯基（Oscar Minkowski，1858—1931）证实，胰脏和糖尿病有关。他们通过手术将狗的胰脏摘除，结果狗的尿量大增，并于10～30天死去。他们同时还发现，摘除胰脏后，狗排出的尿液引来了许多蚂蚁，而正常狗尿是不会招引蚂蚁的。他们分析了狗尿的成分，发现摘除胰脏的狗尿中含很多糖。导致狗死亡的原因是其患了糖尿病。

由于手术后狗出现的症状和人的糖尿病症状很相似，他们推想人患糖尿病可能是胰脏出现了问题。他们的发现使人们开始关注胰脏与糖尿病的关系了。

很多科学家开始通过实验探索胰脏与糖尿病的关系。他们猜想，一定是胰脏产生的某种物质能让人（或动物）不患糖尿病。于是他们将胰脏磨碎，分离提取其中的化学成分，再将这些成分分别注射给患了糖尿病的实验动物，结果实验都失败了。没有人找到胰脏中与糖尿病有关的化学成分。我们现在知道，研磨胰脏时，其外分泌部分泌的胰液会将内分泌部分泌的胰岛素分解，所以人们提取不到胰岛素。但受当时科技发展水平的制约，没有人知道这个机理。

后来又有人发现，将兔子的胰导管结扎后，除一小块一小块的细胞团——胰岛以外，胰脏的其余部分会萎缩，但兔子不会患糖尿病。

1921年，时年30岁的加拿大外科医生弗雷德里克·格兰特·班廷（Frederick Grant Banting，1891—1941）通过查阅文献了解了这些研究进展。他意识到，如果结扎后胰腺萎缩，但是兔子却没有患糖尿病，那么使动物不患糖尿病的物质就一定存在于不萎缩的胰岛中，为什么不从胰岛中寻找这种物质呢？

　　但班廷只是一个普通的医生，他没有必要的实验设备和实验动物。于是他找到多伦多大学的资深生理学家约翰·詹姆斯·里卡德·麦克劳德（John James Rickard Macleod，1876—1935），向他阐述了自己的观点。由于麦克劳德早就知道众多科学家失败的故事，所以他对班廷的想法并不感兴趣。后来，在班廷的一再请求下，也恰逢麦克劳德要外出休假，无人照顾实验室里的实验狗。于是麦克劳德同意班廷到他的实验室里进行一段时间试验，条件是免费帮他喂狗。

　　班廷和他的助手查尔斯·赫伯特·贝斯特（Charles Herbert Best，1899—1978）用狗进行了实验。他们将狗分为甲、乙两组，将甲组狗的胰导管结扎，将乙组狗的胰脏摘除。一段时间后，甲组狗未患糖尿病，乙组狗患上了糖尿病。接着，他们从甲组狗体内取出萎缩的胰脏，用生理盐水进行抽提；将提取物注射给乙组狗，结果乙组狗的血糖下降，糖尿病症状减轻了。

　　这时，外出度假的麦克劳德回来了。听了班廷的汇报后，他大为震惊，马上开始与班廷一起从事提取胰岛素的工作。经过一段时间的努力，他们提取到了比较纯净的胰岛素。1922 年 1 月，胰岛素在多伦多总医院首次进行临床试验。一个患糖尿病的 14 岁男孩接受了注射胰岛素的治疗后，他的病症很快减轻了。此后不到两年的时间里，胰岛素在世界各地的医院得到广泛使用，为无数糖尿病患者带来了希望。

　　后来，他们与美国的礼来公司（Eli Lilly and Company）合作，成功地从在屠宰场取得的动物胰脏中分离出可供糖尿病患临床使用的胰岛素。

　　1923 年，班廷和麦克劳德获得诺贝尔生理学或医学奖。刚刚发明仅两年就获诺贝尔奖，足以说明这项研究对维护人类健康的重大意义。

　　用于治疗人类糖尿病的胰岛素最初是从猪的胰脏中提取的，成本很高，猪和人的胰岛素还有一个氨基酸不同，不仅疗效比较差，有些人使用后还会有过敏反应等副作用。1977 年的诺贝尔生理学或医学奖得主罗莎琳·萨斯曼·亚洛（Rosalyn Sussman Yalow，1921—2011）

发现长期注射胰岛素的糖尿病患者的血液中含有能与胰岛素结合的抗体，而这些患者使用的胰岛素正是从动物胰脏中提取的。因此，获得一种与人体自己产生的胰岛素一样的、对人安全有效的胰岛素势在必行。

在基因工程发展起来以后，科学家将人胰岛素的基因转移到酵母菌体内，让这种酵母菌产生胰岛素。由于这种胰岛素是人的胰岛素基因指导合成的，所以和人体内产生的胰岛素的氨基酸组成完全相同，这样就不会有副作用了。而且，酵母菌容易饲养，繁殖速度快，所以成本低廉，使胰岛素成为普通百姓都用得起的药物。

三、"随心所欲"的基因工程

1. 农牧业生产

在农业上，运用基因工程技术可以培育优质、高产、抗性好的农作物及畜、禽新品种，还可以培育出具有某种特殊用途的动植物。

怎样获得高产的农作物呢？我们可以利用基因工程提高植物的光合效率。研究表明，目前植物的光能利用率还很低，只有 0.5% ～ 1% 的太阳光能用于光合作用。[68] 所以提高植物的光合效率非常重要。目前有希望做到的提高光合效率的方法主要有两种。

（1）想办法提高植物固定二氧化碳的能力。比如，可以想办法增强固定二氧化碳的酶的活性，或让控制该酶合成的基因突变，从突变后代中筛选出酶活性提高的类型。

（2）提高光能吸收及转化效率。比如，可以将不同植物的优秀光合基因进行组合，获得高光能转化率的新类型。

大豆等豆科植物能够与根瘤菌共生，从而获得根瘤菌固定的氮素，种植这样的农作物就可以少用化肥。水稻、玉米等农作物就没有这个能力，要获得高产就得施用很多化肥，不但提高了生产成本，还会污染环境。如果通过转基因技术让玉米和水稻等农作物也能像大豆那样与根瘤菌共生，那么将会收到可观的经济效益和环境效益。

1983 年，中国科学院水生生物研究所在世界上率先开展鱼类转基因研究，朱作言（1941—　）等科学家将重组草鱼生长激素基因导入鲤鱼受精卵，获得快速生长的转基因鲤鱼。他们还曾培育出带有草鱼生长激素基因的三倍体转基因鲤鱼"吉鲤"。由于"吉鲤"是高度不孕的，所以不用担心造成基因污染。

1990年12月，荷兰生物制药公司（Pharming Group N.V.）通过基因显微注射法获得了世界上第一头名为"荷姆"（Herman）的转基因公牛。该公牛与非转基因母牛生产的转基因后代中，1/4后代母牛乳汁中表达了乳铁蛋白。乳铁蛋白及其降解产物——乳铁蛋白肽有重要的应用价值，具有广谱抗菌、消炎、抑制肿瘤生长及调节机体免疫反应等作用，是一种新型的抗菌、抗癌药物和极具开发潜力的食品、化妆品添加剂。

此外，科学家还利用基因工程培育了大量的转基因物种，应用价值较大的农作物有转黄瓜抗青枯病基因的甜椒和马铃薯、转鱼抗寒基因的番茄、不会引起过敏的转基因大豆、带有苏云金芽孢杆菌抗虫基因的抗虫棉。应用价值较大的动物有导入贮存蛋白基因的超级羊和超级小鼠、导入人基因具有特殊用途的猪和小鼠等。

2. 环境保护

利用基因工程制作的DNA探针能够非常灵敏地检测环境中的病毒、细菌等污染。利用基因工程培育的指示生物能十分灵敏地反映环境污染的情况，且不易因环境污染而大量死亡，甚至还可以吸收和转化污染物。

利用基因工程还能培育出治理环境的农作物等植物。例如，我国境内大约有15亿亩盐碱地，由于土壤含盐量高，不适于一般植物生长，这些土地大多处于荒芜状态，很多地方成了寸草不生的荒滩。遇到大风天气，灰尘遮天蔽日，也是沙尘暴的形成原因之一。通过基因工程培育出耐盐碱的农作物种植在含盐量较高、水源较丰富的盐碱地里，不仅可以缓解我国人多地少的矛盾，也能改善当地的生态环境。对于含盐量较高、水源匮乏的盐碱地，也可以运用基因工程培育出耐旱、耐盐碱的蒿草，改善那里的生态环境。

3. 基因治疗

作为生物体内控制遗传性状的基本单位，基因可以决定我们的智商、外貌、身高和各种复杂的代谢特征。因此，基因突变不但可能会引起相貌等外在特征的改变，而且可能导致各种疾病的出现。如果生殖细胞中带有突变基因，就有遗传给后代的可能；如果只是个别体细胞带有突变基因，则一般不会遗传给后代。随着基因工程的发展，现在已经出现了基因治疗技术。不过目前的基因治疗还只能针对单基因遗传病。这种治病方法就像给基因做手术一样，使患者得到根本治疗，被形象地称为"分子外科"。

根据施治对象，可将基因治疗分为生殖细胞基因治疗和体细胞基因治疗两种类型。生殖细胞基因治疗是在患者的生殖细胞中进行基因操作，将患者体内的致病基因替换成正常基因，或者将错误修正，使其后代从此不会再得这种遗传疾病。体细胞基因治疗是当前基因治疗研究的主流。由于体细胞的数量过于庞大，修正或替换基因显然无法实现，因此针对体细胞采用的基因治疗并不是将患者的缺陷基因给"修改"过来，而是给患者补充一个正常的基因，让它表达的蛋白质来补救缺陷基因所造成的危害。

比如，胰岛素缺乏型糖尿病患者可以通过导入健康的外源基因，让其具备产生胰岛素的能力；白化病患者可以通过导入正常基因，让其能够产生黑色素。可是，体细胞基因治疗只针对病变部位，其他部位（包括生殖器官里）的基因还是和原来一样，所以经治疗的患者仍有将这种致病基因传给下一代的可能。

总的来看，科学家对人类基因组的调控和表达机制与疾病的分子机理经历了从不十分清楚到逐步了解的过程。基因治疗从缺乏稳定疗效和完全安全性的临床试验到越来越普遍地使用，让那些以前无法根治的遗传病患者看到了希望。

在基因治疗兴起不久的 1998 年底，世界范围内就已有 3134 人接受了基因转移试验，充分显示了其巨大的开发潜力和广阔的应用前景[69]。到如今，基因治疗救治的患者数量已难以统计，给人类医学带来了许多革命性的变化。

第十节　解读人类遗传的"天书"

基因组（genome）这个术语是由基因（gene）和染色体（chromosome）两个英语单词缩合而成的，最早于 1920 年被汉斯·卡尔·艾伯特·温克勒（Hans Karl Albert Winkler，1877—1945）使用。它包含生物体细胞所携带的全部遗传信息，包括所有的基因及基因间序列的总和。人类基因组由核基因组和线粒体基因组两大部分组成。前者含有约 24 000 种基因，后者则只有 37 种基因。由于两者的复杂度相差过于悬殊，因此通常所说的人类基因组测序一般就是指核基因组测序。

人类是二倍体生物，体细胞有 46 条染色体，其中有 44 条常染色体和 2 条性染色体（其中男性的为 X 和 Y，女性的两条都是 X）。精子和卵子含有体细胞一半数目的染色体，包括 22 条常染色体和 1 条性染色体。这些染色体正好是一套（一个染色体组）。精子的染色体组成是 22+X 或 22+Y，而卵子则只有 22+X 一种类型。因此，一套完整的人类核基因组实际上包括 22 条常染色体、1 条 Y 染色体及 1 条 X 染色体，总数为 24 条染色体。

这 24 条染色体的 DNA 分子的总长度约为 1 米，共含有 3×10^9 个碱基对。但不同染色体的 DNA 分子长度是不一样的，最长的一条达 250 兆碱基，最短的一条则仅有 55 兆碱基。人类线粒体基因组 DNA 是一种长度为 16 569 个碱基对的环形分子。每个细胞平均拥有 800 个的线粒体颗粒，其中每个颗粒含有 10 个基因组拷贝。

一个成年人体内大约含有 7.5×10^{13}（即 750 000 亿）个细胞。由于这些细胞都是由一个受精卵通过有丝分裂产生的，所以每个体细胞都含有相同数目的染色体，其基因组也是一样的。但也有例外。比如，成熟的红细胞就没有细胞核，因而就没有核基因组。

在讨论基因组问题时，不能不提及"人类基因组计划"。该计划在 1984 年由美国科学家首先提出，于 1990 年 10 月 1 日正式启动，是一项以测定人类基因组全序列为主要目标的国际性合作研究项目。该项目工程浩大，意义深远，和制造原子弹的"曼哈顿（Manhattan）计划"及载人登月的"阿波罗（Apollo）计划"共同列为 20 世纪三大科学计划。

一、带来希望的"桑格－库森法"

弗雷德里克·桑格（Frederick Sanger，1918—2013，图 6-17）是英国生物化学家，是第一位两次获得诺贝尔化学奖的科学家。他的父亲是一位医生，桑格上学时学习成绩一般，父母并没有要求他考高分，而是给他提供了一个宽松自由的家庭环境。高中毕业后，桑格进入剑桥大学圣约翰学院学习，并于 1939 年获得自然科学硕士学位，1943 年获得博士学位。桑格领导的一个科研小组于 1955 年测出胰岛素的全部氨基酸序列，他因此获得 1958 年的诺贝尔化学奖。1975 年，桑格等发明"桑格－库森法"测定 DNA 的碱基序列，使他于 1980 年再度获得诺贝尔化学奖。

图6-17　桑格

　　1953 年，沃森和克里克发现了 DNA 的双螺旋结构，但他们发现的是所有双链 DNA 都有的空间结构。实际上，每种生物甚至每个个体的 DNA 都有其独特的脱氧核苷酸排列次序。科学家迫切地想知道 DNA 分子的复制、表达和调控机制，而了解每种生物的 DNA 的详细结构是所有工作的前提。也就是说，如果 DNA 是藏有生命奥秘的“天书”，那么每个 DNA 碱基对的排列顺序就是书中的文字。如果人们连文字内容都不知道，那么了解这本“天书”的奥秘就无从谈起了。

　　但 DNA 是高分子化合物，每个 DNA 含有上百万乃至上千万个碱基对，要测出详细的碱基对排列次序谈何容易？长期以来，很多科学家做了无数次尝试，都没有找到一个可行的办法。这种困境直到 1975 年才被桑格打破，DNA 测序时代才宣告开始。

　　桑格等发明了一种称为“桑格－库森法”的方法来测定 DNA 序列。桑格发现，与正常脱氧核苷酸不同的双脱氧核苷酸会与模板母链上的碱基配对，却会终止 DNA 复制反应的进程。于是，他在 DNA 复制时加入双脱氧核苷酸。这样，新合成的 DNA 单链就会由于双脱氧核苷酸的干扰而变成在不同位置终止的残缺片段。这些片段因为长度不同而拥有不同的分子量，通过电泳的方法即可被轻易地分开（图 6-18）。

　　后来为了便于观察，科学家们又用不同颜色的荧光分子分别标记不同的碱基，使实验结果更容易观察。

　　例如，科学家要测定一段 100 个碱基对的 DNA 片段序列。那么，在复制这段 DNA 时加入正常腺嘌呤脱氧核苷酸（A）作为原料的同时，也要加入一些腺嘌呤双脱氧核苷酸（A′）。A 可以与母链中的胸腺嘧啶（T）配对，A′ 也可以与 T 配对，但 A′ 与 T 结合时会导致合成反应终止。由于加入了足量的 A 与 A′，合成的子代 DNA 片段就有了不同长度的许多种，包括完整的 DNA 片段。这时我们再用解旋酶将这些 DNA 双链解开，用电泳的方法把它们按不同的分子大小分开，就能看到很多不同长度的片段。假定母链第 3、第 9 个位点为胸腺嘧啶脱氧核苷酸，那么在电泳时看到的片段应该分别是 3 个核苷酸（在第 3 个位点和模板结合的双脱氧核苷酸）、9 个核苷酸（在第 9 个位点和模板结合的双脱氧核苷酸）及 100 个核苷酸（完整的 DNA 片段）的 DNA 单链。由

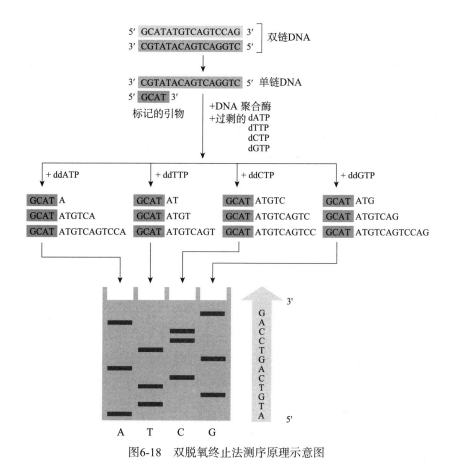

图6-18　双脱氧终止法测序原理示意图

dATP（脱氧腺苷三磷酸）、dTTP（脱氧胸苷三磷酸）、dCTP（脱氧胞苷三磷酸）、
dGTP（脱氧鸟苷三磷酸）、ddATP（双脱氧腺苷三磷酸）、ddTTP（双脱氧胸苷三磷酸）、
ddCTP（双脱氧胞苷三磷酸）、ddGTP（双脱氧鸟苷三磷酸）

于 DNA 的复制只能按由 5′ 端到 3′ 端的方向进行，那么通过这种方法，我们就能推测出这段 DNA 从 5′ 端开始的第 3 位和第 9 位的碱基都是胸腺嘧啶（T）。

如此再根据互补原则，分别加入其他双脱氧核苷酸 T′、C′、G′，就可以依次测出这段 DNA 的 A、G、C 碱基的位置，最终得到这段 DNA 完整的碱基序列（图 6-18）。桑格成功地用这种方法测出了一些碱基对数目很小的病毒 DNA 序列。

二、神奇的剪刀——限制酶

"桑格－库森法"虽然简单有效，但还不能满足破解人类基因组核苷酸序列的需要。原因主要有以下两点。

（1）用"桑格－库森法"只能测定病毒等碱基数目较小的 DNA，无法应付如人类这般由上亿个碱基对构成的大 DNA。

（2）测定碱基序列需要大量的 DNA 样本，可是当时还没有找到一种能迅速复制 DNA 的方法。这样一来，一般的样本就不能满足"桑格－库森法"对 DNA 数量的要求，使测序工作非常艰巨烦琐。

就在 DNA 测序工作裹足不前时，又有能人打破了僵局。

20 世纪 60 年代，瑞士微生物学家沃纳·阿伯（Werner Arber，1929—　）发现细菌细胞能够通过一种限制酶的存在来保护自己，以抵御噬菌体的攻击。这种限制酶通过剪断噬菌体的 DNA 使之大部分或全部失活，从而遏制噬菌体的增殖。可惜的是，阿伯发现的酶切断 DNA 分子的部位是变动不定的，这种酶显然不能用于 DNA 测序。

美国科学家史密斯（图 6-19）于 1968 年发现了一类新的限制酶，它们能识别特定的核苷酸序列，并在特定位点对 DNA 进行切割。美国微生物学家丹尼尔·内森斯（Daniel Nathans，1928—1999）与史密斯合作，对这种特殊限制酶的提取、应用等进行了深入研究。后来，科学家又利用限制酶把生物的 DNA 切开，再用 DNA 连接酶进行重组的研究工作。由于发现限制酶，史密斯与阿伯、内森斯分享了 1978 年的诺贝尔生理学或医学奖。

图6-19　史密斯

随后，"桑格－库森法"又被进一步改进，使 DNA 的碱基序列识别变得更加容易。再加上限制酶的使用，到了 20 世纪 80 年代末，人们已经能够测定高达 10 万个碱基对的完整病毒基因组。随着基因组研究的飞速发展，一个以前人们连想都不敢想的计划逐渐在科学家们的脑海中诞生了。

三、一个宏伟计划的提出

20 世纪 80 年代，随着基因测序技术的发展，以及计算机技术的介入，DNA 的测序工作变得越来越易于操作，越来越多生物的基因组被破译。人们不禁畅想，什么时候可以把人类基因组的 30 亿个碱基对的序列统统破译出来呢？

1984 年，美国能源部首次对旨在对人类基因组测序的"人类基因组计划"进行论证。虽然此前科学家们已经断断续续测出总计约 3700万个碱基对的人类基因序列，但这仅占整个人类基因组的 1% 多一点。要测定总长度达 1 米、总共 30 亿个碱基对的人类基因组，需要大量的人力、物力，还要有大量的资金支持。根据当时的技术水平，平均每测量一个碱基对需要的成本为 3 ～ 5 美元，而一共有 30 亿个碱基对需要测定，光经费就需要 90 亿～ 150 亿美元。这样庞大的投资，导致"人类基因组计划"自提出来以后一直没有实质性的进展。

1985 年 6 月，美国能源部公布了"人类基因组计划"草案。1986 年6 月，相关人员在美国新墨西哥州进一步讨论了这个计划的可行性。1987 年初，美国能源部和国立卫生研究院联合为"人类基因组计划"拨了约 550 万美元的启动经费。1989 年，美国成立"国家人类基因组研究中心"，由 DNA 双螺旋结构的发现者沃森担任第一任主任。1990年 10 月 1 日，美国国会批准了"人类基因组计划"，拟在 15 年内投入至少 30 亿美元进行人类基因组分析。尽管有 30 亿美元的科研经费，但沃森认为资金缺口仍然非常大。更重要的是，沃森认为"人类基因组计划"应该是全人类的事业，应该由世界各国联合完成，并共同分享这本"天书"的秘密。于是他提出了"国际人类基因组计划"的概念，并为此在国际上展开游说活动，努力争取各方支持。他向各国领导人阐明"人类基因组计划"的前景和意义，并提出要共享资源，就要合理分摊成本。很快，英国积极加入了这个计划。接着，沃森又给日本政府写信，动员日本参与到该计划中来。德国、法国起初也想游离于计划之外，但在沃森的努力下，他们也参与到计划中来。中国作为最后一个也是唯一一个发展中国家的参与方，更使他欣喜不已。

在沃森的努力下，"人类基因组计划"成为一个国际性的科研计划。但是遗憾的是，沃森在"人类基因组计划"刚刚打开局面的1992年就被"炒了鱿鱼"，从此离开了这个项目。当时研究人员识别了一个互补DNA（cDNA）片段。计划组试图为这段cDNA申请专利，认为为基因申请专利所带来的利润可以刺激相关学科的发展。但沃森却认为所有与人类基因有关的知识都应该免费与全人类共享。后来，美国塞雷拉基因组（Celera Genomics）公司试图为6500个人类基因申请专利时遭到了整个社会的反对。美国总统威廉·杰斐逊·克林顿（William Jefferson Clinton，1946—　）和英国首相安东尼·查尔斯·林顿·布莱尔（Anthony Charles Lynton Blair，1953—　）发表联合声明，美英将联合抵制世界上任何组织和个人申请有关人类基因组方面的专利。这些国家政策的出台虽然证明了沃森的先见之明，但他早前因为反对申请专利而被计划组"扫地出门"，不能不说是一件非常遗憾的事情。

四、"人类基因组计划"都研究什么

"人类基因组计划"的主要任务是人类的DNA测序，研究的具体内容在下面所讲的4张图谱上[70]。与基因组研究协同发展的技术或学科有测序技术、人类基因组序列变异、功能基因组研究、比较基因组学、生物信息学和计算生物学等。

1. 遗传图谱

科学家首先在DNA上选择一些特定的区段作为"遗传标记"，再根据交换率和重组值分析相关基因与特定"遗传标记"的距离远近。那么，怎样确定两个基因之间的距离远近呢？一般来说，位于同一条染色体上的两个基因之间的距离越近，它们之间发生重组的概率越低。假如，我们将1%的重组率称为1厘米，那我们就可以根据不同重组率绘出染色体的遗传图谱。早在执行"人类基因组计划"之前，科学

家就已经在人类基因组中确定了6000多个遗传标记。这些遗传标记把人的基因组分成6000多个区域，再想办法确定基因与某一标记邻近（紧密连锁）的证据，就可以确定这一基因所处的相对区域，这样就可以确定人类基因之间的相对位置关系。对于任何一种遗传性疾病而言，找到致病基因和分析基因在染色体上的位置是治愈该疾病的关键。

随着"人类基因组计划"的推进，人们到1996年又发明了"双等位型标记"法，在人类基因组中确定了多达300万个遗传标记，即平均约每1250个碱基对就会有一个。这样遗传图谱就越来越精确了。

2. 物理图谱

物理图谱是在DNA分子水平上描述基因与基因之间或不同DNA片段之间相互关系的图谱，它是通过对构成基因组的DNA分子进行测定而绘制的。绘制物理图谱的目的是把有关基因的遗传信息及其在每条染色体上的相对位置线性而系统地排列出来。那么，怎么绘制物理图谱呢？DNA是一种高分子化合物，用限制酶将DNA切割后，会形成许多小片段，根据这些片段的重叠序列确定片段间的连接顺序，以及遗传标志之间的物理距离，再用碱基对个数或千碱基或兆碱基表示出来，绘制成图谱，这就是物理图谱。物理图谱是碱基顺序测定的基础，也可被理解为指导DNA测序的蓝图。

物理图谱有两个重要用途。

（1）在物理图谱上可以比较准确地将所需的基因定位，再结合定位克隆技术，就可以使目的基因复制以获得所需基因。

（2）现在的科学水平还不能直接测定基因组中的核苷酸序列，因为它们太长了，但构成物理图谱的DNA片段是可以直接用来测序的。因此，通过对组成物理图谱的DNA片段逐一进行测序，就可完成对生物基因组的全序列测定，有利于人类在核苷酸的水平上全面解开生物的遗传之谜。

3. 序列图谱

遗传图谱和物理图谱完成了，下一步要完成的就是最核心的程序——测序。测序时首先要将目的DNA用限制酶切割成许多微小的片段，再逐个分析其碱基序列，得到的就是基因组的序列图谱。人类基因组的核苷酸序列图谱也是分子水平的最高层次的、最详尽的物理图谱。

大规模测序的基本方法分为逐个克隆法（"桑格-库森法"）和全基因组鸟枪法。逐个克隆法是"国际人类基因组计划"最初使用的方法，这种方法比较准确但速度较慢；全基因组鸟枪法是美国塞雷拉基因组公司发明的，这种方法虽不十分准确但很节省时间。后来，科学家将两种方法进行整合，做到又快又准确，大大推进了"人类基因组计划"的实施。

4. 转录图谱

获得转录图谱最主要的方法是通过基因的表达产物 mRNA 反追染色体的位置。所有生物的性状（包括疾病）都是由蛋白质体现的。已知的所有蛋白质都是由 DNA 指导合成特定结构的 mRNA，再由 mRNA 依照其上的遗传密码合成的。

"人类基因组计划"测定的是 24 条染色（22 条常染色体 +X+Y）的 DNA 序列，这 24 个 DNA 分子大约含有 31.6 亿个碱基对。其中，构成基因的碱基数占碱基总数的比例不超过 2%[71]。如果把 mRNA 先分离、定位，就抓住了基因的主要部分（可转录的部分）。所以一张人类基因的转录图谱，就是人类的"基因图"的雏形。

转录图谱为估计人类基因的数目提供了较可靠的依据；它提供了不同组织（空间）、不同发育阶段（时间）基因表达的数目、种类及结构，特别是序列的信息，提供了鉴定基因的探针。

科学家原本预计需要 15 年才能完成人类基因组的测序工作。但美国塞雷拉基因组公司改进了测序技术，创造了俗称"全基因组鸟枪法"（又叫"霰弹法"）的测序方法。这种方法通过限制酶切割整个人类基因组样本。由于基因组中可被限制酶识别的序列很多，因此限制酶能将基因切割成上百万个小片段，然后人们再分别给这些片段测序。人们通过计算机辨识片段中重叠的部分，再把这些片段拼接起来，形成了完整的 DNA 序列。

由于是一下子把整个基因组打碎了来测量的，相比传统一条一条染色体测绘的方法，全基因组鸟枪法要快很多。但是全基因组鸟枪法也有缺点，就是它并不十分精确。因此"国际人类基因组计划"的科学家最初选择速度慢，但是准确性更高的"桑格－库森法"。但是，由于担心塞雷拉基因组公司抢先完成人类基因组测序工作，"国际人类基因组计划"的科学家还是借鉴了全基因组鸟枪法。后来，在克林顿总统的协调下，塞雷拉基因组公司放弃了对人类基因的专利要求，而完成"人类基因组计划"的殊荣将由该公司和"人类基因组计划"小组共同获得。

不断进步的技术，加上电子计算机的应用，大大减少了科学家们的工作量，使得"人类基因组计划"提前完成了。2003年4月15日，参加该项目的6个国家（美国、英国、法国、德国、日本和中国）共同宣布人类基因组序列图完成，"人类基因组计划"的所有目标全部实现[71]。

五、"人类基因组计划"有何意义

推行"人类基因组计划"具有非常重大的意义，简略地说，主要有以下四点。

（1）基因组的研究成果可以转化为巨大的生产力，会带动化学、生物技术、计算机及农业、食品、制药业、化妆品等产业的快速发展。例如，国际上很多大型制药公司和化学工业公司纷纷投巨资进军基因组研究领域，形成了一个新的产业——生命科学工业。

（2）通过比较不同生物的基因组可以更加准确地知道其亲缘关系的远近。2006年，美国科学家对人、黑猩猩、大猩猩等几种灵长类的基因组进行了详细比较，并对比了他们的"进化钟"运转速度，即基因组中单核苷酸的变异速度。结果表明，人类和黑猩猩的基因组相似度达99%，其基因组大部分可排序区域几乎没有差别。人类和大猩猩的基因组差距就大一些。所以科学家得出结论：人类和黑猩猩是"兄弟"，和大猩猩只能算"表亲"。[72]

（3）推行"人类基因组计划"，可以更好地理解基因的表达和调控机制，理解基因之间的相互作用，揭示细胞新陈代谢过程的真实情况。长期以来，分子遗传学家都是以单个基因或由少数几个基因组成的操纵子作为主要的研究目标。"人类基因组计划"则是把基因组的结构与功能作为一个有机的整体看待,认为细胞的生命活动是通过由各个基因的表达调节组成的统一的网络体系综合体现的。所以它比单基因的研究途径,能够更加准确地了解细胞生命活动的本来面目。例如,下一节将要叙述的表观遗传学(epigenetics)的许多概念,便来源于基因组学而非单个基因的研究。

(4)推进了各项生物技术的进步。我国自参加"人类基因组计划"以后,自主完成了小麦 A 基因组、水稻基因组、SARS 病毒基因组的研究,并对熊猫、家猪、家鸡、家蚕等动物进行了基因组测序。随着技术的不断进步,基因组测序的成本也越来越低。到 2020 年,人类全基因组测序的成本已降低到 1000 美元以下。

六、基因治疗还有多远

人的长相、智商、性格和寿命等很多特征,在很大程度上是由基因决定的。在这些特征里,人们最关注的是寿命,从古至今,健康长寿一直是人们的美好愿望。自"人类基因组计划"开展以来,基因治疗成为生命科学的研究热点。能否通过基因治疗根治那些遗传基因突变造成的疾病,或是修改一些基因让人更加长寿,都是人们热烈讨论的话题。

基因治疗需要根据每个人的基因情况设计治疗方案,比过去的"对症下药"更准确,可以说达到了"对人下药"的水平。

基因治疗首要的目的是预防疾病的发生。很多疾病(如 1 型糖尿病、原发性高血压等)与基因有密切的关系,也与个人的饮食偏好、生活习惯、心理状态等有关。基因检测可以做到早期筛查、早期干预,积极控制危险因素。

随着科学发展水平的提高,基因检测越来越方便,成本也越来越低。21 世纪初,美国苹果公司的联合创办人乔布斯在患胰腺癌后,曾花费十万美元[73]进行个人基因检测。现在进行基因检测的费用只有数千元人民币,且在规模较大的三甲医院就可以做到。进行基因检测之后,医生会根据每个患者的基因特点,提出合理的预防疾病方案。提醒患者在饮食、环境、心理等方面需要注意的事项，以达到预防疾病发生、健康长寿的目的。

每个基因都有什么作用，缺少它后个体会患什么疾病？科学家通过在动物身上敲除或导入某个基因，来研究一些遗传病的发病机制，同时检验一些药物的治疗效果。

对于一些难以通过日常习惯预防的基因性疾病，基因修复是最好的办法。基因修复可以使一些过去人们束手无策的疾病有望被彻底治愈或延缓进程。目前这一技术还在探索过程中。以现有的技术水平，将患者体内原有的"错误"基因修正过来还非常困难，常用的做法是给患者导入健康的外源基因。这样，外源基因发挥作用后，就可以使患者的细胞合成正常的蛋白质，疾病就会得到根治了。

2021 年 6 月，美国科学家宣布通过基因编辑技术治疗转甲状腺素蛋白淀粉样变性（又称"ATTR 淀粉样变性"）（一种常染色体显性遗传病，若不治疗会在发病 5 ～ 10 年死亡）取得了新进展。他们通过静脉给患者注射了特定的基因编辑系统。这个系统能在患者体内精准编辑靶细胞的靶基因，从而使这种遗传病得到根治。实验结果表明，治疗后，患者体内甲状腺素转运蛋白（TTR）的含量平均降低了 87%，最多的降低了 96%。[74] 可以说，该疾病得到了令人满意的治疗效果。

科学家曾担心这个基因编辑系统会对靶点以外的基因进行编辑，引起正常基因受损的"脱靶"效应，但实验结果证实这种情况并未发生。虽然本次治疗取得了令人满意的效果，但这种效果会不会持久，以及这种治疗是否对更多的患者同样有效，需要进一步验证。此外，引入的基因编辑系统会不会长期对人体无害，也需要时间的检验。

因此，在一些学者看来，目前的基因治疗还存在很大的科学风险。例如，通过基因治疗治好一种疾病的同时，会不会引发另外一种新的疾病？还有，许多疾病受多对基因交叉控制，修改了个别基因后还是不能预防这种疾病的发生，而同时修改多个基因的技术难度更高，更不容易实现。

基因信息的应用中争议最大的就属基因编辑技术了。支持者认为，发展基因编辑技术可以预防疾病，让人类更健康，寿命更长，大大提升人类的生命品质。反对者认为，既然人的智力、体质等可以由基因决定，会不会有人通过基因编辑技术制造一个智力、体力等各方面远超普通人的"超人"？基因编辑技术会不会成为有钱人的奢侈品？这些都是值得注意的问题。

　　总的来看，基因里储存着人类的遗传信息，是人体生命活动的指挥中心。开展基因治疗可以满足人们健康长寿的愿望，也可以促进生命科学的快速发展。

第十一节　奇妙的表观遗传学

　　在"人类基因组计划"被成功实施以来，基因组学得到了空前的发展，同时也掀起了新一轮的基因研究热潮。随着研究工作的不断深入，人们对众多生命有机体研究后发现，很多遗传现象不能用孟德尔遗传定律解释。这些现象被称为"非孟德尔遗传现象"。此外，人们还发现了一些异常的遗传模式。这些现象和模式与遗传有关，却不能用现有的遗传理论解释，引起了很多科学家的关注，由此派生出一支新的遗传学——表观遗传学。目前它已经迅速地发展成为分子遗传学研究领域中一门相对独立的新兴学科。

　　表观遗传学是研究在基因的核苷酸序列不发生改变的情况下，基因表达发生了可遗传变化的一门遗传学分支学科。表观遗传的现象很多，已知的有DNA甲基化、基因组印记、母体效应、基因沉默、核仁显性、休眠转座子激活和RNA编辑等。我们先看看生活中常见的几种表观遗传学现象。

　　（1）双胞胎有共同的遗传基础，同卵双胞胎的基因型几乎完全相同，异卵双胞胎的基因型相似度也很高。但是，我们经常看到在相同环境下生活的双胞胎中一个正常，另一个却患上基因异常引起的疾病，如阿尔茨海默病、精神分裂症、双相障碍及青少年型糖尿病等。

（2）一个人的饮食习惯从小养成，很难改变，而且子女的口味往往跟父母很相近，小孙子与老奶奶有相同的饮食偏好。这是为什么？这种口味的传承仅仅是因为习惯所致的吗？

以上两种现象都无法用经典遗传学理论来解释，因为从经典遗传学来看，同卵双胞胎的基因型相同，表现型也应该相同。即要么都得病，要么都正常。同样，口味只是一种习惯引起的"环境变异"，它对基因表达也许有影响但不会遗传给后代。这些现象却可以用表观遗传学理论来解释。

在动物的身上，我们也可以观察和研究到表观遗传学的现象。海豚一出生就会游泳，燕子不用学习就会筑巢，一个从没有见过猫的老鼠见了猫也会感到害怕。动物的这些本能是怎么来的？一种假说认为，动物对环境变化采取的适应性行为和经过学习获得的生存技能可以通过改变基因传递给后代。自然选择可以通过调整可塑性行为发生的时间和程度，进而让个体产生本能。例如，科学家发现，75 年前迁移到一个新岛屿定居的美洲朱雀的繁殖和觅食等本能行为已经发生了明显的变化。研究表明，当小鼠感到恐惧时，其大脑海马区中神经元中的DNA 会发生甲基化，而这种甲基化是稳定的。如果这种甲基化也发生在生殖细胞中，那么就可以传递给它的子代了。[75]

表观遗传学涵盖的内容非常庞杂。下面我们仅以甲基化为例讨论一下表观遗传学。

DNA 上碱基对的排列次序代表遗传信息。当 DNA 的某些特殊位点的碱基上添入或除去甲基基团时，就有可能导致基因失活，或是使染色体构象改变，进而影响邻近基因的活性甚至是更大范围的染色体行为。目前已经发现一些遗传病和肿瘤与基因甲基化有关，还发现基因的甲基化与机体衰老有关。

在正常情况下，人体内的原癌基因被抑制，抑癌基因被激活，所以人不会患癌症。但在甲基化或去甲基化的情况下，原癌基因可能被激活，抑癌基因可能被抑制，这样就会使人患上癌症。

值得庆幸的是，绝大部分甲基化和去甲基化痕迹都会在胚胎形成时被自动抹去，这样每个新生命含有的基因仍然是"崭新"的。但任何事情都不是绝对的，也有个别基因的甲基化或去甲基化状态被保留下来遗传给子代，使子代在某些方面保留亲代的特点。这就是以基因状态为基础的表观遗传。我们熟知的"人类基因组计划"的基因组测序只能测定碱基对的排列次序，更加微观的甲基化及去甲基化过程则不在其研究范围。要了解DNA甲基化和去甲基化过程就得启动新的表观遗传学测序项目。但完成甲基化测序也只是知道已经发生了的变化。这些变化能否代表全部的变化？这种变化是不是定点、定向的？以后它还有没有新的变化？还有许多疑问需要我们去探索。

另外还有一个更加重要的问题值得我们关注，就是抹去DNA甲基化和去甲基化的这个过程只限于生殖细胞的生成过程及卵受精后分裂前。那么，甲基化和去甲基化是如何在如此短暂的时间内被抹去的？

由于时间窗口很短，细胞来源有限，无法获得足够数量的细胞或组织进行分子生物学操作来鉴定基因，更无法进行生化操作纯化相关的酶，因此开展这项研究极其困难。

随着表观遗传学的出现和发展，一些学者认为遗传信息的概念需要修改。现在有人提出，遗传信息包括三个不同的层次。第一个层次由基因组DNA中编码蛋白质的基因构成，它对生命活动的重要性已经众所周知。第二个层次仅含有非编码的RNA基因，如微RNA（miRNA）基因及干扰小RNA（siRNA）基因等。如同蛋白质编码基因一样，RNA基因在生命过程中的作用也是不可或缺的。第三个层次为表观遗传信息层。它贮藏于环绕在DNA分子的周围并同DNA相互结合的蛋白质及其他化合物当中。尽管目前我们对表观遗传信息层的功能效应尚不十分清楚，但有大量的报告提示，它对生命有机体的作用可能比RNA基因信息层还要重要。一般认为，表观遗传信息层可能在生长、发育、衰老及癌变的过程中起到关键的作用。

第七章
适者生存："进化论"的
起源与纷争

　　地球上的各种生物是怎么来的？生物之间有没有亲缘关系？物种会不会变化？进化学说解答了这些长久以来萦绕在人们心头的疑问。随着科学技术的进步，人们正在从DNA和蛋白质等分子水平研究生物的进化问题。

提出"自然选择学说"的达尔文

第一节　我是谁

　　人类从什么时候开始有了自我意识？绝大多数动物的自我意识不强甚至是没有自我意识。公羊会把镜子里的自己当作竞争对手而朝着镜子发起猛烈的撞击，公鸡会不停地跳起来啄向镜子中的影像。智商很高的动物（如黑猩猩、大猩猩、大象）都有较高的自我意识，它们能区分镜子里的是自己还是"别人"。比如，大象能很快分辨出镜子里的自己，并且会对着镜子举起鼻子，扇扇耳朵，挤眉弄眼地自娱自乐。那么，古代人类的自我意识是何时产生的呢？我们虽然不能得出准确的结论，但毫无疑问的是，早在250万年前的第四纪冰川期以后，当人类从动物界分离出来时，一定具有了比较强烈的自我意识。随着人类文明的发展，"我是谁？我是从哪里来的？各种动植物是从哪里来的？人和各种生物之间的关系是怎样的？"这类问题必然会时常萦绕在人类的脑海中。于是，各种各样的解释就会应运而生。科学发展限制了古人的认知水平，使他们不能科学地解释自然界的诸多现象。在这种情况下，人们就会将自己解释不了的问题神秘化，即用各种神学或宗教学的理论来解释各种各样的自然现象和生命现象。对于生命起源的认识也是如此，经过无数代人的演绎，由神（或上帝）创造各种生物的"特创论"被逐渐完善。人们用这个学说来解释关于生命的起源和发展问题。

　　无论是哪种生命起源学说都不能回避，而且必须要回答的问题是："地球上的各种生物是怎样来的？各种生物之间的关系如何？物种是不是可变的？"

　　在西方，最早的进化思想源于古希腊文明。那时候的哲学家们用自己的实践和知识思考，试图用理性的观察、推理方法来探寻宇宙运行的规律及万物的本质和由来。他们当中的一些人，以天才的直觉提出了一套朴素的自然观，认为生命是自然现象的一种，并处于不断的变化和发展之中。例如，古希腊哲学家亚里士多德曾经说过，"自然的发展由无生命界进达于有生命的动物界是积微而渐的，在这个过程中，事物各级间的界限既难划定，每一类型动物于相邻近的两级动物也不知所属。这样，从无生物进阶为生物的第一级便是植物，而在植物界中各个种属所具有的生命活动（灵魂）显然是有高低（多少）的"[76]。他根据自己对各种动植物的研究，概括出了从水螅到人的演化序列和生命逐步完善的过程。亚里士多德的这种生物进化的思想，比达尔文早了 2300 年。这就是人类历史上进化思想的最初萌芽。尽管亚里士多德提出这种思想没有引起人们的重视而淹没在历史的长河里，但这种思想的火种经过数千年的时光仍在熠熠生辉。

　　总体看来，18 世纪以前一直占统治地位的是"特创论"。"特创论"认为，地球上的各种生物都是由神（或上帝）创造的；各种生物之间是独立的，是没有任何亲缘关系的；神（或上帝）最初创造多少种生物，现在就是多少种，以后还是多少种，所以物种是不变的。"特创论"将生命起源归因于超自然力量的干预，并认为物种是互不相关的，而且是永恒不变的。

第二节　物种会不会变

　　随着科学的发展，"特创论"受到自然科学的冲击，"进化论"思想开始萌芽。到了 18 世纪，法国学者乔治·路易斯·勒克莱尔·德·布丰（Georges Louis Leclere de Buffon，1707—1788）提出了物种可变的观点，被人们认为是“进化论”的先驱之一。

布丰是法国博物学家，作家，生于蒙巴尔城一个富裕的贵族家庭，从小生活条件优越，受到了良好的教育。他聪明过人，多才多艺，对自然科学研究有强烈的兴趣。成年以后，布丰致力于博物学研究。他搜集了来自欧洲、美洲和非洲的许多生物标本，并对标本生物的形态、结构特征和生活习性进行了仔细的研究和深入的思考。他发现，那些从欧亚大陆迁居美洲的动物由于生活环境的改变而产生了显著的变异。因此，他认为“特创论”所讲的物种不变的观点是错误的。

在自己的著作里，布丰列举了大量的事实说明“物种是可变的”。布丰认为，现代生物起源于少数原始的类型，引起物种变化的原因有气候、食物和杂交等自然因素，人类的驯化对物种的演化也有重要作用。他通过自己的观察指出了猪、狗等家畜变异的例子，认为马、斑马和驴都是由古代的马变来的。布丰还比较了各个大陆的哺乳动物区系，指出同一物种在不同大陆的差异是大陆隔离造成的。布丰对地球的起源问题也提出了自己的观点。他认为，地球是太阳抛出的一团炽热的物质形成的。这些物质慢慢冷却，由炽热的气体变成了球形，进一步冷却、变硬后形成了地壳，炽热的水蒸气冷却后形成了海洋。最初地球表面遍布海洋，后来有一部分海底升起形成陆地，水生生物也就登陆成为陆生动物了。

布丰的这些观点显然与基督教的教义相悖，在教会的强大压力下，他处处受排挤，最后不得不违心地公开收回了自己的观点。

1801 年，布丰的学生、法国博物学家拉马克在他的著作《动物学哲学》《无脊椎动物的系统》里首次将动物分为脊椎动物和无脊椎动物两类，并第一次系统地提出了“生物进化学说”，所以拉马克被称为“‘生物进化论’的奠基人”之一。

第三节 "用进废退学说"与"获得性遗传学说"

拉马克（图7-1）是法国博物学家，伟大的生物学奠基人之一。他发明了生物学一词，最先提出"生物进化学说"，是"进化论"的倡导者和先驱。此外，拉马克还是一个分类学家，是林奈的继承人。他的主要著作有《法国全境植物志》《无脊椎动物的系统》《动物学哲学》等。

图7-1　拉马克把长颈鹿作为进化学说的例证

1744年8月1日，拉马克生于法国比卡第州（现名索姆州）[77]。虽然拉马克的祖先都是贵族，但到了他的父亲这一辈时，家业已经衰败，一家人过着贫寒的生活。他的家中共有11个孩子，拉马克最小。拉马克的几个哥哥先后死在战场上，因此拉马克还在童年时，父亲就希望他长大后能成为一名牧师，过上平和安定的生活。幼年时，拉马克遵从父命进入亚眠耶稣会办的教会学校学习神学。1760年他16岁时，父

亲去世。1761 年，拉马克从教会学校毕业。当时正值英法之间的七年
（1756～1763）战争，拉马克抱着满腔的爱国热情报名参军。由于作
战勇敢，他被任命为士官。因为屡建战功，他又很快由士官提升为上
尉。战争结束后，他继续在土伦和摩纳哥服役，一直到 1768 年。此时
他早已厌倦单调的军旅生活，而且患了颈部淋巴腺炎。于是，他决定
退伍回巴黎进行手术治疗并休养。这时拉马克已经 24 岁，从身体发育
状况和社会阅历来说已经是一个成熟的人，但对自然科学而言，他还
是一个门外汉。唯一对他日后的事业有帮助的就是，他在服役时就对
植物学产生了浓厚的兴趣。

　　回到巴黎，他决定学习医学，但是却由于学费无着落而只能在一
家小银行里当职员，把每月的薪金积蓄起来，待将来学医之用。在此
期间，他想去学习音乐，但被哥哥阻止了。他又对广袤的太空产生了
浓厚的兴趣，在工作之余进行了气象学的研究。他每晚在楼顶观察气
象变化，根据云层形状进行分类，以此作为天气预报的根据。

　　1772 年，他终于筹措到了学费，进入巴黎高等医学院[77]学医。在
学习期间，由于对植物学有浓厚的兴趣，拉马克每天花大量的时间潜
心观察植物，进行植物学的研究。这在很大程度上影响了他的学业，
导致他在 4 年后没能通过毕业考试。

　　拉马克索性放弃学医，专心研究植物。幸运的是，此时他遇
到了令他终身受益的导师——法国特里亚农皇家植物园园长伯纳
德·德·朱西厄（Bernard de Jussieu，1699—1777）。在他的悉心指导
下，拉马克对许多植物的形态、结构、分类、用途进行了详细的研究，
为他日后成为一名博物学家奠定了基础。

　　此外，拉马克在医学院学习期间还结识了当时法国著名的思想
家、哲学家、教育家、文学家让－雅克·卢梭（Jean-Jacques Rousseau，
1712—1778）。在卢梭高屋建瓴的指导下，拉马克在广泛的兴趣中找到
自己的方向，真正走上了生物学研究的道路。

　　经过历时 9 年的野外采集和辛勤编纂，拉马克创造出一种名为"二
叉分支法"的植物分类方法。到 1778 年，他写成了三卷本的《法国全
境植物志》。这本书在布丰的帮助下由国家出资出版。该书以描述精湛

而深受大众欢迎，是当时的一本植物学名著。此时，他已经从一名植物学爱好者变成一位非常有成就的植物学家了。不久之后，他被布丰聘为儿子的导师，并伴其旅游。这使拉马克有机会游历意大利等欧洲国家。这也是他一生之中唯一的一次长途旅行。这次游历对拉马克来说不但是一次美好的旅行，还是一次接触大自然的好机会。在这次旅行中，拉马克详细观察了很多种植物，进一步提升了他对生物学的兴趣。1783 年，拉马克被选为法国科学院院士，为《法兰西百科全书》撰写《植物学词典》，并担任皇家植物标本室主任。在此期间，虽然薪金菲薄，但拉马克从不在乎，他的兴趣和精力全都放在植物学研究上。在《植物学辞典》中，他描述了 2000 个属的植物。除此以外，他还花了几年时间完成了 900 种植物的图鉴工作[78]。

1794 年法国大革命结束后，皇家植物园改为国立自然历史博物馆，拉马克被任命为低等动物学教授。所谓的低等动物就是现在的无脊椎动物。"无脊椎动物"这个名称就是拉马克首先提出的。当时拉马克已经 50 岁了，对低等动物几乎是个门外汉。他以极大的热情和刻苦的钻研精神投入这份工作中，主持蠕虫类和昆虫类的低等动物学讲座长达 24 年。在这个过程中，拉马克也从一位有成就的植物学家转变成一位出色的动物学家。

旺盛的精力、高涨的研究热情、锲而不舍的精神，是拉马克成功的关键。他通过准备讲座内容，对无脊椎动物进行了大量观察和深入细致的研究，在 1801 年出版了《无脊椎动物的系统》。这本著作总结了拉马克在 24 年里对无脊椎动物研究的成果。他还在书的前言中第一次阐述了自己的生物进化思想，系统地论述了环境对生物变异产生的影响。这一观点成为他日后形成完整的进化学说的重要原则。

拉马克对古生物学也很有研究，创立了无脊椎动物的古生物学。"生物学"这个名称也是拉马克最先提出的。

拉马克早期也相信物种不变。但他在多年研究无脊椎动物的过程中，观察了大量的动物化石，仔细研究了动物的演化过程。他逐渐认识到，物种是可变的，生物是不断进化的。1809 年，拉马克出版了他的代表作《动物学哲学》(两卷集)，在这本书中详细地阐述了自己的

“生物进化学说”。

拉马克的个人生活是很不幸的。他曾结过 3 次婚，育有 8 个子女，其中 3 个夭折，晚年只有两个女儿时常看望他。

由于长期贫病交加，又加上常年在显微镜下持续观察标本，眼睛长期处于疲劳状态，1819 年，拉马克双目失明。在生命的最后十年，他的生活非常艰苦，几乎没有任何经济来源。他在女儿的帮助下继续顽强地工作。《无脊椎动物的系统》的第六卷的后半部分和整个第七卷就是在那时候由他口述、他的女儿进行记录并整理完成的。阐述他的世界观的一本重要哲学著作《人类意识活动的分析》，是他一生中最后的一本著作。

拉马克的一生是艰苦奋斗、追求科学真理的一生。他从二十多岁开始接触自然科学，数十年如一日，始终兢兢业业，好学不倦，刻苦钻研，终于成为一位闻名世界的杰出的博物学家和“进化论”的先驱者。

他在《动物学哲学》中系统地阐述了自己的进化学说（被后人称为“用进废退学说”）。拉马克的进化学说包括以下要点。

（1）物种是可变的。包括人在内的所有物种都是由原始的祖先演变而来，而不是由神（上帝）创造的。只是物种变化是极其缓慢的，而人的寿命也非常短暂，因而人在自己的一生中看不出物种的变化。

（2）生物是从低等向高等进化的。如果将生物按照相互关系排列起来，就能得到从低等向高等的进化序列。

（3）环境变化可以引起物种变化。环境变化直接导致物种变异的发生以使其适应新的环境。

（4）“用进废退学说”和“获得性遗传学说”是拉马克论述进化理论的两条著名法则。“用进废退学说”，是指有些器官由于经常使用，就变得逐渐发达；如果经常不用，这个器官就逐渐退化。“获得性遗传学说”是指由环境变化引起或由“用进废退”引起的变异是可以遗传给下一代的。

拉马克的学说可以“合理”地解释很多常见的现象。例如，人的阑尾、胸毛、尾骨，蟒蛇体内残留的髋骨，都是痕迹器官。按照拉马克的观点，随着生活环境的改变，这些器官由于经常不用而退化。猎豹、狮子、老鹰的眼睛出于搜寻猎物的需要，经常眺望和聚焦，所以特别敏锐。经过无数代用进废退的演化，人和动物最终变成了今天的样子。结合后文可以知道，达尔文认为这些器官的演化是长期自然选择的结果。

拉马克第一次从生物与环境的相互关系方面探讨了生物进化的原因，为达尔文"进化论"的产生提供了一定的理论基础。但是，由于当时科学水平的限制，拉马克在说明进化原因时，把环境对生物体的直接作用及将获得性状遗传给后代的过程过于简单化：他错误地认为生物天生具有向上发展的趋向；动物的意志和欲望在进化中发生作用，生物会通过进化实现自我完善。他的这些进化观点，臆测的成分较多，缺乏有力的证据，成为一种缺乏科学依据的推论。

在拉马克之前，法国动物学家乔治·居维叶（Georges Cuvier，1769—1832，图7-2）曾提出"灾变论"学说。他认为，地球表层经常发生突如其来的、大规模的变化，如海陆升降、严重干旱或水灾、火山爆发、地震等。这些变化导致这些地方许多生物的绝灭，其他地方的生物便移居此处，从而出现一个新的世界。如此反复下去，就会使得一个地区的生物类群不断地发生变化。这可以解释为什么可以在不同的地层中找到不同的生物化石。

图7-2　居维叶

居维叶的后继者进一步发展了他的"灾变论"学说，认为地球的灾变是突然间席卷全球的，因此灾变后的世界只能由上帝来加以重新塑造，地球上的物种也是上帝多次创造的成果。这无疑是对"上帝创世说"的理论论证，由此也为宗教界所大力推崇。"灾变论"否认了古生物和现代生物之间的相互联系，否认了生物自身的渐进进化，是一种属于仅凭直觉进行主观臆测的学说。

由于拉马克反对当时占统治地位的"灾变论"，他多次受到守旧派的打击和迫害。那些"主流科学家"对他百般嘲笑，甚至拿破仑在法国科学院的招待会上也公开侮辱过他。但他对这一切泰然处之，不管别人说什么，都没能扰乱他的工作。他有一句名言：研究自然，不仅"能给我们以真实的益处；同时还能给我们提供许多最温暖、最纯洁的乐趣，以补偿生命场中种种不能避免的苦恼。"[79]

达尔文在《物种起源》里曾这样评价拉马克："他第一个唤起人们注意到有机界跟无机界一样，万物皆变，这是自然法则，而不是神灵干预的结果。"[80]

1909 年，法国举行《动物学哲学》出版一百周年纪念大会，世界各地的科学家聚集在一起缅怀这位伟大的科学家。经过募捐，与会者在巴黎植物园为拉马克树立了一个铜像。雕像上刻着他女儿的话："您未完成的事业，后人总会替您继续的；您已取得的成就，后世也总该有人赞赏吧！爸爸！"[81]

作为"进化论"最伟大的先驱者，拉马克的光辉其实不逊于达尔文。拉马克在贫病中死去后，他的学说也在守旧派的攻击下沉寂了下去。"生物进化"的思想革命又进入了低潮。但时代进步的脚步并没有停下，虽然很多科学家明确表示不承认"进化论"，甚至曾激烈地反对过"进化论"，但他们的工作却在实际上为"进化论"的创立铺平了道路。一个万众瞩目的、被广泛承认的"进化论"的诞生只是早晚的事。就在这个特殊的过渡时期，一本以特殊方式出版的书再一次打破了生物学界的平静，这本书的名字叫作"自然创造史的遗迹"。

第四节　神秘的作者

《自然创造史的遗迹》于1844年匿名出版，作者既不要稿酬，又任人翻印该书。这本身就是一件不可思议的事情。所以该书一经出版，就立即引起了轰动。今天看来，该书以匿名方式出版，可能就是为了避免那些守旧派的直接攻击，这也许是作者不得已而为之的事情吧。

大家发现，该书的作者具有极其开阔的视野和非常广博的知识。他列举了大量的古生物学（化石）、比较解剖学（同源器官）、胚胎学（胚胎发育过程的比较）等方面的证据，否认了"灾变论"。他通过大量的证据说明，地球上的动物都是经过漫长的年代逐渐进化来的，而不是环境灾变导致的。

这本书在英国学术界引起了强烈震动。守旧派气急败坏，却找不到要发泄的对象。这本书的匿名出版方式也激起了大家的好奇心。当它"风行"全国的时候，也就是作者的思想广为传播的时候。当时很多人都在茶余饭后兴致勃勃地谈论这本书和它的神秘作者。熟人在大街上见面时都会开玩笑地问上一句："喂，你的儿子打算进化到哪里？"然而，这本书的作者一直神秘地藏在幕后。直到40年后，人们才知道这本书的作者是罗伯特·钱伯斯（Robert Chambers，1802—1871，图7-3）。

钱伯斯认为，物种是可变的，生物都是由一些原始的物质（非生物）逐渐演化来的，人类是从灵长类动物演化来的。虽然该书中的很多理论都是来自作者的主观臆断，并且作者也不是一位严谨的科学家，这本书因此受到了专业学者的严厉批评。但是书中用大量的事实宣传了进化思想，在很大程度上改变了世人的观念。所有这一切，都为达尔文"进化论"的提出铺平了道路。

图7-3　钱伯斯

一、自然选择与适者生存

达尔文（图7-4）是英国博物学家，生物学家，"进化论"的奠基人。

图7-4　达尔文

1."不务正业"的学生

1809 年 2 月 12 日，达尔文出生在英格兰西部的一个小镇，他的祖父、父亲都是当地有名望的医生，母亲是一位有见识、有教养的妇女。出身于富裕的书香家庭，达尔文有一个幸福、快乐的童年。

天有不测风云。1817 年 7 月 5 日，他的母亲因病去世。母亲的离去对少年达尔文的打击很大，但并没有影响他的成长。

达尔文从 8 岁开始在一所私立小学读书。他对读书不太热心。在老师的眼里，他算是一个不务正业的学生。他很少安静地坐在教室里看书，一有时间就跑到野外去，那些欢唱的鸟儿、翩翩飞舞的蝴蝶、鲜艳迷人的花草都能让他停下脚步。他热衷于采集标本、观察鸟兽虫鱼的活动。五光十色的矿石、带着花纹的鸟蛋、长相怪异的昆虫、引人注目的花草，都是他喜欢搜集的对象。他将这些东西分门别类地放在一间空屋子里，那里就成了他的标本室。这些爱好对他日后从事生物学研究有非常重要的作用。

1824 年夏天，达尔文到舅舅乔赛亚·韦奇伍德二世（Josiah Wedgwood Ⅱ，1769—1843）家中过暑假，他高兴极了。梅庄是乔赛亚舅舅的庄园，距达尔文的家有约 20 英里的距离。庄园里有茂密的树林、如茵的绿草，有各种各样的蝴蝶、甲虫等昆虫，还有很多种鸟类。这让达尔文感到如鱼得水。在这里，他采集了很多的昆虫和植物标本。

达尔文在采集标本的同时，还简单记录了每件标本，有一些还画了图形。可是，乔赛亚舅舅对他提出了更高的要求，鼓励他把观察到的一切有价值的细节都仔细地记录下来，还鼓励他多读书。

达尔文虚心地接受了舅舅的建议。从此，他更加注意学习生物学专业知识，尝试用形象生动的语言描述看到的各种自然现象。为了提高写作水平，他还阅读了大量的文学书籍。这为他日后进行论文写作打下了坚实的基础。

乔赛亚舅舅的家里有一个藏书丰富的图书馆，存有许多自然科学方面的书籍。在达尔文 16 岁生日那天，舅舅送给他一本吉尔伯特·怀特（Gilbert White，1720—1793）写的《赛尔波恩自然史》。这是英美自然史学说的奠基之作，达尔文很快就被书中丰富的自然科学知识深深地吸引了。他如饥似渴地阅读，并对书中的一些内容进行研究和思考，接连好几天都手不释卷地研读。晚上看书困了，他就抱着书和衣而睡。看到达尔文这样用心学习，舅舅非常感动。他将达尔文领进自己的小图书馆里，让他在那里随便阅读。

2. 从医学到神学

1825 年 10 月，父亲送达尔文到爱丁堡大学学医。爱丁堡大学是一座举世闻名的高等学府，是医学博士的摇篮。它深深地吸引着英国、美国及其他一些欧美国家的青年人。他们都非常渴望到这座学府里深造，取得学位。

刚进入这座有名的学府时，达尔文对爱丁堡大学也充满了美好的憧憬。可是，他对医学院的多数课程都不感兴趣，对人体解剖课更是非常反感。并且，医学院不讲授他喜欢的动物学和植物学，这一切都让他感到学医是一件苦差事。

达尔文几次想放弃学医，但是又怕不听父亲的话会受到责备。这让他感到左右为难，觉得每天都在艰难度日。让达尔文倍感欣慰的是，爱丁堡大学的图书馆里的藏书极为丰富。达尔文就经常泡在图书馆里读书，他阅读了大量的关于昆虫学、贝壳学、哲学、诗歌等方面的书籍。业余时，他还常和几个志同道合的同学出去采集生物标本，对动物进行解剖、分类和做观察记录。这些阅读和活动虽然影响了他的医学学习，却为他日后从事生物学研究打下了坚实的基础。

达尔文 19 岁那年，年逾花甲的父亲看到小儿子实在不想学医，又怕他长大后找不到体面而稳定的工作，就想让他改学神学，可达尔文对神学也没有多大兴趣。在乔赛亚舅舅的劝说下，他遵从了父亲的意愿，进入剑桥大学基督学院学习神学。

3. "千里马"遇伯乐

一个偶然的机会，达尔文通过别人介绍结识了著名的植物学教授约翰·史蒂文斯·亨斯洛（John Stevens Henslow，1796—1861）。与亨斯洛相识并接受他的指导，改变了达尔文以后的人生道路。他自己称之为一生中最有影响的一件事。

亨斯洛问了达尔文几个生物学问题，达尔文都对答如流，而且见解深刻。这让亨斯洛感到很吃惊，他没想到一个没有经过专业学习的人却掌握了这么多生物学知识。随着时间推移，达尔文和亨斯洛的情谊日益加深。亨斯洛经常邀请达尔文到他家里参加每周一次的小型学术聚会。

到亨斯洛家里参加小型聚会的客人们都是有一定影响的科学界人士。聚会上没有酒菜，只有茶水，大家在朋友聚会的轻松氛围中讨论感兴趣的学术问题。达尔文在这个场合认识了很多生物学界的著名科学家，也通过他们的讨论掌握了很多在书中读不到的前沿知识。由于达尔文原本就有很好的知识基础，又有非常强的学习能力，因此他很快就能够在这些科学家中发表自己的独特见解了。

亨斯洛教授经常带着达尔文等几位学生去采集标本，并做过几次长途旅行。他把大自然当作最好的课堂，把旅行中遇到的各种动植物当作生动的教材。亨斯洛教授非常欣赏达尔文，不仅倾囊相授自己的知识，还经常向其他生物学家推荐达尔文。达尔文日后能成为一名举世闻名的科学家，在很大程度上受益于这位独具慧眼的"伯乐"。

这期间的学习生活，为达尔文将来从事自然科学研究打下了很好的基础。大学毕业时，达尔文已经是学术圈子中的知名人物了。

22 岁那年从剑桥大学基督学院毕业后，达尔文继续进修植物学和地质学，阅读了大量的自然科学书籍。

4. 环球考察

1831 年暑期，达尔文和亚当·塞奇威克（Adam Sedgwick，1785—1873）教授一起参加了北威尔士的地质考察。他采集了很多矿物岩石标本，也积累了一些野外考察的经验。这一年的 8 月 23 日，达尔文遇到了一件关系他一生事业和命运的大事。经亨斯洛推荐，达尔文以博物学者的身份登上了"贝格尔号"远航考察船，随船到南美海岸进行科学考察。亨斯洛认为，达尔文虽然算不上成熟的博物学家，但完全能胜任搜集标本、将观察到的现象认真记录下来的任务。达尔文最初曾因为父亲的反对回绝了亨斯洛，但不久就在舅舅的劝说下接受了这个任务。于是，他开始了为期 5 年的科学考察。

1831 年 12 月 27 日，"贝格尔号"远航考察船正式启航。这是一艘老式两桅方帆小型军舰，舰长 90 英尺 ①，装有 10 门大炮，能运载 120 余人。这次，英国海军派它远航的主要任务是测绘南美洲东西两岸和附近岛屿的水文地图，并进行环绕地球的时间测定工作。这一天在达尔文的生命历程中揭开了新的一页。这次远航积累的大量素材奠定了他日后研究事业的基础。

　　达尔文参加这次环球考察的计划是研究地质学和无脊椎动物学。他在船尾安装了一张网，用来采集各种海生动物，再按照分类的方法把它们逐一登记入册。

　　有一次，船上的一位军官捕获了一只少见的鸵鸟。达尔文准备认真地研究一下它。可是不一会，他突然看到那位军官正在烧烤这只鸵鸟准备将它吃掉。达尔文立刻冲上去，抢下他没吃完的那些，将其做成了一个标本。这只稀有的鸵鸟标本后来被陈列在动物学会的标本馆里，这种鸵鸟被定名为"达尔文三趾鸵鸟"。

　　通过实地考察，达尔文观察到了很多奇怪的现象。这些现象让他开始重新思考生物之间及生物与环境之间的关系。比如，他曾在沙漠地区看到这样一个现象：在鸵鸟繁殖季节，几只雌鸵鸟把蛋产在一个窝里，当窝里有 20 ～ 40 个蛋时，就由雄鸵鸟去孵化。这几只雌鸵鸟又一块到另一个窝里去下蛋。

　　结合沙漠的地理环境和气候特点，达尔文揭开了这个秘密：雌鸵鸟每三天下一个蛋，一只雌鸵鸟一共要下十几个蛋。夏天的沙漠气候炎热，如果每只雌鸵鸟单独下完十几只蛋再自己去孵化，最初下的蛋早就臭了。所以，雌鸵鸟集体下蛋是对沙漠地区酷热气候环境的一种适应。

　　达尔文在南美洲的考察历时三年半。他曾到过秘鲁、巴西热带雨林、智利、火地岛等地。他爬高山，涉溪水，入丛林，过草原，采集各种动植物标本，历经了千辛万苦。尽管经常日晒雨淋、饥渴劳累，甚至还经常遭受毒蛇猛兽和各种传染病威胁，但这些都丝毫不曾动摇他的决心。相反，世界各地那风格迥异、如诗似画的景色，常常使他

---

① 1 英尺 =0.3048 米。

如醉如痴，充满激情，流连忘返。

　　达尔文在军舰上工作很勤奋。可是他晕船很厉害，迫使他不得不经常中断自己的研究工作。他从登上"贝格尔号"远航考察船就感到眩晕，而且航行的时间越长，就越感到痛苦。他在《贝格尔号航海日记》一书中这样写道："如果一个人有晕船的毛病，那么他在决定远航前就要小心权衡利弊了。根据我的经验，这可不是能在一周内治愈的小毛病。"[82]

　　除了晕船，达尔文还要忍受长期旅行的寂寞。他在日记中这样写道："一旦出海远航，在海上度过的时间要远远多于在港口度过的时间。看不到边际的大海无所谓壮观不壮观。阿拉伯人把大海比作单调的荒地、水的沙漠。"[82]

　　然而，追求科学研究的强烈愿望极大地鼓舞着他，激励着他，坚定了他克服困难的勇气和信心。

　　在旅途中，达尔文坚持写日记或用书信的形式将看到的和想到的记录下来。这些日记和书信成为他日后进行研究工作的非常珍贵的原始材料。写日记和写信的另一个好处是达尔文的写作技巧有了很大的提高，这无疑也是他日后创作《物种起源》必不可少的条件。晚年回忆自己成长的经历时，达尔文说道："作为一个科学工作者，我的成功取决于我复杂的心理素质。其中最重要的是：热爱科学、善于思索、勤于观察和搜集资料、具有相当的发现能力和广博的常识。"[83]

　　因为达尔文在剑桥大学基督学院读书时学的是居维叶的"灾变论"，所以最初达尔文相信生物是由上帝创造的。每到一个地方，达尔文都要仔细考察当地的动物、植物资源。许多实例引起他的思考，并逐渐使他对"上帝造物论"产生了怀疑。在南美洲，达尔文发现了古犰狳的化石。它们与生活在现代的犰狳十分相似，但又有很多不同。这是否说明现代的动物是由古代的动物发展而来的呢？在加拉帕戈斯群岛上，达尔文共捕捉到26只地雀。在不同岛屿上的地雀，有的喙长，有的喙短，有的喙薄，有的喙有些弯曲，各有特点。喙的形状结构与它们的食性有很大关系：尖而长的喙适合啄食仙人掌的肉质茎，弯曲的喙适合从草丛里啄食昆虫，短而尖的喙适合啄食水果，宽而扁的碾压型喙适合吃坚果。各地的所见所闻，都说明随着时间的推移，生物是在逐渐进化的。但是，达尔文当时还不能说明引起生物进化的原因。

5. 物种起源

"贝格尔号"远航考察船于1836年8月15日回到英国。达尔文沿途考察地质、植物和动物，采集了很多标本，陆续运回英国，还未回国就已在科学界出了名。这5年的观察和研究，让达尔文积累了丰富的知识，也产生了很多疑惑，尤其是关于生物是怎样来的、生物之间的关系是怎样的这些问题让他产生了研究下去的想法。

考察归来，达尔文就开始思考和研究这些问题。1837年，达尔文根据这次考察的结果，开始写第一本关于物种起源事实的笔记。在写作过程中，达尔文继续耐心地到各处收集资料和证据。他访问过农夫、种子供应店店主，以及家畜、家禽饲养人。此外，他还亲自饲养鸽子，观察家鸽在人工饲养下所产生的变异。

达尔文在观察和总结人工育种的基础上提出了人工选择的理论。他认为，变异、遗传和选择是人工选择的三要素。动植物在自然状况下发生了变异。经过人工选择确定了对人有益的变异后，这些变异再通过遗传的方式得到积累和加强，从而培育出符合人类需要的新品种。

受到人工选择的启发，达尔文想到：既然人类能够选择对自己有益的生物变异类型，那么在复杂多变的自然环境里，有利于生物个体生存的变异为什么就不能被选择下来呢？如果在自然状况下也存在选择，那么选择的标准是什么？自然选择也能创造出各种各样、形形色色的生物类型吗？

经过大量的观察和研究，达尔文于1859年出版了《物种起源》这本巨著。在这本书里，他提出了以"自然选择学说"为核心的"生物进化论"，引起了极大的反响。他的"自然选择学说"带给人们的是一个前所未知的世界：一个没有造物主，没有神，没有预先的目的和设计，变化无穷，充满竞争，物种不断地产生又不断消亡，形形色色的生命不断演化的复杂的自然界。恩格斯对达尔文的"自然选择学说"评价很高，将它誉为"19世纪自然科学的三大发现"之一。

达尔文的"自然选择学说"的核心内容是：过度繁殖、生存斗争、遗传变异、适者生存。这四个要点可以简略地说明如下。

每种生物都有非常强的繁殖能力，会产生大量的后代。例如，植物会产生大量的种子，每一粒种子萌发后又会产生大量的种子，这样几年下来，一粒种子的后代数量就非常庞大了。例如，一粒水稻种子播种之后长成的稻苗可以分蘖出 15～30 株稻穗，每个稻穗上会结 120～200 粒稻谷。平均算下来，一粒水稻种子的后代可达 1800 个。动物的繁殖能力也非常强大。在高等动物里，大象算繁殖能力很差的动物了。一头母象的寿命可以达到 100 年，可它在一生中却只能繁殖 5～6 头小象。尽管这样，一头母象的后代如果全部存活，经过 740～750 年，它的后代数量也将达到 1900 万头。

水稻虽然能产生很多稻谷，但多数都被人类当作食物吃掉了。大象虽然繁殖能力很差，但仍然产生了很多后代，有的生病死亡了，有的被狮子、鬣狗等天敌捕杀了，真正存活下来的是少数。这就是说，生物存在过度繁殖的现象，即大量繁殖而少量生存的事实。怎么解释这个现象呢？这就要用生存斗争的原理来解释了。

什么是生存斗争呢？达尔文认为，生物的过度繁殖能力使它们产生了很多后代，但生物生存所需要的资源（食物、水、空气等）和空间是有限的，即自然界的承载能力是有限的。在这种情况下，每个生物要生存下去，都要与其他生物（包括同种和不同种）进行斗争，还要与自然环境的种种不利因素（如寒冷、干旱）进行斗争。在生存斗争中，大多数个体都因斗争失败而被淘汰了，只有极少数个体在斗争中获得胜利而生存了下来。这就是大量繁殖而少量生存的原因。例如，在非洲草原的干旱季节，耐旱的植物可以生存下去，那些在旱季到来之前已经产生了种子，再通过种子度过旱季的植物也能生存下去。对食草动物来说，要成功地度过旱季，就得要么能够忍饥挨饿，要么以干枯的植物枝叶为食，要么通过休眠减少能量损耗，要么像长颈鹿那样拥有长长的脖子以吃到高处的树叶。此外，在同等情况下，在同类的草食动物之间，谁能摄取更多的食物，谁能摄取到其他动物无法获取的营养，谁生存下来的可能性就大。

那么，什么样的个体才能在生存斗争中获胜呢？这就需要用遗传变异的原理来解释了。

达尔文认为生物会产生很多种变异。在这些变异中，有的对生物的生存有利，有的对生存斗争没有用甚至有害。例如，在长颈鹿的群体中，有的脖子长一些，有的脖子短一些。在干旱季节，脖子长的长颈鹿可以够到更高处的树叶而生存下来，脖子短的长颈鹿则因缺乏食物而被饿死。脖子长这种变异如果是可以遗传的，那么它的下一代的脖子仍然会长。再遇到干旱季节，拥有更长脖子的变异个体会在生存斗争中获得胜利而生存下来。这样，脖子长这种有利变异通过遗传的方式得到积累和加强，形成了今天的长颈鹿。那些常年在山洞里生活的动物的视力严重退化甚至失明。这并不是长期不用眼睛造成的，而是在黑暗的环境里，眼睛退化的类型更节约能量，在生存斗争中获胜的概率会更大。经过一代又一代的自然选择，眼睛退化这种变异被选择下来，并且通过遗传的方式得到积累和加强，形成了今天的盲眼类型。

如果我们每年都往农田中喷洒农药，那么那些具有强抗药性的变异的昆虫就能生存下来，而那些没有产生这种变异的昆虫就会由于被农药毒死而被淘汰。在干旱来临时，只有具有耐旱变异的个体才能生存下来，没有产生这种变异的个体就会被旱死而被淘汰。所以，达尔文认为，自然环境决定了哪种变异是有利的，哪种变异是不利的。也就是说，自然选择决定了生物进化的方向。

大量的证据表明，凡是生存下来的生物都是适应环境的，凡是被淘汰的生物都是不适应环境的，这就是适者生存。达尔文把适者生存、不适者被淘汰的过程叫作"自然选择"。在地球的演化历史中，很多生物都灭绝了，就是因为它们不适应变化的环境。约6500万年前恐龙灭绝就是因为它们不适应当时的气候变化，而代谢旺盛、体温恒定的哺乳动物就存活了下来。

"自然选择学说"认为，环境条件引起的变异（即获得性状）是不能遗传的。个体是进化的单位，生存斗争是生物进化的动力，遗传变异是生物进化的内在因素，自然选择决定着生物进化的方向，适者生存是生物进化的结果。

　　提起达尔文，就不得不提到华莱士。

　　华莱士（图7-5）是英国博物学家，进化论者，他与达尔文共同提出"自然选择学说"，并且他还是动物地理学的奠基人。

图7-5　华莱士

　　华莱士于1823年出生在英格兰的一个破落的地主家庭，从小家境贫寒，使他没有机会接受大学教育。他所拥有的知识主要是靠自学得到的。21岁时，他在当地的一所中学当教师，结识了英国昆虫学家亨利·沃尔特·贝茨（Henry Walter Bates，1825—1892），并在贝茨的影响下走上了生物学研究的道路。他和贝茨一起到巴西的亚马孙河流域进行过生物考察，采集了大量的热带标本。后来，他又独自到马来群岛，考察了那里的火山、浅海、岛屿，还采集了很多的动植物标本。生物考察实践使华莱士成了职业的博物采集者，并以出售标本为生。

　　作为一个基督徒，华莱士深受当时教会的影响，相信"特创论"和"物种不变论"。但长期的生物考察颠覆了他原来的认知。1855年，他发表了《论控制新物种发生的规律》一文，阐述了自己的进化思想。他认为，每个物种都是在早已存在的相近物种基础上产生的。尽管当时他对进化的机制还一无所知，但他的文章中已经阐述了明确的进化观点。1858 年，他开始思考人类是如何进化的。在这个过程中，托马斯·罗伯特·马尔萨斯（Thomas Robert Malthus，1766—1834）的《人口论》给了他很大启发，促使他写下了《论变种无限偏离原始类型的倾向》的论文。他认为可以用自然选择的原理来说明物种的起源。他将自己的论文寄给达尔文。按照华莱士的要求，达尔文把文稿转寄给地质学家查尔斯·莱尔（Charles Lyell，1797—1875）。在莱尔和植物学家约瑟夫·道尔顿·胡克（Joseph Dalton Hooker，1817—1911）的安排下，1858 年 7 月 1 日晚上在伦敦林奈学会上由主办方宣读了达尔文和华莱士关于进化学说的论文，可惜当时没有引起大家的重视。

华莱士非常欣赏引起激烈争论的《物种起源》，甚至把自然选择理论称为"达尔文主义"。他认为正是因为达尔文给出的如此丰富的论据和雄辩的逻辑，才使生物进化的观点和"自然选择学说"引起广泛的关注，取得了决定性的胜利。

华莱士是"自然选择学说"的倡导者和捍卫者。达尔文逝世后，他和托马斯·亨利·赫胥黎（Thomas Henry Huxley，1825—1895）在英国继续宣传达尔文主义。1886 ～ 1887 年，他应邀到美国去巡回讲学，大力宣传"进化论"。但是，他所持的进化观点与达尔文并不完全一致，特别是在人类起源问题上更是如此。他曾长期深入亚马孙流域和马来群岛，与当地的土著人共同生活。根据自己的观察和研究，他认为全世界的人都是同一个物种，那些没有进入现代文明的土著人在智慧上不亚于文明的人，只是他们的文化落后罢了。他还认为，人类肉体是自然选择的产物；但智慧不由自然选择来决定，而是由超自然的力量——上帝干预决定的。他也不同意达尔文的"性选择学说"。他认为雌鸟不漂亮对生存有利，只是自然选择而不是性选择的结果。

由于在达尔文所处的时代生物科学尚处于发展初期，生态学正在萌芽，细胞才被发现，遗传学还不被人关注，达尔文的"进化论"也难免有错误的地方。随着时代的发展，这个生物科学最重要的综合理论也在不断地修正和改进。达尔文去世后，他的学说共经历过两次大的修正，并且正在经历第三次大修正。

第五节　达尔文的追随者

达尔文的《物种起源》出版后，引发了人们对生命起源和生物进化问题的大讨论。保守派和支持"进化论"的学者纷纷搜集有利于自己的证据，展开了长时间的激烈交锋。在这个过程中，赫胥黎对"进化论"的推广起到了非常重要的作用。

赫胥黎是英国博物学家、教育家，因捍卫达尔文的"进化论"而被称为"达尔文的坚定追随者"。

为了宣传达尔文的"进化论"，赫胥黎经常到学校、工厂和村庄进行演讲。他结合自己的研究和理解，用通俗易懂的语言宣传"进化论"，同保守派进行了长达25年的论战，使达尔文的"自然选择学说"深入人心。

赫胥黎的工作对我国近代的一些学者也产生了重要的影响。1898年，我国学者严复（1854—1921）摘选他的《进化论与伦理学》中的一些章节翻译成中文，出版了《天演论》。当时我国处于清朝末年，很多知识分子已经觉醒，他们呼吁改革维新、推行民主制度；与此同时，因循守旧、拥护帝制的顽固派还在极力地维护封建统治秩序。康有为（1858—1927）、梁启超（1873—1929）倡导的戊戌变法在这一年失败了，但社会变革的火种并没有在人们心中熄灭，一些社会精英仍在努力寻求维新救国的办法。在这样特殊的时代背景下，严复的《天演论》让人们从另一个角度认识到变革的重要性。书中"物竞天择，适者生存"及"优胜劣汰"等词语成了当时唤醒"东方睡狮"的警句。

第六节　小鼠尾巴切割实验

在达尔文生活的年代，"细胞学说"刚刚建立，遗传学还没有成为一个独立的学科，因而达尔文在他的"自然选择学说"中没能从本质上阐明生物遗传、变异产生的机制。此外，达尔文认为一个物种的形成要经过可遗传变异的不断积累，这个过程是非常漫长的。这就是他极力强调的缓慢进化。

《物种起源》发表后不到25年，德国科学家奥古斯特·魏斯曼（August Weismann，1834—1914）和其他一些学者就对达尔文的学说做了第一次修正。魏斯曼支持和赞同达尔文的"自然选择学说"，但他不同意达尔文在解释遗传变异的机理时提出的"泛生假说"。该假说认为，遗传物质是存在于生物器官中的"泛生粒"，"泛生粒"分裂后流动到生殖器官，形成生殖细胞。在受精卵发育成新个体时，"泛生粒"又通过分裂变成很多份，分别进入不同的器官中。

19世纪下半叶，细胞学取得了长足的进步，陆续发现了细胞核、染色体，以及有丝分裂、减数分裂等重要事实。在这些成就的基础上，魏斯曼通过自己的实验研究认真探讨了遗传和进化问题。

魏斯曼也不同意拉马克的获得性状能够遗传的观点。为此，他做了著名的小鼠尾巴切割实验。他发现，连续切割22代，小鼠尾巴并未变短，据此他认为获得性状能够遗传是错误的。魏斯曼提出了一个著名的假说：生物体由种质和体质组成。种质即遗传物质，专司生殖和遗传；体质执行营养和生长等机能。种质是稳定的、连续的，不受体质的影响，它包含在性细胞核里，主要是染色体里；获得性状是体质的变化，因而不能遗传。魏斯曼认为，进化是种质的有利变异经自然选择的结果。

根据上述观点，魏斯曼等删除了达尔文理论中除"自然选择"以外的庞杂内容，把"自然选择"强调为进化的最主要因素。魏斯曼称自己的学说为"新达尔文主义"。"新达尔文主义"学派的代表人物除魏斯曼以外，还有我们熟知的美国遗传学家摩尔根、英国遗传学家约翰·阿瑟·汤姆森（John Arthur Thomson，1861—1933）等。

"新达尔文主义"是进化学说发展中承上启下的一个重要阶段。魏斯曼把遗传学和"自然选择学说"结合起来，开创了"进化论"研究的新方向。他首次指明了遗传的物质基础及其连续性，在遗传机制上补充了达尔文的观点。这是新达尔文主义的重要贡献。然而，魏斯曼把种质和体质绝对对立起来，具有一定的局限性。

1917 年，摩尔根提出"基因论"，其主要观点如下：①基因位于染色体上，染色体是基因的主要载体（还有线粒体、叶绿体）；②一个染色体上含有许多基因，基因在染色体上呈线性排列。每一对等位基因符合孟德尔的分离定律，位于非同源人染色体上的非等位基因符合孟德尔的自由组合定律，位于一对同源染色体上的多对基因符合"基因的连锁与互换定律"。

从此，随着遗传学的发展，"生物进化论"得到进一步的发展和完善。

第七节　"现代综合进化论"

"自然选择学说"第二次大的修正大约在其发表之后 60 年。学者们将达尔文的"自然选择学说"与现代遗传学、古生物学及其他学科的有关成就综合起来，用以说明生物的进化、发展。该阶段的代表著作是美国学者特奥多修斯·杜布赞斯基（Theodosius Dobzhansky，1900—1975）于 1937 年出版的《遗传学与物种起源》一书。

20 世纪 30 年代，群体遗传学迅速发展，人们开始在种群水平上讨论进化问题，对进化机制逐渐有了进一步了解。例如，"哈迪－温伯格定律"（又称"遗传平衡定律"）的提出及广泛传播，谢尔盖·切特韦里科夫（Sergei Chetverikov，1880—1959）、罗纳德·费希尔（Ronald Fisher，1890—1962）、约翰·伯登·桑德森·霍尔丹（John Burdon Sanderson Haldane，1892—1964）、休厄尔·赖特（Sewall Wright，1889—1988）、埃德蒙·布里斯科·福特（Edmund Brisco Ford，1901—1988）等对突变、遗传多态、选择、适合度、遗传漂变、基因迁移、隔离等问题的研究，就是从群体遗传学的角度来说明进化过程特别是"自然选择进化论"的典范。他们的研究成果有的偏重理论上的阐述，有的则提供了室内实验和野外考察的证据。

在这种背景下，杜布赞斯基将"孟德尔－摩尔根遗传学说"和达尔文的"进化论"进行了整合，提出了"现代综合进化论"。

杜布赞斯基（图 7-6）出生于乌克兰，是美国遗传学家，"现代综合进化论"的奠基人之一。

图7-6　杜布赞斯基

杜布赞斯基在 1937 年出版的《遗传学和物种起源》一书中提出了"现代综合进化论"的思想和观点。其基本观点如下。

（1）突变和重组（基因突变、染色体变异和通过有性杂交产生的基因重组）是生物进化的原材料。突变和重组是可遗传变异，拥有有利于生存的可遗传变异的个体会在生存斗争中获胜，并最终使得种群的基因频率改变，使生物向前进化。

（2）种群是生物进化的单位（达尔文认为是个体）。生物进化的实质是种群的基因频率的定向改变。杜布赞斯基认为，自然选择的对象是个体的表现型，起到内在控制作用的是基因型。个体的寿命是有限的，个体通过繁衍后代使有利基因在种群中扩散，此时种群的基因频率就会在自然选择的作用下发生定向改变。

（3）自然选择决定进化的方向。生物对环境的适应性是长期自然选择的结果。

（4）隔离促进新种形成。其一般模式是长期的地理隔离使一个种群分成许多亚种，亚种在各自不同的环境下进一步发生变异就可能出现生殖隔离，形成新种。但也有生活在同一地区的生物向不同方向演化，最终形成不同物种的例子。例如，一个海岛上的同种昆虫，有的向翅膀越来越发达的方向演化，有的向翅膀越来越退化的方向演化。翅发达的种群不怕大风，翅退化的种群在海岛的石缝中活动也不怕大风，最后都成为能抵御海岛大风的物种。

"现代综合进化论"继承和发展了达尔文的"自然选择学说"，使达尔文创立的"生物进化论"真正进入现代科学的行列。运用"现代综合进化论"能较好地解释各种进化现象，所以近半个世纪以来，"现代综合进化论"得到广泛的传播和认可。

世界著名的进化生物学家、哈佛大学教授恩斯特·瓦尔特·迈尔（Ernst Walter Mayr，1904—2005）认为，"现代综合进化论"的提出是自《物种起源》出版以来"进化论"发展史上最重要的事件。这虽然算不上是一场革命，但它使达尔文"进化论"最终走向成熟。迈尔还指出：进化生物学同生态学、行为生物学、分子生物学的结合，提出了无穷无尽的新问题。

第八节　“中性进化学说”

现代达尔文主义认为，当今所有的生物性状都是在自然选择的作用下通过适应性进化而来的，同时自然选择对所有的基因突变都起作用。但实际上，这些结论是通过对生物的形态结构的观察得出的，而对于作为内部结构的基因在进化中发生了什么变化却完全没有考虑。这当然是受当时的研究技术水平所限，同时也体现了达尔文主义的理论缺陷。

从学生时代开始，木村资生（Motoo Kimura，1924—1994，图7-7）就对遗传学和“进化论”中的数学问题产生了兴趣。自1949年开始，他进行了独创性的研究，即运用数学知识分析核酸中的核苷酸和蛋白质中的氨基酸的置换速率，以及这些置换所造成的核酸和蛋白质分子的改变对生物大分子的功能影响等问题，探讨了基因的命运、生物的遗传组成如何适应环境的变化，以及有性生殖在生物进化中的作用等问题。

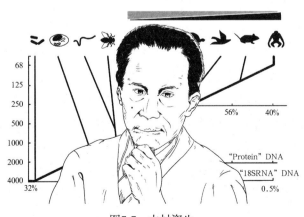

图7-7　木村资生

　　经过深入的研究，木村资生于 1968 年提出了"中性进化学说"。1969 年，美国人杰克·莱斯特·金（Jack Lester King，1934—1983）和托马斯·休斯·朱克斯（Thomas Hughes Jukes，1906—1999）用大量的分子生物学资料进一步充实了这一学说。"自然选择学说"是以个体或种群为单位解释生物进化的，而"中性进化学说"试图在基因这个分子水平上解释生物进化。

　　"中性进化学说"认为，生物进化的速率取决于分子的结构和功能。在分子水平上，突变不能简单地分为有害突变或有利突变。只要对环境适应的外在表型还在允许的范围内，那么基因水平的分子变异都可以认为在适应性上是中性的，因而也就不受自然选择的作用。例如，亮氨酸的遗传密码子有 UUA、UUG、CUU、CUC、CUA、CUG 6 种。如果基因中决定亮氨酸的碱基发生了改变（基因突变），信使 RNA 上相应的密码子也变了，但决定的氨基酸还是亮氨酸，则这种基因突变就不改变性状，当然就不受自然选择的作用。

　　因此，生物的进化主要是中性突变在自然群体中进行随机的遗传漂变的结果，而与选择无关。当中性突变逐渐积累而最终导致生物的性状出现差异后，自然选择才会发生作用。"自然选择学说"认为，生物进化的速率是可变的，生物的形态越复杂，进化的速率就越快；而"中性进化学说"认为，各种生物的进化速率是恒定的和大致相等的。这些都是"中性进化学说"和达尔文的"进化论"的不同之处。

　　"中性进化学说"强调遗传漂变的作用，但也没有否认自然选择的作用，承认生物的表现型是在自然选择下进化的。达尔文主义侧重于个体，现代达尔文主义侧重于种群，都属于宏观水平的研究，"中性进化学说"则侧重于基因这个分子（即微观）水平的研究。所以，我们可以认为，"中性进化学说"对达尔文的"自然选择学说"造成了冲击，但它并没有否认"自然选择学说"，它是对"自然选择学说"的重要补充和发展。将二者结合起来，可以更好地解释生物进化的现象和原因。

第九节 "内共生学说"

《物种起源》出版至今已经有160多年了。在过去的160多年里，人们对"自然选择学说"的争论一直没有停止过。但是真理越辩越明。现在，"自然选择学说"已经成为当今社会普遍认可的基础理论。与此同时，随着科技的进步，除自然选择外，其他使得生物进化的因素也逐渐被发现。

100多年前就有科学家对叶绿体和线粒体这两种特殊的细胞器进行了研究。他们猜测叶绿体可能是由古代的蓝绿藻演化来的，线粒体可能是某种好氧细菌演化来的。

美国生物学家林恩·亚历山大·马古利斯（Lynn Alexander Margulis，1938—2011）推动了细胞起源的研究。她在1970年出版的《真核细胞的起源——共生起源假说》一书中正式提出了"内共生学说"。该学说认为，好氧细菌在偶然的情况下被类似于变形虫的真核生物吞噬后，在极个别的情况下，好氧细菌没有被该真核生物消化分解，而是与其长期共生最终成为线粒体。蓝绿藻被吞噬后，也是在极偶然的情况下经过共生变成了叶绿体，螺旋体被吞噬后经过复杂的过程演变成了原始鞭毛。要知道，概率极低的偶然事件在几十亿年的进化长河中，在难以计数的个体中也有出现的必然性。

这一假说的主要根据有以下几点。

（1）共生现象在生物界是普遍存在的。典型的、大家所熟知的有根瘤菌与豆科植物的共生关系、蓝藻或绿藻与真菌共生形成地衣等。内共生的例子在自然界中也能找到。例如，一种草履虫的体内存在一种小型藻类，它们就是共生关系。藻类进行光合作用为草履虫提供一定的有机物，草履虫为藻类提供了无机营养，并对藻类起到保护作用。

白蚁的消化道里也共生着两种螺旋体、两种真菌和一种纤毛虫，它们分泌的酶类可以分解纤维素，为白蚁提供营养。白蚁啃食木材，为它们提供有机质。另外，灰孢藻本身没有叶绿素，但有许多叶蓝小体生活在体内，这些叶蓝小体通过光合作用为灰孢藻提供有机物。因为叶蓝小体在细胞内还不大固定，所以科学家认为这种共生关系应该才建立起来不长时间。这一发现是"内共生学说"的关键证据。

（2）叶绿体和线粒体都是半自主性细胞器。它们都有各自的DNA，可以自我复制，在一定程度上不受细胞核DNA的控制。它们的DNA与它们所在细胞的核DNA存在很大差异，却与原核生物的DNA很相似。研究还发现，蓝藻的核糖体RNA可以与蓝藻本身的DNA杂交，也可以与眼虫叶绿体的DNA杂交，这可以说明它们之间的进化同源性。

（3）线粒体和叶绿体都有核糖体，可以独自完成蛋白质的合成。线粒体和叶绿体的核糖体与细菌、蓝藻一样，都由30S和50S两个亚基组成。真核生物的核糖体则由40S和60S两个亚基组成。这说明细菌、蓝藻与线粒体、叶绿体的核糖体是同源的。另外，抗生素可以抑制细菌和蓝藻的生长，也可以抑制线粒体和叶绿体的作用，这也说明细菌、蓝藻与线粒体、叶绿体是同源的。

（4）线粒体、叶绿体在内、外膜化学成分上均有显著差异，外膜与真核细胞的内质网膜很相似，内膜则分别与细菌、蓝藻的细胞膜很相似。

由于"内共生学说"有许多实验上的证据，因而认可它的科学家越来越多。但它也有几个解释不了的问题。比如，它无法解释细胞核是怎样起源的；它认为真核细胞的鞭毛是螺旋体进入后形成的，但螺旋体是一种原核生物，其鞭毛没有"9+2"结构，而真核生物的鞭毛却有"9+2"结构。这"9+2"结构的鞭毛是怎样形成的？对此，"内共生学说"还不能给出令人信服的解释。

科学家还发现高等动物的基因也有可能通过病毒等寄生微生物进行迁移。比如，人们曾在牛的身上找到一段属于蛇的DNA，这是否告诉我们除已灭绝的原牛外，牛的祖先也包括蛇呢？但不管怎么说，这些发现为解释生物进化提供了一种新的思路。

　　此外，在 20 世纪中后期，人们开始用整体的、系统的观点来看待生命现象。人们发现每个生命都是一个复杂的系统，小到细胞内的化学反应，大到全球的生态系统，生命现象的每个层次都会自发地建立起秩序，自发地朝复杂化的方向发展，这也为生物进化提供了一种新的机制。这些都是对"进化论"的补充。

　　所以，直到今天，我们对生物进化的真实情况仍然了解得不十分透彻。但值得欣慰的是，经过无数人的努力，我们已经越来越接近事实的真相了。

第八章
育种之路：从野草到庄稼

　　育种学是一门古老而又年轻的学科。说它古老，是因为我们现在种的庄稼是由野草驯化来的，我们现在养殖的家禽家畜是由古代的野生动物驯化来的。说它年轻，是因为最近几十年由于科学技术的进步，育种工作打破了物种间生殖隔离的限制，出现了很多前所未有的新方法，取得了令人瞩目的成就。下面我们就详细介绍一下。

袁隆平指导水稻育种技术人员

第一节　粟和玉米

粟古称禾、谷或谷子（图 8-1），将它的果实去壳后，就得到了我们熟知的小米。我国北方是粟的起源中心。考古发现，黄河流域西起甘肃玉门，东至山东章丘西河的新石器时代遗址中，有近 20 处炭化粟出土的遗址[84]。这些考古发现证明，粟作农业广泛分布在内蒙古东部、华北、山东、山西、陕西、河南这一广大地域内。内蒙古自治区敖汉旗的兴隆沟遗址出土了炭化粟，经过 ^{14}C 鉴定，这些炭化粟出产于 7600 多年前。这是迄今在欧亚大陆发现的最早的炭化

图8-1　粟

粟，说明我国北方是粟的起源地，这里肯定在 7600 多年前就已经种植粟了。

粟是怎么来的？它的野生近亲我们也非常熟悉，就是田间地头常见的狗尾草。从狗尾草身上，我们可以推测粟的祖先应该也是一种野草。从识别到了解，再到研究怎样种植需要一个漫长的过程。

人类的祖先靠采集和狩猎获得食物。古人在采集草籽时可能发现某种狗尾草的草籽比较好吃，就有意识地多采集这种草籽。但是野外的狗尾草数量有限，怎样才能获得持续稳定的收益呢？通过观察研究，古人学会将狗尾草周围的杂草树木拔除，这样就减少了竞争者，草籽的收获量就有保证了。通过进一步研究，古人发现把草籽撒在肥沃的

土地上能获得更大的收益，这就是种田的开始。

在种植的过程中，古代先民选择穗大粒多的植株留种，经过一代又一代的人工选育，培育的粟籽粒逐渐变大，谷穗逐渐变长，营养逐渐提高。最终，野草变成了现在的庄稼。到北魏时期，农学家贾思勰在《齐民要术》中介绍了多达86个粟品种，其中包括了早熟、晚熟、耐旱、耐水、耐风、有毛、无毛、脱粒难、脱粒易、米质优、米质劣等不同性状，反映了当时选种工作的开展和农作物品种的多样化。他还在书中介绍了人工选择育种的方法："择高大者，斩一节下，把悬高燥处。苗则不败。"将其翻译成现代文就是：选高大的，将头上一节割下来，捆扎成小把，悬挂在干燥的高处，这样收获的种子可以保证出好苗。

图8-2 玉米的果实

玉米（图8-2）又称玉蜀黍、苞谷、苞芦、珍珠米等，是一种原产于南美洲的农作物。大约8000年前，美洲的印第安人就已经开始种植玉米了。克里斯托弗·哥伦布（Cristoforo Colombo，约1451—1506）发现新大陆后，把玉米带到了西班牙，随着世界航海业的发展，玉米逐渐传到世界各地，并成为最重要的粮食作物之一。大约在16世纪中期，中国开始引进玉米，18世纪玉米又传到印度。

现代玉米与它的野生祖先（即祖先玉米）有很大差别，如表8-1所示。

表8-1 祖先玉米与现代玉米的性状对比

性状	祖先玉米	现代玉米
是否有侧枝	有很多侧枝	只有一个杆，无侧枝
果穗数量	有多个果穗	只能长出1～2个果穗
籽粒外是否有硬壳	有	没有，仅存痕迹
产量	籽粒很少，个头也不大，产量非常低	是单产最高的农作物

　　这么大的差别是怎么形成的呢？古代印第安人难道会什么魔法？美国遗传学家比德尔最先对这个问题进行了有价值的探索。比德尔因为发现"一个基因一种酶"而获得1958年的诺贝尔生理学或医学奖。退休后，比德尔开始着手研究玉米的起源和进化。这是当时很多遗传学家都非常关注的问题。经过长时间的研究，比德尔发现，祖先玉米到现代玉米只有5个基因发生了突变。他的结论引起了遗传学家的大讨论。

　　由于祖先玉米和现代玉米的性状差别实在太大，大多数人觉得比德尔的结论难以令人信服。1998年，另一位遗传学家约翰·F. 杜布利（John F. Doebley，1952—　　）通过自己的实验证明，祖先玉米到现代玉米确实只有几个基因改变，当然不一定是5个。

　　后来，遗传学家通过大量的研究证实，祖先玉米到现代玉米与6个基因的突变有关。每个基因突变引起的性状改变都很小。比如，1个基因的突变使玉米的分叉消失，变成了1个秆。这个基因并没有消失，只是使玉米的发育方向做出了改变。还有1个基因在突变后使包在玉米籽粒外的硬壳退化成了痕迹。总的来看，每个基因的突变都使玉米的性状做出了一点改变，6个基因突变累加起来就造成了非常大的改变。

　　古代印第安人正是抓住了机会，对祖先玉米产生的6个有利突变及时进行了人工选择，才有了今天这个高产的粮食作物。

　　经过长期的人工选择，目前玉米品种繁多：按籽粒形态与结构，可以分为硬粒型、马齿型、粉质型、甜质型、甜粉型、爆裂型、蜡质型、有稃型、半马齿型等；按生育期，可以分为早熟品种、中熟品种和晚熟品种；按用途与籽粒组成成分，可以分为特用玉米和普通玉米两大类。

　　特用玉米一般指高赖氨酸玉米、糯玉米、甜玉米、爆裂玉米、高油玉米等。世界上特用玉米的培育与开发以美国最先进，年创产值达数十亿美元，已形成重要产业并迅速发展。我国特用玉米的研究开发起步较晚，除糯玉米原产自我国外，其他种类资源缺乏，曾经与发达国家有较大的差距。近年来，我国玉米育种工作者进行了大量的研究试验，在高赖氨酸玉米、高油玉米等育种上取得了长足进步，为我国特用玉米的发展奠定了基础。

玉米籽粒中含有 70% ～ 75% 的淀粉、约 10% 的蛋白质、4% ～ 5% 的脂肪、约 2% 的多种维生素。籽粒中的蛋白质、脂肪、维生素 A、维生素 B_1、维生素 B_2 的含量均比稻米高。以玉米为原料制成的加工产品有 500 种以上。目前普通玉米已经成为最主要的饲料作物。玉米占世界粗粮产量的 65% 以上，占我国粗粮产量的 90%。[85] 在世界谷类作物中，玉米的种植面积和总产量仅次于小麦、水稻而居第 3 位，平均单产则居首位，世界各地均有玉米种植。

第二节　人工选择

达尔文在《物种起源》和《动物和植物在家养条件下的变异》里用大量的事例说明了农作物和家养动物是由野生物种驯化而来的。通过人工选择，人们淘汰了对人不利或无用的变异，保留了对人有利的变异，并通过一代又一代的选择使之积累起来，最终形成了现在的农作物和家养动物。

极少数的品种可以通过基因突变一步形成，如短腿的安康羊和矮脚狗。麻鸭群体中极个别的个体通过突变产生了白鸭，人们把它筛选出来，再经过长期的培育，形成了现在的北京鸭。

人类通过自己的观察和研究挑选出有潜力的野生动植物，再将它们培育成符合人类需要的家养动物或农作物，这个过程需要经过漫长的时间。

培育家畜时，人类不但要根据自己的需求制定标准，而且要考虑这种动物的自身特点。野猪虽然脾气暴躁，但是繁殖力强，出肉率高，经过人工饲养的仔猪会变得老实温顺。野马的奔跑能力强，来去如风，但只要提供草料就可以让人类慢慢接近，最终被驯服成人类的坐骑。很多人会有疑问：漂亮的斑马为什么没有被人类驯服？原因是斑马脾气暴躁，宁折不弯，人类与之相处常常被咬伤或踢伤；此外，斑马生性胆小，稍有风吹草动就受惊逃跑，根本不适合骑乘。

现在我们种植的水稻是古代先民将野生稻栽培驯化而来的。古代先民从野外看到合适的野草，发现它们的某个部位（如茎秆、种子、果实、块根等）可供食用。但由于这些野草在野外零星分布，采集起来很不方便，于是古代先民将它们带回居住地进行人工种植。在种植过程中，古代先民将产量高、口感好、营养丰富的类型留下来继续种植，这个过程就是植物的人工驯化。13 000年来，植物驯化解决了人类食物稳定供应的基本问题，为人类社会和文明的发展奠定了坚实的基础[86]。在杂交水稻培育成功以前，优良的水稻品种主要来自人工选择。农民在收割水稻时，会选择穗大、粒多、口感好的稻谷留以备来年种植。如果发现自家田里的稻谷不如亲邻田里的稻谷时，农民就会向亲邻索要稻种，年年选择穗大粒多的稻谷留种。这就是人工选择培育新品种的大致过程。长期的人工选择，形成了多种多样的水稻优良品种。

在云南省、海南岛等地的沼泽地里，我们可以找到成片的野生稻。野生稻是野外的杂草，现代水稻是农民精心种植的庄稼，它们之间的差别很大（表8-2）。

表 8-2　野生稻与现代水稻之间的性状差异

性状	野生稻	现代水稻
茎秆是否直立	茎秆匍匐在地上，"趴"着生长	茎秆直立，"站"着生长
籽粒大小、多少	籽粒很小，数量也很少	籽粒较大，数量也很多
是否容易落粒	容易落粒，会单个脱落	不易落粒，不会单个脱落
稻穗类型	发散型	紧凑型
是否有稻芒	有稻芒，稻芒是现代水稻的几十倍长	稻芒很短或无稻芒

　　野生稻的那些性状对它自己的野外生存非常有利。比如，它的籽粒成熟后及时脱落，不等动物采食就散入土壤，有利于种群的扩大繁衍。长长的稻芒让动物难以入口，吃到嘴里也会觉得艰涩难咽、索然无味。长长的稻芒还可以扎到动物的皮毛上，让它们帮助自己传播种子。在遇到洪水时，稻芒还可以让种子随波逐流，传播到很远的地方。

　　在人工栽培水稻时，那些原本对自己有利的性状却成了对人无用甚至不利的，如匍匐在地上、籽粒易脱落、有长长的稻芒。经过长期的人工选择，一些对人有利的突变类型（如茎秆直立、无芒或短芒、籽粒不易脱落等）被选择下来，逐渐形成了现代水稻。

　　水稻是否容易落粒是由与谷粒离层发育有关的基因决定的。从容易落粒到不易落粒，其实是由它内部的相关基因突变造成的。研究表明，决定落粒难易的基因中只有一个碱基对发生了变化，使它变成了不易落粒的类型。这种变异被人类选中并世代沿袭下来。[87]

　　稻穗是否紧凑也与水稻产量密切相关。发散的稻穗籽粒数量稀少，不利于高产。控制穗型的基因突变后（也是仅有一个碱基对发生了改变），水稻的穗型就变成了紧凑型。这种变异也被人类选择下来。

　　水稻在自然状况下产生突变的概率很低，对人有利的突变又占所有突变的极少一部分。但经过上万年大面积种植，人类从数量巨大的子代中人工选择有利的突变是完全可以实现的。这些对人有利的突变通过一代又一代的遗传积累起来，把水稻培育成了今天这个样子。

　　有些品种是两种植物通过自然杂交形成的。比如，地球上最初只有橘子和柚子，这两个物种通过自然杂交形成了橙子和柑。再通过人工选择，人类继续种植好吃的，从它们的后代中不断选择更好吃的留种，最后培育出了现在的柑橘、柚子、橙子，并利用基因突变培育出了葡萄柚这个新品种。

第三节 杂交育种

一、取长补短

在动物育种方面，我国早在周代就已对马的外形鉴定有丰富经验，春秋战国时期伯乐（约公元前680—前610）的《相马经》、宁戚的《齐侯大夫宁戚相牛经》可称为育种的专著。我国还培育了许多家畜家禽的优良品种。

现代动物的育种历史可以从18世纪算起。当时英国有一位名叫罗伯特·贝克韦尔（Robert Bakewell，1725—1795）的人在从事动物杂交实验的研究工作。他首先从大群里选择优秀的个体，再用近亲繁殖的方法获得具有优良性状的纯合体。即便在今天看来，贝克韦尔的方法也是非常好的人工选择方案。他用这种方法培育了很多马、牛、羊的新品种。

但贝克韦尔的方法是有局限性的。从理论上来说，生物的新类型（新性状）如果是受一对基因控制的，那么就比较容易获得纯种。例如，豌豆的高茎（D）对矮茎（d）是显性。我们要得到高茎纯种，只需让得到的高茎个体自交，然后将下一代的矮茎去掉；再自交，再去掉矮茎，经过几代的人工选择后，我们就得到了纯度较高的高茎类型。如果我们要选择矮茎类型就更简单了。由于矮茎是隐性性状，因此一旦出现矮茎，就一定是纯种，可以直接推广。

如果新性状是受两对或更多对基因控制的，那么要得到基因都是有利组合的纯合体就非常困难。比如，玉米有早熟的，也有晚熟的；籽粒有饱满的，也有不饱满的。如果将纯合晚熟籽粒饱满的玉米与纯合早熟籽粒不饱满的玉米杂交，则F_1全是早熟籽粒饱满的。如果我们要培育早熟籽粒饱满的纯合体，则应该进行如图 8-3 所示的杂交实验。

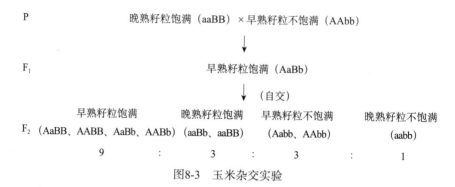

图8-3 玉米杂交实验

将 F_2 中的早熟籽粒饱满的类型挑选出来，再经过多代自交，不断选育，才能得到稳定遗传的早熟籽粒饱满类型。

在生活中，我们经常看到某种农作物的甲品种有一种优点，同时它又有某些缺点；乙品种虽然没有甲品种的优点，但它的优点却正好可以弥补甲品种的缺点。在这种情况下，我们自然会想到：让甲和乙杂交，再从杂交后代中选育出拥有甲乙品种优点的新品种。这就属于利用基因重组获得优良品种的例子。

我们期望的是这样，可事实上农作物或家畜体内决定优良性状的基因可能位于一对染色体上，也可能位于多对同源染色体上；可能是可遗传变异（基因决定的），也可能是非遗传变异（环境引起的）。所以，得到人们期望的能稳定遗传的新品种非常困难。

这就是说，采用杂交的方法利用基因重组获得新品种有一个非常大的缺点：要获得能稳定遗传的纯种需要很长时间。多长时间呢？一般培育一个植物新品种至少需要 8 代，如果一年繁殖一代，就需要培育 8 年。培育一个动物新品种可能需要 8 ~ 20 年。因为每个动物长至成年一般需要 1 ~ 3 年，繁殖的子代长至成年又需要 1 ~ 3 年，这样经过至少 8 代的选择才能获得稳定遗传的新品系。20 年的时间对于一个动物新品系的形成来说不太长，但对于一位育种工作者来说就太长了。有些动物新品种的培育需要近 60 年的时间，需要两代育种专家的努力。此外，育种工作不仅需要时间，还需要智慧和良好的机遇，只有极个别恰好具备这些条件的育种工作者才能取得一定的成就。

尽管存在许多困难，人类对培育优良农作物和优秀家畜的热情还是丝毫没有减少。到 19 世纪，随着人们对遗传变异机理的逐渐了解，育种热情更是空前高涨。根据 1997 年的统计，近百年来，全世界共育成家畜新品种 150 个，其中牛有 30 个品种、羊有 80 个品种、马有 30 个品种、猪有 10 个品种[88]。但总的来看，这一时期的育种工作还是建立在个人兴趣上的随机研究，缺乏团队协作和科学的理论指导。

二、杂交优势

中国古代的农学典籍《齐民要术》《农政全书》里曾提到，可以将同种农作物的不同品种通过间作的方法来提高农作物产量。比如，用黄色玉米和白色玉米间作，比二者单独分片种植的产量高。

早在 2000 年前，我国劳动人民就用母马与公驴杂交得到了力气大、耐力强、节省饲料的骡。这可以被认为是杂交育种的开始。因为人们发现，马（图 8-4）的力气大，但消化能力差，消耗草料多，耐力也不强，劳动寿命只有 10 年左右。驴（图 8-5）的耐力较好，消化能力强，吃得少，但力气小，劳动寿命有 15 年左右。它们的杂交后代——骡（图 8-6）却比马和驴都优秀：具有驴那样的消化系统却长有马那样高大的身材，吃得比马少，耐力更强，力气也大，而且劳动寿命大大提高，可以达到 30 多年。农村有一种说法：一个农民有了一匹骡，可以半生无忧。这是因为它的寿命长，又聪明、能干，是农民不可替代的好帮手。可是，由于马的体细胞具有 64 条染色体，驴的体细胞具有 62 条染色体，所以骡的体细胞具有 63 条染色体。由于马和驴是两个不同的物种，它们的染色体是异源的，故骡的体细胞中不存在同源染色体。骡的性原细胞在减数分裂时，无法完成同源染色体的正常联会，不能产生正常的生殖细胞，因而骡通常是不能繁殖后代的。所以骡并不是一个物种。

图8-4 马

图8-5 驴

图8-6 骡

需要指出的是，并不是随便将两个品种杂交，杂交后代就能表现出我们所期望的杂交种优势。具体说来，杂交种有以下特点。

（1）杂交种优势不是某一两个性状单独地表现出来，而是许多性状的综合表现。

（2）杂交种优势的大小，大多数取决于双亲性状间的相对差异和相互补充。一般是双亲间的亲缘关系越远，杂交种优势越强。但不同物种之间存在生殖隔离，杂交后代高度不育。所以，如果是利用茎秆，就可以适当拉大杂交亲本的差距；如果是利用籽粒，就要考虑杂交种子一代的结实率会不会降低。

（3）杂交种优势的大小与双亲基因型的高度纯合具有密切关系。只有在双亲基因型的纯合程度都很高时，F_1群体基因型才能具有整齐一致的异质性，不会出现性状分离现象，这样才能表现出明显的优势。

（4）杂交种优势的大小与环境条件的作用有密切的关系。性状的表现是基因型与环境综合作用的结果。不同的环境条件对杂交种优势表现的强度有很大影响。一般来说，在同样不良的环境下，杂交种比其双亲具有更强的适应能力。

杂交种优势最早在农业生产上大规模应用的是种植杂交玉米。玉米是雌雄同株单性花植物，而且雌花在植株中部，雄花在植株顶部，非常容易区分。

种植时，首先选一块适于玉米生长的、周围1000米以内没有种植其他玉米品种的区域（防止自然杂交）。选一个优势品种作为母本，另一个优势品种作为父本。两个品种间的遗传差异越大，杂交种的优势越强。在种植时，一般每种植4行母本种植1行父本，依次重复种植下去。在快要吐穗时，将母本的雄花抽去（去雄），然后等父本吐穗后借助风力传粉。如果遇到阴雨天影响授粉，还要人工辅助授粉。根据摸索出的经验，农民可以在雨后采用一手抓住雄花，另一手抓住雌花，将它们对在一起蹭几下的方法进行人工授粉。这样可以在很大程度上减少因为阴雨影响授粉而造成的损失。秋天将母本上结的种子收获下来，第二年就可以将其作为杂交种推广了。

第四节　单倍体和多倍体

一、半数基因的妙用

通过杂交育种的方式可以获得目标作物，但育种周期太长。有没有可以缩短育种年限的方法呢？单倍体育种就可以解决这个难题。

地球上常见的高等动植物多是二倍体。这些生物体细胞中的染色体可以分为两组，每一组都含有全套的遗传基因。从根本上说，所有体细胞都是由受精卵经过有丝分裂而来的。受精卵中的染色体，一半来自精子（父方），一半来自卵细胞（母方）。因此，二倍体生物的每个精子或卵细胞中都有一个染色体组，拥有发育成完整个体所需要的全套基因。因此，每个生殖细胞或体细胞都有发育成完整个体的潜能，即具有全能性。生殖细胞有正常体细胞一半的基因，那么让生殖细胞里的基因复制一次，不但基因的数量和正常体细胞相同，而且每对基因都是纯合体。这种获得纯合体的办法是不是更简单？随着组织培养技术的发展，这种想法变成了现实。

因为生殖细胞也有全能性，所以我们将作物的花粉进行组织培养，就可以获得完整的植株，这样的植株被称为"单倍体"。单倍体植株纤弱矮小，高度不育，所以它本身并没有什么利用价值。但由于单倍体含有正常个体一半数目的染色体，可以利用它来快速培育出纯合体，这在育种中具有重要应用。

例如，我们要利用矮秆（抗倒伏）易感染锈病（aabb）和高秆（易倒伏）抗锈病（AABB）的小麦培育出矮秆抗锈病的纯合体（aaBB）。传统的杂交育种也能达到目的，但需要很长时间，如图 8-7 所示。

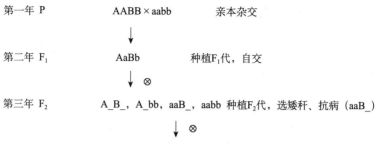

图8-7　获取矮秆抗锈病纯合体的传统杂交育种

如果采用单倍体育种的方法就可以明显缩短育种年限，如图 8-8 所示。

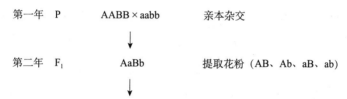

图8-8　针对矮秆抗锈病的纯合体单倍体育种

花粉（植物组织培养）→单倍体（秋水仙素处理）→二倍纯合体 的培育过程见表8-3。

表 8-3　单倍体育种获取纯合体

花粉	单倍体	二倍纯合体
AB	AB	AABB
Ab	Ab	AAbb
aB	aB	aaBB
ab	ab	aabb

采用单倍体育种的方法获得新品种，一般只需要两年，可以明显缩短育种年限，这就是单倍体育种的优点。

二、无籽西瓜的成因

生长在帕米尔高原上的高等植物，有 65% 左右都是多倍体（体细胞中有 3 个或 3 个以上染色体组）。这么多的多倍体是怎么形成的呢？原来，帕米尔高原的气候变化异常剧烈，在鲜花盛开的夏季也常常有暴风雪或冰雹。在植物细胞进行有丝分裂时，如果染色体已经复制，却突然遭到低温的侵害，植物就会中断有丝分裂。等到气温升高，植物的生命活动就又活跃起来。可是，中断的有丝分裂却不能恢复，因为植物细胞是没有"记忆"的。这样细胞里的染色体数目就加倍了。这种染色体加倍的细胞会再重新进行染色体复制，再进行新的细胞分裂，所以它的子细胞中的染色体数目也是加倍的，它产生的后代也是染色体加倍的，这就是多倍体。

我们在种植庄稼时，总是希望它结的种子大一点，数量多一点，以获得更好的收成。但有时大和多不能两全。多倍体和普通的二倍体相比，茎秆粗壮，花、果实、叶片和种子都比较大，所含糖类、蛋白质类等营养物质较多，但发育延迟，结实率降低。有农业科技人员把水稻培育成了四倍体，结果它结的种子确实大了一些，但种子数量比二倍体水稻少很多，粮食产量没有提高，还出现了发育延迟的情况。

那么，多倍体是不是就没有用处了呢？也不尽然。我们常见的几种农作物就是自然形成的多倍体。例如，香蕉是三倍体，马铃薯是四倍体，小麦是六倍体，巨峰葡萄是四倍体。根据多倍体的一些优点，农业科技人员还将一些农作物人工培育成了多倍体，为人类提供更多更好的产品。例如，无籽西瓜是三倍体，它的含糖量很高，吃起来很甜，又不含有种子，食用起来非常方便，很受人们欢迎；八倍体小黑麦是利用普通小麦和黑麦杂交，再经过秋水仙素处理得到的，它耐寒，耐旱，耐瘠薄，适合在青海、西藏等地区种植，可以为那里的农牧民提供优质白面。

第五节　基因改变与育种

　　早在 1927 年，美国遗传学家穆勒发现 X 射线可以诱导果蝇产生可遗传的变异。此后，遗传学家们陆续在其他生物上也获得了相似的结论。

　　第二次世界大战结束后，和平的社会环境使得人口出生率大幅度提高，出现了"婴儿潮"。人口的急剧增长导致粮食供应短缺，一场农业科技革命就此展开。在这场革命中，美国育种学家诺曼·欧内斯特·博洛格（Norman Ernest Borlaug，1914—2009）因为培育出矮秆小麦而影响巨大。

　　当时，墨西哥种植的小麦都是高秆的，生长较高的茎秆不仅要消耗大量的营养，还会导致麦穗在成熟时头重脚轻，在刮大风时非常容易倒伏，导致小麦严重减产。1953 年，博洛格采用诱变育种的方法率先培育出矮秆小麦。这种小麦在植株比较矮的时候就进入开花结实阶段，可以把更多的营养集中到籽粒里。此外，它那粗壮的矮秆也不容易倒伏，从而大大提高了小麦的产量。

　　博洛格的矮秆小麦被迅速推广到世界各地，并引发了全世界培育高产作物的热潮，使世界粮食产量翻番，从根本上缓解了全球的饥荒。这个过程被称为"绿色革命"，博洛格被称为"绿色革命之父"，并因此获得了 1970 年的诺贝尔和平奖。

　　博洛格的工作表明，作物体内的一个关键基因改变就可以导致作物的性状发生很大变化，这就是人工诱变育种。

　　人工诱变育种是指用物理方法（如紫外线、X 射线、α 射线等）、化学方法（如亚硝酸盐、秋水仙素等）处理作物萌发的种子或幼苗，诱使它们的细胞发生基因突变，再从众多突变中选择出对人有利的类型进行推广。由于绝大多数基因突变都是有害的，所以诱变育种需要大量地处理实验材料，从众多的突变类型中筛选出符合人类需求的类型，因而这项工作特别烦琐。

目前采用人工诱变的方法获得的新品种很多，如水稻的"原丰早"、小麦的"山农辐63"、棉花的"鲁棉1号"等。现在市场上常见的太空椒就是诱变育种的产物。科技人员将青椒的种子和卫星一起发射到太空，经过宇宙射线的照射，种子里的基因发生突变。回收后再经过种植和选育，便得到了现在的新品种。和普通青椒相比，太空椒的个儿大，产量提高了20%以上，营养价值、抗病能力都有改善，因此被迅速推广种植。

第六节　基因迁移与育种

人工选择育种和杂交育种发生在农作物或家畜的同种或近缘物种之间，在实质上都是设法改变生物的基因构成，有的新品种来源于基因突变（如安康羊），有的来源于基因重组（如杂交玉米）。这些育种方法由于是从古至今沿袭下来的传统做法而被人们普遍接受。随着自然科学的发展，人们渴望在短时间内培育出符合人类需求的、性状大幅度改变的新品种。于是尝试将亲缘关系较远、无法实现自然杂交的两个物种的基因进行重新组合，这就是转基因技术育种。

20世纪初，一种特殊的细菌——土壤农杆菌引起了科学家的注意。它能让植物长出肿瘤，使一些植物细胞变成能不断增殖的薄壁细胞。

奇妙的是，土壤农杆菌并不会"亲自"侵染到植物细胞里，而是将自己的一小段环状DNA导入植物细胞，再把这段DNA整合到植物的基因组中，让植物细胞变成不受控制的恶性增殖细胞。这是一个艰难而奇妙的过程。要完成这个活动，首先要在这段 DNA 上包裹上许多种蛋白质。在那些有特定功能的蛋白质机器作用下，DNA 被一步一步地转移到植物细胞里，再整合到植物的基因组中。

这就像往太空发射卫星，不仅需要制造一个运载火箭，而且需要各种辅助设施。这些东西需要提前制造并装配完毕，到时再执行各自的功能，将卫星送到指定的轨道并使它启动运转。向植物细胞导入 DNA 的活动与发射卫星还有一个相似点，就是一旦启动就不能逆转，直到 DNA 成功整合到植物细胞的基因组中为止。

那么，土壤农杆菌不到植物细胞里去生活，执行这么复杂的活动是为了什么？原来，土壤农杆菌转入植物细胞里的环状 DNA 大约只有三个基因。这三个基因能使植物细胞的代谢活动异常活跃，不停地分裂，同时还能合成一种经过修饰的特殊氨基酸。这种氨基酸植物体不能利用，也不会被其他微生物利用，却能分泌到土壤里，供生活在土壤里的土壤农杆菌使用，这就是土壤农杆菌的最终目的。

需要指出的是，每种土壤农杆菌只能有针对性地侵染特定的植物，对其他植物、动物和人体无害。既然土壤农杆菌有这样特殊的本领，又对其他生物无害，我们能不能将一些特殊基因整合到它的小型环状 DNA 上，让植物体产生某种特殊的蛋白质，获得抗病、抗虫等特殊本领呢？这就是植物转基因技术中常用的一种方法——土壤农杆菌转化法。目前，植物基因工程中应用较多的除土壤农杆菌转化法以外，还有基因枪法和花粉管通道法等。

小麦条锈病可以导致作物严重减产。假如有两个品种的小麦，A 品种高产但不抗锈病，B 品种低产但抗锈病。我们可以让 A、B 两个品种杂交，从后代中选择出既高产又抗锈病的新品种。这个过程其实就是把 B 品种的抗锈病基因设法转移到 A 品种体内。

但在生产实践中并不是理论上推测的这样简单，有些人们需要的优良性状在同类作物甚至近缘物种内都很难找到。例如，玉米是重要的粮食作物，对解决温饱、保障粮食和饲料安全、发展经济有重要作用。玉米生长过程中有多种害虫，如玉米螟、玉米旋心虫、斜纹夜蛾等。要防治这些害虫，主要有三种方案。第一种方案是生物防治，可以放养一些捕食害虫的昆虫或青蛙等，也可以施放害虫的致病菌。但害虫在死亡前还是要吃掉一些作物，这样会在一定程度上造成减产。第二种方案是化学防治，就是使用农药消灭害虫，这样做虽然不会造成减产，却会造成环境污染。第三种方案就是转基因。设法将害虫致病菌体内的抗虫基因提取出来，转移到玉米体内，让玉米自己产生抗虫蛋白质，这样就免去了培育害虫致病菌的工作，还能迅速消灭害虫，也不会造成环境污染。第三种方案就是利用基因工程培育转基因玉米。

那么就有个让人担心的问题：人吃了转基因玉米后会不会也像害虫那样因消化道溃烂而死呢？实际情况是，这种毒蛋白只对特定类型的昆虫起作用，对其他生物是无害的。为玉米提供抗虫基因的致病菌已经证明它对人类是无害的。其他转基因作物也是类似情况。例如，抗虫棉合成的毒蛋白只能对鳞翅目昆虫起作用，对其他类型的生物无害。此外，这些对害虫起作用的致病菌在自然界中早已存在，人类在演化过程中已经因与它们长期接触而获得了免疫力。更重要的是，人类食用玉米需要经过消化道里的消化酶处理，大分子的蛋白质被消化成小分子的氨基酸，吸收到人体内的营养物质是小分子的氨基酸等。目前，抗虫玉米已经在多个国家被批准种植，至 2009 年，转基因玉米占全美玉米面积的 85%[89]。我们日常食用的糯玉米是中国特有的品种，不是转基因作物。

自 20 世纪 70 年代兴起以来，基因工程已经培育出很多农作物新品种。

在我国南方的广大地区，水稻是主要的粮食作物。近些年由于青壮年劳力多数外出打工，留在家里的都是老弱妇幼，过去费时费力地插秧种稻的种植方式已经很少有人使用了。多数农民都是把稻种直接播撒在地里，等三个月以后直接收获。连续种植多年的直播稻田里的杂草非常茂盛，采用人工拔除又增加了劳动力成本，雇佣别人拔除的话需要支出一定的劳务费。如果使用除草剂，又会在除掉杂草的同时伤害水稻秧苗。在这种情况下，科学家培育出了一种抗除草剂水稻。该水稻非常受农民欢迎，在我国种植水稻的地区获得了迅速推广。

大豆是重要的农作物之一，在为人类提供油料和氮素营养方面有非常重要的作用，在为家禽家畜提供氮素营养方面有不可替代的作用。由于我国人口众多，并且经济快速发展，人们对肉、蛋、奶的需求量越来越大，而自产大豆又供不应求，每年需要从国外进口大量的大豆。海关总署发布的数据显示，我国2022年全年进口粮食14 687.2万吨，其中大豆9108.1万吨[90]。

目前最常用的大豆除草剂是甘草磷。它可以抑制杂草体内的芳香族氨基酸合成，进而抑制其蛋白质合成而导致杂草枯死。由于人体内不执行芳香族氨基酸的合成活动，而是从食物中摄取现成的芳香族氨基酸，所以甘草磷对人体的毒性非常低。一个70千克重的人摄入至少500克的甘草磷时才会有致命危险。事实上，甘草磷在世界范围内已经使用了近50年，并没有引起人类疾病的明显增加。

甘草磷虽然能除掉杂草，但是也会影响大豆体内的蛋白质合成，这怎么办呢？科学家从土壤里的土壤农杆菌体内发现了一个能对抗甘草磷的基因，于是把它转移到大豆体内，获得了抗除草剂（甘草磷）的大豆，这就是所谓的转基因大豆。除大豆以外，大面积种植的抗除草剂作物还有甜菜和油菜等。

除转基因作物以外，科学家还培育出了很多转基因动物。美国培育出的转基因三文鱼生长迅速，可以长到普通三文鱼的三倍大。我国也培育出了转基因鲤鱼，比普通鲤鱼大很多，不过没能大面积推广。

我们常见的农作物哪些是转基因的？哪些不是转基因的？很多民众也许会关心这个问题。有些人说，现在的番茄越来越硬是种植了转基因番茄的缘故。其实转基因番茄确实有，但由于与传统番茄相比，它并没有明显的优点而很少有人种植。我们购买的番茄比较硬有两种可能，一种可能是番茄还没有成熟就被采摘下来，经过人工催熟后再售卖；另一种可能是购买了硬果番茄，这是最近出现的新品种，皮厚果硬，特别耐储藏。

第七节　现代育种学

现代育种是以遗传学的基本规律为基础的。孟德尔首先提出，在生物的体细胞中有成对的遗传因子（如DD、Dd、dd），在生物的配子中有且必有每对遗传因子中的一个（如D或d）。遗传因子是控制生物性状的内在因素，生物性状是遗传因子的外在表现。自1900年孟德尔遗传定律被重新发现以后，遗传学的发展日新月异。这门科学对动物和植物的改良有重大的指导意义，使育种由缺乏理论指导的个人爱好转变成严谨的科学研究。

在种植杂交玉米获得增产后，人们把目光又投向了其他农作物。人们发现，对于小麦、水稻等雌雄花在一起、花又很小的农作物来说，杂交育种是很难实现的。其中最大的困难是如何去雄。因为一个穗子有几十到上百朵花，一朵一朵地操作，对于专业技术人员来说都是个不小的难题，大面积种植让广大农民去操作就更不现实了。在这个巨大的难题面前，无数科学家退缩了。我国的科学家袁隆平（1930—2021）通过艰辛的努力解决了这个世界性难题。

作为传统的育种方法，杂交育种为粮食增产做出了巨大贡献，但它需要年年制种，工作量烦琐且巨大。杂交种自交后代会出现性状分离，原来的优势会逐渐消失。科学技术的发展，尤其是细胞工程、基因工程的兴起，给育种工作带来了新的革命。通过细胞工程，人们让两种亲缘关系较远的植物细胞杂交成一个杂交种细胞，这个杂交种细胞拥有两个物种的全部基因，可以自行繁殖而不退化，具有独特的优越性。比如，现在人们培育成功的"白菜甘蓝"的叶子很像白菜，但又像甘蓝一样抱得很紧，便于储存和运输。人们还设想培育出下面长萝卜上面结甘蓝的"萝卜甘蓝"，但目前还没有成功。

基因工程也为育种工作开创了一条捷径。通过基因工程，人们可以按照自己的"意愿"来改造生物。比如，人们发现苏云金芽孢杆菌能产生一种 Bt 毒蛋白，这种毒蛋白对人畜无害，却能使棉铃虫等鳞翅目昆虫的消化道溃烂，最终致其死亡。科学家就想，能不能将苏云金芽孢杆菌体内控制毒蛋白的基因提取出来，转移到棉花体内，让棉花也能产生 Bt 毒蛋白，从而抵抗棉铃虫的破坏呢？经过科研人员的努力，美国和中国都培育出了拥有抗虫基因的抗虫棉。这种抗虫棉不但能抵抗棉铃虫的破坏，还能节省农药，减轻环境污染，具有重要的经济价值和环保价值。

随着人民生活水平的不断提高，人们对肉、蛋、奶的需求量越来越大，由此对粮食的需求量急剧增加。

随着科学技术的不断进步，育种方法会越来越先进，增产效果也会越来越好。通过增加粮食单产，可以用有限的耕地种出更多的粮食。根据多年的育种经验，袁隆平认为水稻还蕴藏着巨大的产量潜力，可以通过先进的生物技术来深挖。例如，玉米的 C4 基因现在已被成功克隆，并且正在导入超级杂交水稻亲本中。理论上，C4 植物玉米的光合效率比 C3 植物的水稻高 30%。[91] 基于这项研究进展，专家们提出了第三阶段超级稻杂交育种目标，希望在不久的将来，超级杂交稻大面积产量达到亩产 1000 千克。我们相信，中国这个人口大国能够通过提高产量来解决自己日益增长的粮食需求。

理想的水稻品种应该是怎样的？在育种专家看来，这个品种应该具备高产、优质、抗病、抗逆等诸多优良性状。要培育出同时拥有这么多优点的水稻新品种，单靠传统的育种技术是不行的。为此，我国在 20 世纪末就启动了水稻基因组的测序研究工作。2002 年底，中国籼稻基因组"精细图"完成，标志着我国水稻基因组研究水平进入世界前列。此后，国内的科学家相继把控制产量、抗虫、抗病、耐盐碱等的基因确定了下来，并通过克隆技术大量扩增，应用到杂交水稻的培育中去。通过努力，科学家培育出了一批高产优质的水稻新品种，打破了中国大米"高产不好吃"的魔咒。

我国地域辽阔，生态环境多种多样，不同地区、不同民族的消费喜好也有区别。根据不同人的不同需求设计出合适的基因组方，让人们吃到符合自己口味的专门"定制"的优质大米，是当前育种专家努力的新方向。

第八节 "杂交水稻之父"袁隆平

袁隆平是中国杂交水稻育种专家，被誉为"杂交水稻之父"，是中国工程院院士，美国科学院外籍院士。我国发现的国际编号为8117的小行星被命名为"袁隆平星"。他先后荣获联合国教育、科学及文化组织（简称联合国教科文组织）"科学奖"和联合国粮农组织"粮食安全保障荣誉奖"等多项国际奖励。2001年，他获得首届国家最高科学技术奖。

一、接触杂交水稻

1953年，袁隆平从西南农学院毕业，被分配到湖南省的安江农校教书。在这里，他开始了研究杂交水稻的事业。

当时，遗传学界普遍认为像水稻这样的自花授粉植物是不存在杂交优势的，所以让水稻进行人为杂交是徒劳的。袁隆平不同意这个观点，他认为遗传规律在生物界是普遍适用的，他要把这些遗传学原理成功地应用于水稻生产中。

1960年7月，袁隆平在早稻试验田里发现一株水稻与众不同——长势特别好。他将这株水稻的种子收集起来，第二年播种，结果长出的水稻和母本不一样，高的高，矮的矮。这让袁隆平大失所望。"失望之余，我突然来了灵感：如果它是纯种的话，它就不会出现性状分离，因此，我推测它是一株天然杂交稻。"袁隆平说道。[92]袁隆平认为，既然自然界存在"天然杂交稻"，那就说明水稻可以在自然状态下实现品种间的杂交，那么人工培育杂交水稻就不是天方夜谭。

可是，水稻不同于玉米，要实现不同品种的水稻之间的杂交是非常困难的。水稻的一个稻穗上有几十个到上百个雌花和雄花并存，要让不同品种的水稻进行杂交，首先就要避免它自花授粉（自交），采用玉米那样的人工去掉雄蕊再进行人工授粉的方法，操作难度非常大。除人工去雄以外，另一个选择是喷洒药物杀雄，而药物的效率、喷洒时间等又很难掌握。更难的是，稻花中的雌蕊接受花粉的时间很短暂。

如果是小规模实验中处理一两个稻穗，用人工方法是完全可以的。但要在农村大面积推广，就要求育种环节简单易行，让广大农民能够学会，而且必须节省劳力，否则会增加制种成本，从而没有推广价值。那么，怎样才能在不花费较多人工成本的前提下让不同品种的水稻进行杂交呢？这成了袁隆平每天都放不下的问题。

二、寻找雄性不育株

通过多方查阅资料，袁隆平了解到植物群体中也存在个别不育的个体。有的是雌蕊不正常，有的是雄蕊不正常。这让他灵光一闪：如果找到雄性不育的水稻，将雄性不育系作为母本，和雄性可育的父本在稻田里间隔种植，不就省去了人工去雄的烦琐过程了吗？这样就可以大面积进行水稻杂交种的培育了。

有了这个思路，袁隆平觉得杂交水稻不是可望而不可即的梦了。可一道新的难题又摆在眼前：到哪里去找患有"雄性不育症"的水稻呢？说是难题，解决办法又出奇的简单：就是寻找。炎热的夏季中午，正是水稻开花授粉的时刻。袁隆平和助手们就一头扎进稻田，无论高温和酷暑，还是刮风和下雨，他们在上万亩的稻田里一株一株地观察，一步一步地寻找。这个难度无异于大海捞针。

从 1962 年夏天开始，直到 1964 年夏天，在寻找雄性不育株的第 3 个年头，他们终于找到了第 1 株天然雄性不育株。在随后的两年的时间里，袁隆平和助手们一共找到了 6 株天然雄性不育株。他根据自己的设想，结合获取的科研数据写成一篇论文，这就是 1966 年在《科学通报》上发表的《水稻的雄性不孕性》。文中不仅描述了水稻雄性不孕株的特点，还根据当时发现的材料将其区分为无花粉、花粉败育和部分雄性不育三种类型。这也是袁隆平的第一篇重要论文。在这篇论文里，他提出了培育杂交水稻的三系配套战略设想，并描绘出培育杂交水稻的光辉前景。正是这篇论文，使他的工作受到了国家的重视，奠定了他在杂交水稻学界的最初地位。

三、培育杂交水稻

发表《水稻的雄性不孕性》后，受到时任国家科委党组书记聂荣臻元帅的支持，袁隆平研究杂交水稻的工作在"文化大革命"期间也没有停止过。袁隆平和助手们做了 3000 多个杂交组合，仍然没有培育出不育株率和不育度都达到 100% 的雄性不育系来。可以说实验是全都失败了。现实是无情的，4 年的时光如流水一样过去了，夜以继日的辛劳并没有获得与之相应的回报。

当时育种学界有一种理论认为，由于自花授粉植物是大自然经过长时间的自然选择与进化形成的，它们的内在结构（包括基因）已经与自花授粉活动高度一致，所以对自花授粉植物来说，要么杂交很困难，要么杂交没有优势，抑或杂交优势不能保持。换句话说，袁隆平等人让原本自花授粉的水稻进行人为杂交是不会有什么成果的。

实验的失败和学术界理论上的弹劾，并没有让袁隆平心灰意冷。他一边仔细分析实验的得失，一边积极向国内外的同行请教。他发现，他和助手们所做的 3000 多个水稻的杂交实验并不是没有显示出杂交优势，只是优势不显著。这是由于控制水稻的籽粒大小、营养物质含量的基因有很多对，属于遗传学上的数量性状。要使这么多对基因同时变成高产组合，成功的概率本来就非常低。

从人们已经掌握的遗传学知识可以知道，在一定范围内，两个杂交亲本的亲缘关系越远，杂交种后代的杂交优势越大。人类栽培水稻已经有 8000 ～ 10 000 年的历史了，现在的栽培稻和现在的野生稻已经有了非常大的差别，如果让它们进行杂交，杂交种后代的优势应该会更加明显。袁隆平和助手们决定抛弃原来的经验和思路，另辟蹊径，即拉大杂交组合的遗传距离，找到野生稻的雄性不育株，让它与栽培稻杂交。但又一个难题摆在了眼前：哪里有野生稻？找到了野生稻就能找到雄性不育株吗？

　　袁隆平（图 8-9）和助手们到海南寻找野生稻的雄性不育株。白天，他们在田间劳作，稻田里咬人的蚊子又大又多，炎热的天气让他们汗流浃背、透不过气来。到了晚上，那里还经常停电，他们就点起煤油灯、菜油灯或蜡烛。尽管蚊叮虫咬，可他们还得在微弱的灯光下查阅资料，记科研笔记，忙得不亦乐乎。

图8-9　袁隆平在科研

　　功夫不负有心人，奇迹终于出现了！1970 年 11 月，袁隆平的助手李必湖（1946—　）等在海南发现了一株雄花异常的野生稻穗，袁隆平将其命名为"野败"。籼稻品种"广场矮 3784"与"野败"杂交后，当年只收获了 3 粒种子。后来，他们又采用无性分蘖繁殖的方法，发展到 46 株。利用"野败"，他们培育出了后来轰动世界的"三系法"杂交水稻的祖先之一——不育系。

　　"野败"被发现后，当务之急是利用它获得可供生产的不育系栽培水稻。可它们之间的遗传差距太大了。"野败"是一棵野生水稻，说白了就是一棵杂草，它的身上除了雄性不育基因是我们需要获取的以外，其他性状的基因几乎都是没用的。所以，袁隆平和助手们需要将"野败"体内的雄性不育基因置换到栽培水稻上，才有实际的生产利用价值。经过"野败"的回交转育，他们培育出了有应用价值的不育系，接着又选育出了保持系和恢复系。

"野败"的发现和转育成功，结束了杂交水稻研究长期徘徊不前的局面。在 1973 年 10 月于苏州召开的全国水稻科研会议上，袁隆平发表了《利用"野败"选育"三系"的进展》一文，正式宣告中国籼型杂交水稻"三系"配套成功。

"杂交种优势"是指杂交子代在生长活力、育性和种子产量等方面都优于双亲均值的现象。杂交种优势的原理能不能用到杂交水稻上呢？这是众多农学界人士都怀疑的问题，也是袁隆平和助手们必须回答的问题。

1972 年秋，袁隆平的助手罗孝和（1937—　）为了求证自花授粉的水稻具有杂交优势，用国内"南广占"核不育材料与"日本占"母本[93]杂交，搞了一丘"三超杂交稻"，预计产量会超过父本、母本和对照品种。结果，这些杂交种秧苗的长势十分旺盛，引起了人们极大的兴趣，全国的水稻研究专家都十分关注。可是收获时，罗孝和发现稻谷产量和对照组"湘矮早 4 号"持平，稻草的产量却增加 1 倍。这下让反对者抓到了"把柄"："水稻这种自花授粉的植物即使有杂交种优势，也只表现在营养生长上，主要体现在稻草上，不在我们需要的稻谷上。可惜人不是牛，人不能吃草啊！如果人能吃草，这个杂交水稻就有用了。"[94]这些议论使罗孝和一班人有点儿心灰意冷。袁隆平也被领导找去谈话，让他解释为何杂交稻只增产稻草而不增产稻谷。

在这个关键时刻，袁隆平就是团队的主心骨。他仔细分析了这个杂交实验。发现杂交种一代的植株高度、叶片长度、分蘖能力都超过父本、母本和对照组，确实实现了"三超"。也就是说，杂交种子一代具有杂交种优势，这是确定无疑的，只是这种优势没有体现在稻谷上，这说明我们的实验方案不是彻底失败了，而是还需要改进。所以，应该认为罗孝和的实验为袁隆平的设想找到了科学依据，这个实验具有非凡的里程碑意义。

袁隆平认为，植物有无杂交种优势，不决定于它们固有的生殖方式，而取决于杂交双亲的遗传性有无差异，是否构成杂交种的内在矛盾，这种矛盾是否有利于表现出优势；自花授粉植物与异花授粉植物同样具有杂交种优势，杂交种优势是生物界的普遍规律。

在这个理论的指导下，杂交水稻的科研人员以更加饱满的热情投入研究中，几年的时间就取得了世界瞩目的成就。

1974年5月，袁隆平主持选育的"南优2号"小片区亩产高达675.83千克。次年，该组合在湖南进行全省试种，产量名列第一。"南优2号"等一批杂交水稻强优组合诞生，使杂交水稻的优势一下子显现出来，这项先进的技术也迅速推广至全国。[95]

至此，关于杂交水稻有没有杂交种优势的理论之争，被袁隆平和他的助手们用事实平息了，也从这个时候起，反对培育杂交水稻的声音才彻底消失。

由于"三系配套"成功，袁隆平在一夜之间成了名人，但他面临的难题还有很多。虽然杂交水稻在全国得到大面积推广，但是袁隆平知道，现行的制种技术是劳力密集型技术，需要大量人力操作，间接地提高了制种成本。因此，怎样把众多的劳力从烦琐的制种工作中解放出来、怎样降低杂交水稻的制种成本，进而减轻农民的种植成本，提高农民的实际收入，仍然是袁隆平等水稻育种专家们所急切需要解决的问题。他明白，只有制种成本降低后，种子的售价才能降低；种子的售价降低了，也就降低了农民的种地成本，等于提高了农民的实际收入。这些市场层面的问题，作为育种专家的袁隆平是经常考虑的，所以才有了他日后提出的"两系法"和"一系法"。

经过一番努力，他们终于突破了制种低产关，大大降低了种子的成本，为杂交水稻的大面积推广铺平了道路。

四、"三系法"到"两系法"

1986年10月，在长沙举办的首届杂交水稻国际学术研讨会上，袁隆平提出了杂交水稻育种发展方向的战略性思路：从"三系法"到"两系法"再到"一系法"，程序由繁到简，效率由低到高；杂交种优势由品种间到亚种间再到远缘杂交种优势利用，优势将越来越强。由于袁隆平提出的方案具有非常重大的经济意义，1987年国家将"两系法"杂交水稻育种列入国家高技术研究发展计划（简称 863 计划）的攻关项目。

1996 年，"两系法"的繁殖、制种和栽培技术也已成熟配套，开始大面积推广[96]。随后，长江流域双季稻区"两系法"杂交早稻研究又获突破，育成了一批优质、高产、早中熟的两系早籼组合，为提高长江流域早籼稻品质和产量提供了有力的技术支撑。这种杂交稻于 1998 年开始大面积示范种植，到 2000 年全国累计推广面积达 5000 万亩，10 年累计推广达 1.2 亿亩，累计新增产值 110 亿元[96]。

"两系法"研究是一项我国独创的高新技术，是世界作物育种史上的重大革命。它不仅简化了种子生产的程序，降低了种子成本，而且可以自由配组，大大提高了选育优良组合的概率。

在"两系法"杂交水稻育种理论的启发下，"两系法"杂交高粱、"两系法"杂交油菜、"两系法"杂交棉花、"两系法"杂交小麦相继研究成功。我国农作物育种创造了新的辉煌。

五、超级杂交稻

1997 年 6 月，袁隆平发表《杂交水稻的超高产育种》，提出了超级杂交水稻的技术路线。2001 年 11 月，袁隆平在世界农业科技大会上指出：生物技术可以加速中国的超级稻研究。如果转入玉米的某种基因，超级杂交稻的单产还会有大幅增长的潜力。与此同时，利用高技术优化米质的工作也全面展开。2002 年，由他主持的超级杂交稻育种项目在湖南龙山县百亩示范区平均亩产达 817 千克，最高亩产达 835.2 千克[97]，这标志着超级杂交稻可以在一般生态条件下大面积推广。

随着我国航天事业飞速发展，袁隆平的育种思路从稻田拓展到太空。他在进行超级杂交稻的实验过程中，积极参与我国尖端的航天育种工程。

超级稻杂交稻给人类生存带来了希望和光明。如果用超级杂交水稻全部代替目前生产上应用的杂交水稻，即推广 2.3 亿亩，按平均亩产增加稻谷 100~150 千克计算，每年可增产粮食 2300 万～3450 万吨，可多养活 6000 万～8000 万人口。超级杂交稻是 21 世纪增加我国粮食产量的重要途径，也是解决未来世界性粮食危机和饥饿问题的有效途径。它将对我国国民经济和社会的发展及世界和平和粮食安全的保障有重要意义。

第九节　小麦育种专家李振声

我国人口多，人均耕地少，粮食问题一直是关乎国计民生的大事。像袁隆平一样积极培育高产农作物的科学家还有很多，其中成就特别突出的还有李振声院士。

李振声（图8-10）于1931年2月25日出生，是山东淄博人，中国科学院院士、国家最高科学技术奖获得者，中国小麦远缘杂交育种奠基人，有"当代后稷"和"中国小麦远缘杂交之父"之称。

图8-10　李振声院士

1951年，李振声毕业于山东农学院（现山东农业大学）农学系。1956年，为响应国家支援大西北的号召，李振声放弃北京优越的工作和生活条件，背起行李，从中国科学院北京遗传选种实验馆奔赴西部一个名不见经传的小镇——陕西杨陵（现称杨凌），在中国科学院西北农业生物研究所（现并入西北农林科技大学）开始了小麦育种的研究。

从此，李振声开始了在大西北 31 年的科研生涯。

当时，我国经历了历史上最严重的小麦条锈病大流行。条锈病是一种真菌引起的传染病，具有分布广、传播快、危害面积大的特点，在我国的河北、河南、陕西、山东、山西、甘肃、四川、湖北、云南、青海、新疆等地均有大规模暴发的历史记录。

小麦感染条锈病后，叶片枯萎，种子瘦小，种子加工后出面粉非常少。所以小麦一旦感染条锈病，就会造成巨大损失，甚至绝收。由于条锈病的流行，1950 年，小麦减产 60 亿千克；1964 年，减产 32 亿千克；1990 年，减产 12.37 亿千克；2002 年，减产了 8.51 亿千克。此后，2017 年减产 4.28 亿千克，2020 年减产 2.49 亿千克[98]。

当时只有 25 岁的李振声忧心忡忡。他决定从事小麦改良研究，为农民培育出优良抗病的小麦。但随着对条锈病的研究深入，他发现培育抗条锈病的小麦的难度非常大。小麦条锈病的发生与危害具有长期性、暴发性、流行性和变异性等特点，病菌可随高空气流远距离传播[99]。研究出优良抗病的小麦，是一个世界性难题。

李振声最初也想采用传统的育种措施，让不同的小麦良种杂交，期望获得高产抗病的新品种，但一次又一次的实践证明，这种办法收效不大。因为现在我们种植的小麦都是一个物种的不同品种，遗传差异不大，病虫害情况也很接近。实践证明，在一定范围内，杂交的两个亲本的遗传差距越大，获得的杂合体杂交种的优势越明显。在这种情况下，李振声将目光投向了小麦的一位野生亲属——偃麦草。

通过多年对牧草的研究，李振声发现长穗偃麦草具有非常好的抗病性。于是，他萌生了让偃麦草与小麦杂交，把偃麦草的抗病基因转移给小麦的想法。

其实，我们今天吃到的小麦也是经过跨物种的远缘杂交形成的。普通小麦的祖先是"一粒小麦"（是二倍体，有 14 条染色体，记作AA），籽粒非常小，数量也不多，长得也不像今天的小麦。大约在一万年前，在偶然的情况下，"一粒小麦"和另一个物种拟斯卑尔脱山羊草（也是二倍体，有 14 条染色体，记作 BB）通过属间杂交，得到了杂交种（AB），但由于是属间杂交，杂交后代是高度不育的，这样的杂交成果随着杂交后代的死亡而消失。所以在绝大多数情况下，这种杂交是没有结果的。但在极偶然的情况下，杂交后代的幼苗细胞完成了染色体的复制，恰好遇到低温等不良气候的侵害，细胞不能及时分裂成两个子细胞，于是这些已经复制的染色体就都存在于一个细胞里了。这就使杂交种体内的染色体加倍，成为异源四倍体（AABB）。这个异源四倍体体内的染色体是成对的，于是它就成为可育的新品种——"二粒小麦"。又过了不知多少年，"二粒小麦"又和另一种山羊草（粗山羊草，也是二倍体，有 14 条染色体，记作 CC）杂交，得到杂交种（ABC）。这个杂交种依然是不育的。某些杂交种（ABC）又在极偶然的情况下通过染色体自然加倍，形成今天的普通小麦（是六倍体，有 42 条染色体，记作 AABBCC）。

普通小麦的形成过程可以用图 8-11 的遗传图解表示。

P　　"一粒小麦"（AA）（$2n=14$）× 拟斯卑尔脱山羊草（BB）（$2n=14$）

↓天然杂交

F_1　　　　杂交一代（AB）（$2n=14$，高度不孕）

↓自然加倍

"二粒小麦"（AABB）（$4n=28$）× 粗山羊草（CC）（$2n=14$）

↓天然杂交

F_2　　　　杂交二代（ABC）（$3n=21$）

↓自然加倍

现代小麦（$6n=42$）

图8-11　普通小麦诞生的遗传图解

有读者可能会问：这么多偶然事件怎么会接二连三地发生在小麦的形成上呢？要知道，"一粒小麦"与拟斯卑尔脱山羊草这两种植物都有众多的个体，所以它们之间发生杂交虽然是小概率事件，但杂交后代的数量仍然十分可观；杂交种遇上低温虽然也是小概率事件，但众多杂交种经过漫长的时间（上千年），遇上低温的机会就很多了。所以，在物种演化中只要是合理的，那么再小的概率也会在演化的长河中被大自然选择并保留下来。

后来，普通小麦又经过长期的人工种植和精心培育，不仅产量大大提高，品质也有了根本的改善。但随之而来的问题是，小麦经过近万年的人工选择和栽培，在人类的精心照料和不断选择下，已经如同温室里的花朵，抗病的基因逐渐丧失了。野生植物在大自然里生存，就要面对寒冷、干旱、虫咬、细菌、病毒等方方面面的危害，那些存活至今的野生植物体内就应该有抵抗这些不利因素的基因。

通过对小麦历史的研究，李振声更加坚定了这一想法。李振声的想法就好比为偃麦草和小麦进行特殊的"婚配"，让小麦的后代获得偃麦草的抗病基因。由于二者的亲缘关系远，就像马和驴杂交的后代骡一样没有生育能力，所以让小麦的后代获得偃麦草的抗病基因的难度非常大。

李振声提出的通过远缘杂交将偃麦草的抗病基因转移给小麦，选育持久性抗病小麦品种的设想，得到了植物学家和植物病理学家的支持。为解决小麦条锈病这一世界性的难题，李振声开始对远缘杂交进行深入的研究和探索。

李振声带领他的科研团队经过20年的艰苦努力，将偃麦草的优点成功地转移到小麦体内，先后培育成了小偃麦八倍体、异附加系、异代换系和异位系等杂交种新类型。这些新品种在全国累计推广了0.2亿多公顷，增产小麦逾75亿千克[100]。在李振声的带领下，我国的育种工作者建立了小麦染色体工程育种新体系，将偃麦草蓝色胚乳基因作为遗传标记，首次创制了"蓝粒单体小麦"系统，解决了小麦利用过程中长期存在的"单价染色体漂移"和"染色体数目鉴定工作量过大"两个难题；育成自花结实的缺体小麦，并利用它开创了快速选育小麦异代换系的新方法——缺体回交法，为小麦染色体工程育种奠定了基础。

由于小偃麦的抗病性强、产量高、品质好，该品种在黄淮流域冬麦区广泛种植，于是农村流传开了这样一句民谣："要吃面，种小偃。"对此，李振声则谦逊地表示，我们今天能吃到发面馒头和面包，应该感谢大自然，也要感谢给小麦提供优良基因的偃麦草。

第九章
胚胎研究：动物究竟
从哪里来

　　出于对生命的好奇，古人早就开始了对胚胎发育过程的观察和研究。在此基础上，他们提出了很多假说来解释观察到的现象。但这些解释多是凭直觉做出的主观判断，偏差和谬误很多。直到显微镜等先进仪器出现以后，胚胎学才真正建立并快速发展起来。

童第周在做科研

第一节 由种子想到的

人和各种动物是怎么来的？在古代，人类就对这个问题进行了无数次的思考和研究，并提出了种种看法。在相当长的一段时间里，古人普遍认可的是"先成论"。比如，他们看到植物的种子种到土壤里就会发芽、长大、开花、结果。那么动物和人呢？有人猜测，男人的精液中应该有类似于植物种子的东西，在男女结合之后，"种子"就会留在女性体内，最后发育成幼体。他们还猜测，其他动物的来源也应该与人相似，是由雄性动物提供的"种子"发育成的。

那么，一粒小小的"种子"是怎么在母体内发育成胎儿呢？曾有许多学者研究过这个问题。

最早提出较合理的看法的学者是古希腊的亚里士多德。他对胚胎发育进行过观察，并大胆推测人的胚胎来源于月经血与精液的混合。他还对鸡蛋的产生和孵化进行过详细的研究，在自己的著作中对鸡胚的发育做过详细的描述。他的这些论断在今天看来虽然有很多错误，但仍是非常了不起的发现。

在亚里士多德之后的近 1800 年，胚胎学都没有什么进展。人们仍然用主观的臆想和直觉的判断解释胚胎发育过程。

第二节　"先成论"和"后成论"

　　显微镜的问世对胚胎学起到推动作用。17世纪，马尔皮吉研究了小鸡的胚胎。他发现开始孵化的鸡蛋中最初有一个小点，胚胎发育到第4天形似蜘蛛，第6天可以看见眼睛，第8天里面的胚胎能动了，第10天能看见嘴和爪，第14天有了羽毛，然后逐渐发育成一只小鸡，破壳而出。马尔皮吉认为，自己找到了支持"先成论"的证据。他认为，鸡蛋里原来有一只非常小的小鸡，它一点一点长大，最后发育成熟并出壳。

　　荷兰科学家斯瓦默丹也是"先成论"的支持者。他用显微镜研究了昆虫的发育过程。斯瓦默丹认为，昆虫的卵应该是蛹的前身，是一个缩小的蛹。他发现蝴蝶是从蛹里出来的，所以认为它在蛹的阶段就已经完全成形了，据此，他推断蝴蝶在幼虫期甚至在卵里就已经有它的"小体"了。蝴蝶的发育过程就是里面的"小体"在不断长大的过程。

　　格拉夫和斯瓦默丹详细地描述了哺乳动物卵巢的滤泡——现在称为"次级卵泡"（又称"格拉夫卵泡"）。他们根据自己的观察提出了"先成论"。该学说认为在生殖细胞中就存在着一个发育好的雏形，如果是人的生殖细胞，那么里面就有一个小人，生殖细胞发育成胎儿，就是这个小人逐渐长大的过程。这个学说也称为"预成论""先成说"，它又可以分为"精原说"和"卵原说"两种。

　　和"先成论"相对立的观点叫"后成论"，是18世纪德国胚胎学家卡斯帕尔·弗里德里希·沃尔夫（Caspar Friedrich Wolff，1733—1794）提出的。沃尔夫仔细研究了鸡胚的发育，他观察到鸡卵里由许多小球组成的非常稀薄、半透明的部分组成了小鸡的最初身体，其中有一部分胚胎参与了小鸡消化管的形成。于是他认为，新生个体的生长及发育是一个渐变的过程，即生物有机体的各种组织和器官是在胚胎发育过程中由原来未分化的物质发展形成的。

英国学者哈维深受一代先知亚里士多德的影响，也反对"先成论"。哈维对动物在子宫内的发育过程进行了观察和研究。1651 年哈维出版的著作《动物的生殖》标志着近代胚胎学研究的真正开始。在该书中，哈维记述了自低等昆虫至高等哺乳动物共 71 种生物的生长发育变化，记载了鸟类和哺乳类动物的性器官的构造和它们的胚胎发育过程。哈维指出，鸡卵内的透明白点（胚层）是鸡雏发生的位置。他根据自己的研究指出，胚胎是由简单到复杂发育的，胚胎各部分是在卵中不断分化而逐渐形成的。

哈维认为动物的卵中存在形成完整生命的"已经备就之物质"。在这一推论下，他认为卵是生物发育的最初的起点，并提出了胚胎学上的一句名言："一切生命皆来自卵。"对于自己没有观察到的植物和微生物，哈维没有否认它们是自然发生的，但对于高等动物，他肯定它们是由卵发生的。所以，我们可以认为，哈维是胚胎学史上"后成论"的倡导者。

当时支持"先成论"的学者很多，而支持"后成论"的学者屈指可数，极力宣传"后成论"的学者几乎仅有哈维一人。

现在，我们觉得"先成论"和"后成论"非常容易分辨，是因为我们站在前人的肩膀上。在哈维生活的时代，由于显微镜等生物学研究工具还非常落后，科学家只能根据自己的观察和直觉做出判断，所以他们的结论难免失之偏颇。

19 世纪，卡尔·恩斯特·冯·贝尔（Karl Ernst Von Baer, 1792—1876）仔细地观察、研究了各类动物的早期发育，证实了克里斯蒂安·海因里希·潘德尔（Christian Heinrich Pander, 1794—1865）于 1817 年提出的"胚层学说"，并根据观察到的事实提出了"贝尔法则"：各种脊椎动物的早期胚胎都很相似，随着发育的进展才逐渐出现不同种类所独有的特征。例如，脊椎动物共有的构造——脊索和神经管，在各类胚胎中均最先出现，彼此相似。所以贝尔被认为是继哈维之后最重要的胚胎学的奠基人。

第三节　哺乳动物的卵

　　贝尔（图9-1）是俄国生物学家，人类学家，地理学家，比较胚胎学的创始人。他在19世纪将胚胎学的发展推向更高的层次。由于贝尔的努力，胚胎学很快发展成为一门成熟的学科。他的结论被达尔文用作生物进化的证据。同时，胚胎学的发展又催生了一门新的学科——实验胚胎学。所以，胚胎学的发展促进了整个生命科学的快速发展。

图9-1　贝尔

　　贝尔出生于爱沙尼亚，曾先后在好几所大学学习医学，可他却对治病救人不感兴趣，每天一有空就跑到实验室里做实验。在这期间，他结识了解剖学家潘德尔。潘德尔不仅拥有高超的解剖学技术，还拥有丰富的胚胎学知识。他对贝尔的影响很大。1814年，贝尔在多尔帕特大学医学院获得医学博士学位。毕业后，他放弃了行医，专门从事解剖学、胚胎学、生理学和比较胚胎学的研究。他的这些科研活动没有得到任何部门的资助，完全是自费的。为了进行自己想做的实验，他变卖了自己的所有家产，用来购置器材和实验动物。由于不去行医，贝尔在家乡一直没找到合适的工作。1817 年，贝尔到德国的哥尼斯堡（加里宁格勒）解剖学学院担任解剖学助教，后来成了副教授[101]。1834 年，贝尔回到俄罗斯的圣彼得堡，在那里继续进行胚胎学研究。

1827 年，贝尔出版了专著《动物的发育》，书中对动物胚胎的构造和发育过程进行了全面而准确的描述，并对不同动物的胚胎发育过程进行了比较，总结出了胚胎发育的基本规律。在书中，他首次准确地描述了哺乳动物的卵。这也是人类首次描述胎生动物的卵。

贝尔认为，哺乳动物的卵应该是从卵巢里产生的，但他进行过多次雌性动物解剖实验，都没有找到相关的证据，原因是多数哺乳动物都是一个月左右才排一次卵，所以遇到的概率很小。这也是人类在 17 世纪发现精子之后又过了一百多年才发现卵的原因。

贝尔进行了多次解剖实验都没有找到哺乳动物的卵，但他并没有灰心。雌性动物在什么时候排卵呢？贝尔想，动物交配后就会产生胚胎，那说明在交配前就产生了卵，交配后卵就会发育。因此，他认为用一只交配才几天的母狗进行解剖实验，成功的概率会比较大。巧的是，当时他的好友家里恰好有这样一只母狗，于是贝尔解剖了这只狗的卵巢。

在排卵时，次级卵泡会破裂，卵母细胞会伴随放射冠离开卵巢。贝尔发现的几个次级卵泡都已经破裂了，没有十分接近于破裂的。

正当他垂头丧气地准备放弃时，他忽然看到一个小黄斑点。贝尔想：这会不会就是我要找的动物的卵呢？他剖开卵泡，小心地把小黄斑点放在显微镜下观察。他清楚地看到一个很小的、明显长成的卵黄球。更重要的是，他发现哺乳动物卵的内含物同鸟的卵黄是如此相似。

贝尔后来用同样的方法在猪、羊、牛、兔子及人的体内发现了卵。其中在人体中找到卵是很不容易的，因为人类每个月才有一个卵细胞成熟并从卵巢中排出。通过对动物卵的比较研究，贝尔认为卵的构造是相同的。

从方法上看，贝尔的实验并不复杂，但却很巧妙。发现哺乳动物的卵，是贝尔的一大贡献。在贝尔之前，人们由于没有观察到哺乳动物的卵，所以对卵的认识众说纷纭，极为混乱。哈维虽然凭借主观的直觉提出"一切生命皆来自卵"，但他也说不清楚卵是什么样的；格拉夫则将卵巢中的卵泡误认作卵。贝尔的发现纠正了这些错误的看法。

此外，贝尔还具有超强的分析整合能力。他阅读了大量的专业文章，将前人的研究进行了梳理、提炼和升华。他归纳总结了前人的研究，将个体发育过程概括总结成"胚层理论"。他的好友潘德尔也从事过这方面的工作，并且描述了鸡胚的胚层，却不能将观察到的事实上升到理论高度。贝尔从实验上，更主要的是从理论上扩展了"胚层理论"，他提出胚层现象的存在是动物界的一条普遍规律。

贝尔认为，动物胚胎的发育中会出现四个组织层（后来称作"胚层"，并最终确认为三个胚层）；每个胚层再发育成相应的、特定的组织器官，各种动物都是这样发育的：最外层"即第一胚层"发育成表皮及其附属结构、神经系统和感觉器官；第二胚层发育成骨骼和肌肉；第三胚层发育成血管；第四胚层发育成消化道、呼吸道的上皮和腺体。

运用贝尔的理论可以解释同源器官的现象，如为什么鲸的鳍、马的前肢、人的上肢、蝙蝠的翼手、鸟的翼形态不同，功能也不同，但它们的解剖结构却非常相近？原因就是这些器官具有相同的胚层起源。同时，这也证明了鲸、马、人、蝙蝠、鸟是由共同的原始祖先进化来的，只是他们的生活环境不同，进化的方向也不同，才出现了现在的差异。这后来也成了"生物进化论"的证据之一。

贝尔还将胚胎发育分成三个主要时期：第一阶段为胚层形成时期，相当于我们现在讲的从受精卵到原肠胚；第二阶段为原肠胚的各个胚层增殖分化，形成不同组织的时期；第三阶段为各种组织形成相应的器官或系统的时期。这与现在将胚胎发育分为受精卵→囊胚→原肠胚→幼体的过程非常接近。

贝尔在研究各种脊椎动物的胚胎发育时发现，所有脊椎动物的胚胎构造都有一定的相似性，并且在分类上越接近的动物，其胚胎的相似性就越大，在发育的过程中，门的特征最先形成，目、科、属、种的特征次第出现，这就是有名的"贝尔法则"。

从贝尔的身上，我们可以看出那个时代一些科学家的矛盾：一方面强调客观的观察、描述、实验和分析，另一方面又被所接受的传统理论所束缚。他们信奉活力论，即生物总是从低级到高级，向好的方向不断发展；而当他们的研究成果被达尔文当作"进化论"的证据时，他们却认为"自然选择学说"是"还没有完全证实的假设"，不予认可。

德国医生罗伯特·雷马克（Robert Remak，1815—1865）在胚胎学领域也取得了卓越的成就。他提出一个细胞只能来自另一个细胞的遗传论断。他还指出贝尔讲的第二胚层和第三胚层应该属于同一胚层，从而将"四胚层理论"修改为外、中、内"三胚层理论"。这套理论对动物胚胎发育过程的归纳更加清晰明了，因而很快被绝大多数科学家所接受。后来，赫胥黎及恩斯特·海因里希·菲利普·奥古斯特·黑克尔（Ernst Heinrich Philipp August Haeckel，1834—1919）这两位"进化论者"又丰富和发展了"胚层理论"。

贝尔在研究鸡胚时发现了脊索，后来他在哺乳动物的胚胎中也发现了脊索。他认为，脊索是脊椎动物特有的标志，脊索普遍存在于脊椎动物的胚胎中，再由脊索发育成脊柱。

俄国动物学家亚历山大·奥努夫里耶维奇·科瓦列夫斯基（Alexander Onufrievich Kowalevsky，1840—1901）对胚胎学的发展也做出了贡献。他发现并描述了成体内仍保留脊索的原始动物（产于我国福建厦门的名贵特产文昌鱼就是这样的动物），这是对贝尔的发现的重要补充。后来科学家将所有在胚胎期出现脊索的动物称为"脊索动物"。这是动物界最高等的一个门。脊索动物又被细分为三个亚门：被囊动物亚门（又称尾索动物亚门）、头索动物亚门和脊椎动物亚门。脊椎动物是脊索动物门中进化地位最高的一个亚门。

第四节　"生物发生律"

胚胎学在 19 世纪蓬勃发展，内因是动物变化多端的胚胎发育历程吸引着人们去探索，外因则是"进化论"问世后，促使人们从研究各类动物的胚胎发育中寻找进化学说的证据。

到 19 世纪末，可以说人类对所有常见类群的胚胎发育都做了详尽的叙述，还研究了一些稀有的、分类学上位置不太明确的动物——星虫、帚形动物、缓行类等的胚胎发育。这些丰富的成果，使人们对整个动物界的胚胎发育有了比较全面的认识，也对其他有关学科的发展产生了推动作用。

黑克尔（图 9-2）是德国生物学家，博物学家，提出了"生物发生律"，是"进化论"的宣传者和捍卫者。

图9-2　黑克尔

黑克尔于 1834 年 2 月 16 日出生在德国的波茨坦。他的父亲是一位法学家，母亲是普通的家庭主妇。儿时的黑克尔聪明伶俐，兴趣广泛。父亲非常重视对他的教育，很早就为他聘请了家庭教师。他喜欢采集植物标本，也喜欢绘画。他的著作中的很多插图都是自己画的，这与他擅长绘画有关。

黑克尔在小学读了 3 年就升入中学。在此期间，他阅读了很多生物学方面的书籍，对生物进化产生了浓厚的兴趣。因此黑克尔 1852 年从中学毕业后，就想攻读植物学，但因生病休学而未能如愿。同一年秋天，黑克尔考上维尔茨堡大学并遵从父亲的要求学医。在此期间，他学习了动物解剖学知识。1854 年，黑克尔大学毕业，1856 年担任助教，同时他坚持科学研究，1857 年成为医学博士[102]。

1859 年，英国学者达尔文的《物种起源》出版，在全世界引起轰动，黑克尔也通过阅读这本书对生物进化产生了兴趣。他越研究就越觉得达尔文的理论非常正确，从此成为"进化论"的"义务宣传员"和忠实的捍卫者。

1868 年，黑克尔将他宣传"进化论"的通俗演讲稿汇集成《自然创造史》出版。这本书影响很大，在德国连印 12 次，后又被翻译成多国文字。

1874 年，黑克尔出版《人类的进化》一书。在这本书中，他从以下三方面论述了人类和其他生物进化的证据。

（1）古生物学上的证据。根据埋藏在地层中的古生物化石，我们可以发现，在越早形成的地层里，成为化石的生物越简单、越低等；在越晚形成的地层里，成为化石的生物越复杂、越高等。由此可以推测，现代生物是古代生物按照从简单到复杂、从低等到高等、从水生到陆生逐渐进化来的。人也是动物界中的一员，是当前生命活动最复杂、进化水平最高的动物之一。

（2）比较解剖学上的证据。根据同源器官，我们可以知道，一种共同的生物祖先由于适应不同的环境，会演化出不同类型的生物。根据返祖现象，我们可以知道，一些现在已经退化了的特征在其祖先生活时曾一度有用。在人类群体中，我们能发现一些返祖现象。例如，人是没有尾巴的，但极个别的孩子却长出了尾巴；人的体毛退化，非常稀疏，但有极个别的孩子是体毛非常茂盛的"毛孩"。生物体中还有一些在祖先时期曾比较发达，现在却已经严重退化的"痕迹器官"，如人的动耳肌、胸毛、尾椎骨和阑尾，仙人掌的叶刺，蟒蛇后肢残留下来的髋骨等。

（3）胚胎学上的证据。通过对高等动物胚胎发育过程的比较研究，可以知道他们亲缘关系的远近和进化的次序。

结合这些论述，黑克尔提出了"生物发生律"。他指出，生物体在它的个体发育中重复着重要的变异，这些变异是它的祖先在极其漫长的进化过程中经历的。"生物发生律"丰富了"进化论"的内容，也为胚胎学的研究开辟了新的方向。

黑克尔认为，受精卵相当于原始单细胞动物，卵裂相当于从单细胞发展到多细胞的过程，囊胚期是原始多细胞动物阶段，原肠期是原始三胚层动物阶段。他发现，在高等脊椎动物和人类胚胎发育的过程中，可以看到许多低等动物所具有的某些特征，如人体胚胎发育中出现的脊索、鳃和尾等。这说明人的原始祖先是脊索动物，后来进化成类似于鱼的生活在水中的用鳃呼吸的动物。还有，人是由有尾的动物进化来的（图9-3）。

再比如，青蛙的个体发育由受精卵开始，经过囊胚、原肠胚、无腿蝌蚪、有腿蝌蚪，再到成体青蛙。这反映了它在系统发展过程中经历了从单细胞动物、单细胞的球状群体、腔肠动物、原始三胚层动物、鱼类动物，发展到有尾两栖再到无尾两栖动物的基本过程，说明了蛙个体发育重演了其祖先的进化过程，也就是个体发展简单而迅速地重演了它的种族发展史。

但个体发育又不是系统发育的简单、机械的重演，而是有选择地继承。黑克尔发现，动物因为要适应特殊的生存环境而获得了其祖先所没有的新性状，因此胚胎发育不完全重复系统发育。他把继承祖先遗传下来的原始性状的发育称为"重演性发生"，把由于适应所获得的性状的发育叫作"新性发生"，如人体胚胎的卵膜、卵黄囊和胎盘等。重演性发生体现了系统发育的历史，而新性发生则不能。

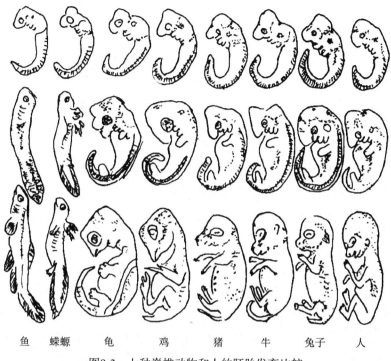

鱼　蝾螈　龟　鸡　猪　牛　兔子　人

图9-3　七种脊椎动物和人的胚胎发育比较

　　1899年，黑克尔出版了他的代表作《宇宙之谜》。该书通俗地解释了19世纪的科学成就，指出宇宙中各种各样的"迷"是可以解开的，世界是可知的。这本书出版后很快风行世界，解放了人们的思想，对当时的守旧思想冲击很大。

　　我国的胚胎学研究是于20世纪20年代开始的。朱洗（1900—1962）、童第周（1902—1979）、张汇泉（1899—1986）等学者在胚胎学的研究与教学中均做出了卓越贡献。朱洗对受精的研究，童第周对卵细胞核质的关系、胚胎的轴性、胚层间相互作用等的研究，张汇泉对畸形学的研究，都开创和推动了我国胚胎学的发展。

第五节　"童鱼"的密码

童第周是我国著名的生物学家，也是国际知名的科学家，生前曾担任过中国科学院副院长、中国科学院海洋生物研究所所长。他从事实验胚胎学的研究有近半个世纪，是我国实验胚胎学的主要奠基人。

一、迟来的插班生

童第周出生在浙江省鄞县（现宁波市鄞州区）的一个偏僻的小山村里，小时候一直在父亲开办的私塾里学习经史子集一类的传统文化，直到 16 岁才到浙江省立第四师范学校求学。童第周在那里学习了很多以前没有接触过的课程，如数学。在期末考试时，他除数学成绩很不理想外，其他学科的成绩都比较出色。

一年后，童第周从同学那里了解到宁波效实中学是一所很出名的私立中学，考上宁波效实中学的学生基本上都能考上大学。宁波效实中学在第一、第二学年开设英语，在第三学年就用英语授课。学校管理严格，竞争激烈，令很多学生望而却步，但童第周却下定决心要考入宁波效实中学。当时父亲已经去世，家里的事情由兄长做主。大哥和二哥都担心他考不上，劝他放弃。童第周却信心十足。母亲、兄长知道童第周从小聪明好学，看到他又这么上进，都非常高兴，大家一致决定支持童第周报考宁波效实中学。

整个暑假，童第周足不出户，在家里复习功课。大哥也托人打听宁波效实中学的招生情况。结果临近开学他们才知道宁波效实中学当年不招收一年级新生，只招收少数优秀的三年级插班生。家里人得知后都劝童第周放弃，但童第周还是说服家人让他试试。没想到他真的考上了，只不过他是所有录取学生中的最后一名。这个从来没有上过正式中学的学生，竟然考上了宁波效实中学的三年级。童第周一下子成了校园里的知名人物。老师也对他特别关心，但也担心他基础太差，数学和英语跟不上。童第周倒是没有考虑这些，他一到学校就投入紧张的学习当中去了。他每天在上课时用心听讲，课下积极向老师请教，业余时间就去图书馆查资料、复习功课。

二、从"第一"到第一

由于以前的底子太薄，童第周到宁波效实中学后明显地感到自己的学习成绩与其他同学的差距太大了。他没有自暴自弃，而是抓紧一切时间努力学习。尽管这样，他还是被同学们远远地甩到了后面。特别是数学和英语，他感到不会的太多而无从下手，非常吃力。在第一学期的期末考试时，他的期末平均成绩才45分。校长找他谈话，责令他退学或留级。他不想失去这个学习机会，再三恳求校长再观察他半年，承诺如果半年以后还是赶不上来，就自动退学。校长被他的执着感动了，同意他跟班试读一学期。

此后，他白天专心致志地听讲，晚上就与路灯常相伴：早上天刚蒙蒙亮，他在路灯下读外语；晚上熄灯后，他在路灯下自修复习。几何课老师在一次晚上值班查宿时发现童第周不在，感到非常生气，觉得一个成绩这么差的学生逃宿，肯定没做什么好事。后来这位老师在校园巡查时发现了一名在路灯下学习的学生。当得知他就是童第周时，老师被他那质朴、好学的精神感动了。但当时天色已晚，老师还是要求他赶紧回宿舍休息。童第周在老师的催促下走了。过了一会儿，老师再次巡查时却发现童第周在另一个路灯下看书。这次老师没有打扰他——对于一个把学习当成生活的全部的学生，支持与引导才是最好的办法。于是每到空闲时，老师就找童第周补习功课。功夫不负有心人，期末他的平均成绩达到70多分，几何还考了100分。留级或退学的事情没有了，同学们也对他刮目相看。此后，他更加努力地学习，最终从班级里的倒数第一名变成正数第一名。

这件事让他悟出了一个道理：别人能办到的事，自己经过努力也能办到。世上没有天才，天才是通过刻苦努力来成就的。

1923 年 7 月，童第周考入复旦大学哲学系心理学专业。大学毕业后，他先到军营做宣传，后来又担任桐庐县建设科科长。面对这些别人可能很羡慕的清闲工作，他却感到一点都不适应，他真正热爱的还是学术研究。1928 年春天，童第周应国立中央大学生物系蔡堡（1897—1986）教授的邀请，到国立中央大学担任助教，这才又回到了学术圈子里。

三、一鸣惊人的卵膜剥除实验

1930 年，童第周在亲友的资助下远渡重洋，来到比利时的首都布鲁塞尔求学，在欧洲著名生物学者、胚胎学的开拓者之一艾伯特·布拉舍（Albert Brachet，1869—1930）教授的指导下研究胚胎学。

研究胚胎学，经常要做卵膜的剥除手术。有一次做实验时，教授要求学生们设法把青蛙的卵膜剥下来。这是一项难度很大的手术，青蛙卵只有小米粒大小，外面紧紧地包裹着三层像鸡蛋的卵膜一样的软膜。因为卵小、膜薄，手术只能在显微镜下进行。教室里静悄悄的，实验在紧张地进行着。不一会儿就有了一些声音，原来是同学们都陆续失败了。他们一剥开卵膜，就把青蛙卵也给撕破了。大家纷纷抱怨这个实验难做。这时老师让做成功的同学举手，全班只有童第周一个人完成了这个实验任务。

布拉舍教授感到非常震惊，这是他自己做了很长时间都没有做成的实验，童第周怎么就做成了呢？他半信半疑地走到童第周的显微镜前观看。"童第周真的成功了！"他大声地向同学们宣告了这一结果。并且，他还特地安排了一次实验，让童第周给同学们示范。

实验开始了，童第周不慌不忙地走到显微镜前，先拿出一根一端极细的玻璃针在卵上刺了一个小洞，胀得圆滚滚的青蛙卵马上就松弛下来，变成扁圆形了，再用镊子向两边轻轻一拨，青蛙卵的卵膜就从卵上顺利地剥落下来了。他没有像其他同学那样机械地进行操作，而是动脑筋想办法，改变了实验步骤，使整个实验变得简单易行。

大家都佩服童第周的实验技能，布拉舍教授也对他称赞有加。从此，布拉舍教授不但对童第周悉心指导，而且还到处宣传童第周的实验能力。遗憾的是，刚刚过了一个学期，就在 1930 年底，布拉舍教授因病去世了。童第周在另一位导师的指导下继续进行胚胎学研究。

四、一台昂贵的显微镜

1934 年获得博士学位后，童第周放弃了国外优厚的待遇，回到当时灾难深重的祖国，先后在山东大学、国立中央大学、同济大学、复旦大学任教。他在极为困难的条件下进行科学研究工作。抗日战争期间，大学迁到大西南，童第周一家也到了四川的一个小镇上。当时的条件非常艰苦，童第周在大学教书之余还继续坚持着他的胚胎学研究工作。

然而，生命科学是实验科学，没有必要的实验支撑，光凭脑子是无法开展科研的。童第周为此焦急万分，时时在寻找解决问题的办法。

一天，他在镇上的旧货摊上发现了一台双筒显微镜，喜出望外，连忙回家拉上夫人去分享那个他日思夜想的"宝贝"。然而，老板开出的高昂价格远远超出他们的预想，没办法，两个人只好空手而归。对科学研究的热爱驱使着他们一次又一次地往旧货摊上跑。面对这两个"固执"的买主，摊主不但没有降价，还把价格给涨了上去，后来看他们拿不出钱来，索性不再搭理他们了。

为了心爱的科研事业，夫妇俩四处筹钱，变卖家里的衣物，想尽一切办法买回了这台显微镜。

有了显微镜，就可以做实验了。可是，新的困难又来了。用显微镜时，必须要有灯光或者很明亮的阳光照明。童第周住的屋子窄小阴暗，还常常停电，怎么做科研呢？童第周就采取简单易行的土办法，白天他和同事们把显微镜放在窗台上，再不行就搬到小院里，利用阳光照明进行实验；阳光不好又停电时，就先进行理论研究。虽然经常遇到刮风、下雨等天气，他们不能随时随地地开展实验研究，但有了这台显微镜，好歹可以开展必要的实验研究了。

显微镜的问题解决了，对于其他设备，他们就因陋就简，比如用茶杯、废弃的玻璃瓶、碗等来代替玻璃器皿。所用的显微解剖器只是一根自己拉得极细的玻璃丝，实验用的材料也是青蛙、蟾蜍、金鱼等容易获取的材料。在这种极度艰苦的条件下，他们用最容易获取的实验材料，做着当时世界上开创性的前沿研究。比如，他们发现了两栖类胚胎中与纤毛运动有关的胚层，发现了胚胎发育的极性现象。

20 世纪 50 年代，童第周又回到海洋动物研究领域。在这一时期，他主要研究文昌鱼卵的发育过程。通过研究，他确立了文昌鱼在动物分类学中的地位，这在当时是处于国际先进水平的。

五、"童鱼"

细胞核内染色体上的基因决定着生物的性状，这毋庸置疑。童第周认为，除此之外，细胞质对生物性状也起着明显作用。生物的遗传性状应该是细胞核和细胞质共同作用的结果。为了证实这个观点，他与美国天普大学的牛满江（1912—2007）教授进行了一系列合作研究。

中国科学院海洋生物研究所里有一个小型鱼塘，这就是"童鱼"的诞生地。

1973 年 5 月，童第周将从鲫鱼成熟的卵细胞质中提取的 RNA，注射到金鱼的受精卵中。结果，发育成长的 320 条幼鱼中有 106 条由双尾变成单尾，表现出鲫鱼的尾鳍性状。这 106 条小金鱼虽然脱去了华丽的裙子，换上鲫鱼朴素的单尾，可身上仍然披着金光闪闪的鳞片，真是奇妙极了。

1976 年 5 月，童第周和牛满江又对蝾螈（两栖动物）和金鱼这两种不同纲的动物进行实验。他们把蝾螈细胞质中的 RNA 注射到金鱼的受精卵中，结果发现 382 条小鱼中竟有 4 条像小蝾螈一样长出了平衡器。

上面讲到的拥有鲫鱼和金鱼共同性状的鱼，被人们赞誉为"童鱼"。

"童鱼"的诞生，有力地证明了生物遗传性状是细胞核和细胞质共同作用的结果，开创了人类按照需要进行人工培养新种的先例，对今后培育动植物新品种具有重大意义。他们的研究在国内外学术界产生了深远的影响，开拓了在发育生物学和分子遗传学中一个非常值得进一步探索的研究领域。因此，童第周是我国当之无愧的克隆先驱。

第十章
动物行为：千姿百态的
自然世界

"禽有禽言，兽有兽语。"我们经常从猫狗等家养动物身上感受到它们要表达的意愿。动物在野外生存时，是不是也需要相互之间交流信息呢？答案是肯定的。通过对动物行为的研究，我们不但可以知道它们之间信息交流的秘密，而且可以为人类利用保护有益动物、防治有害动物提供有益的帮助。

"昆虫世界的荷马"——法布尔

第一节 猎豹、狮子与瞪羚

俗话说："禽有禽言，兽有兽语。"这句话指的就是动物之间存在着像人类语言一样的交流。那么，动物之间到底通过什么信号进行交流？动物的行为能反映出怎样的信息？

在非洲的马赛马拉大草原上，猎豹正在悄悄地接近吃草的瞪羚。猎豹巧妙地借助草原上高低不平的地形，放低身段，慢慢地靠近瞪羚，密切注意着瞪羚的动态。猎豹会选择逆风的方向发起进攻，以免瞪羚闻到自己的气味。在正式进攻之前，猎豹还要借助高大的蒿草掩护自己，以免被机敏警觉的瞪羚发现。瞪羚也不会坐以待毙，它们有超强的弹跳力和迅疾的奔跑速度，在进食时仍非常警觉。它们的眼睛、耳朵、鼻子时刻都在接收环境的信息，在搜寻食物的同时，也在注意着天敌的一举一动。一旦发现猎豹、狮子等天敌靠近自己，瞪羚也不急着逃之夭夭，而是马上来几个又高又远的跳跃，用这种身体语言告诉它们自己的身体非常强壮灵活，盲目追赶只能白费体力。猎豹和狮子也不会轻易地被瞪羚的跳跃迷惑，而是根据瞪羚的大小、跳跃的远近推断自己能否一击成功。如果是老弱病残，它们会毫不犹豫地发起进攻；如果是年轻力壮的瞪羚，它们也不会轻易放弃，但要琢磨应该设计怎样的路线，尽可能地靠近瞪羚再发起进攻。所以在生态系统中，每种生物都可以接收来自环境或其他生物个体的各种信息。这些信息包括声、光、电等物理信息，也包括气味、外激素等化学信息，还包括各种各样的行为信息。

在长期的生产实践中，人们发现动物的行为特征与动物的形态特征和生理特征一样，既受遗传物质的制约，又受环境因素的影响，是通过自然选择长期进化的结果。因此，它们的行为同样具有种的特异性。有时两个在形态上难以区分的物种却可以通过不同的行为特征加以辨识。

动物行为学是研究动物与环境和其他生物的互动等问题的学科，研究的对象包括动物的沟通行为、情绪表达、社交行为、学习行为、繁殖行为等。

早在公元前 300 多年，古希腊哲学家、科学家亚里士多德在他的著作《动物志》里就曾对动物的行为进行了基本的观察和记录。

19 世纪时就出现了关于动物行为的研究方法的争论。居维叶主张在实验室进行人为设定条件下的研究。艾蒂安·若弗鲁瓦·圣－伊莱尔（Étienne Geoffroy Saint-Hilaire，1772—1844）则主张在自然条件下对动物的行为进行观察。在他们的影响下，动物行为研究的两个派别形成了。进行实验室研究的多是生理学家和心理学家，如俄国的巴甫洛夫、美国的爱德华·李·桑代克（Edward Lee Thorndike，1874—1949）和伯勒斯·弗雷德里克·斯金纳（Burrhus Frederic Skinner，1904—1990）等。他们在实验室里对狗、猫、大鼠等的学习行为进行了大量研究。经典条件反射和操作式条件反射便是他们的著名贡献。在自然条件下进行动物行为研究的代表主要是具有博物学倾向的动物学家，如德国人卡尔·里特尔·冯·弗里施（Karl Ritter von Frisch，1886—1982）、奥地利人康拉德·扎卡赖亚斯·洛伦茨（Konrad Zacharias Lorenz，1903—1989）和英国人尼古拉斯·廷伯根（Nikolaas Tinbergen，1907—1988）等。他们在自然环境中通过观察和实验，分析动物行为的动因，探讨动物行为的适应功能，并力求推导动物行为的进化途径。

第二节　聪明鼠和愚笨鼠

如果我们让母鸡孵鸭蛋，让母鸭孵鸡蛋，孵化后的小鸡、小鸭就会分别跟着养母走。但是等它们长大以后，小鸡不会像母鸭那样到水里觅食，小鸭也不会像母鸡那样在地面刨食。造成这样的结果的原因是什么？

行为研究中的一个基本问题是：动物行为中有多少是先天本能，又有多少是后天习得的？一般来说，哺乳动物比较善于学习，而昆虫和鸟类则有丰富的本能行为，因而有关本能行为的研究常常以虫、鸟为研究对象。下面我们看看本能行为的突出代表——织布鸟。

织布鸟属于雀形目织布鸟科织布鸟属，共 112 种，分为假面织布鸟、金色织布鸟等类群。它们的大小和麻雀类似，主要活动于农田附近的灌草丛中，营群体生活，常结成数十乃至数百只的大群。它们生性活泼，主要取食植物种子，在繁殖期也吃昆虫。

最令人称奇的当属雄性织布鸟高超的造巢技术了。通过漫长的演化，织布鸟拥有了令人惊叹的造巢技术。在繁殖季节，它先用草根和细长的棕榈叶织成一个圈，再按照某种复杂的程序不断添入材料。我们只看到雄性织布鸟叼着草叶上下翻飞、左右跳跃，它那高超的编织技术足以令我们眼花缭乱。连续几天，它利用植物的根、茎、叶等编织材料进行复杂精妙的编织活动，一直到织成一个空心球体，然后再加上一个长约 60 厘米的入口才算完成。有些种类的织布鸟是一夫多妻制的，雄鸟在一个繁殖季节里要造几个巢穴，以吸引不同的雌鸟。如果让人类完全掌握这个对雄性织布鸟来说个个都会的工作的技巧，大约需要十年时间。由此可见，织布鸟的编织技术非常高超。

要知道，雄性织布鸟的编织技术是不需要学习的，这是它们生来就会的一种本事，所以我们称之为"本能"。

那么，织布鸟这种复杂的本能行为是怎么形成的呢？一般认为，本能是生物在一定自然环境的长期选择下，经过长期的演化形成的。可以推测，动物在生活过程中遇到的一些环境刺激使动物形成了一定的记忆，多次的刺激就使它建立了条件反射，再遇到相同刺激的时候做出相同的反应。问题是，这种条件反射能不能遗传呢？

巴甫洛夫对这个问题设计了如下实验：在喂食白鼠时伴以铃声，让白鼠养成一听到铃声就跑到喂食地点的习惯。在结果描述中，他写道："白鼠的第一代驯养成这样的习惯须经 300 次训练，即必须将鼠的喂食与铃声结合 300 次才能使它们驯养成闻铃声而跑到喂食处。第二代得到同样结果只需 100 次训练就够了。第三代在 30 次训练后即驯养成了这种习惯。第四代只需 10 次训练即够。第五代，我在彼得格勒动身前看到，5 次重复即已习惯这种铃声。"[103] 所以，巴甫洛夫认为经过若干时间后，鼠的后代可以无须事先训练而能按铃声跑到喂食处，这就比较接近本能了。

当然，要形成本能，还需要一个极漫长的遗传累积过程，但巴甫洛夫的实验的确清楚地证实了"记忆"可以通过遗传累积而不断发展。本能与"生物钟"应该是由此发展而成的。

在动物的进化中，自然选择对本能的形成也是不容忽视的。那些不能建立相应本能行为的动物会在生存斗争中被淘汰。

那么，是不是动物有了本能就能高枕无忧了呢？本能行为应在何时、何地显现呢？学者们经过观察研究发现，动物的本能行为不是随时随地都能显现的，而是需要特定的环境条件刺激才能完成。例如，织布鸟的造巢行为需要春天的长日照刺激，再加上气温升高等外界因素影响才能迸发出来。

美国学者华莱士·克雷格（Wallace Craig，1876—1954）曾对鸽类进行长期研究。他于 1918 年指出：本能行为并非仅仅是一连串定型的反射动作；开始时，动物在欲望驱动下表现出烦躁不安、四向搜索，这时的动作很多是习得的，只有当找到适宜刺激（如食物）时本能行为才进入完成阶段而出现定型的反射动作；之后动物可能有一段时期厌恶原刺激，最后进入安适无欲状态。与此同时，德国学者奥斯卡·海因罗特（Oskar Heinroth，1871—1945）借在动物园工作之便，对鸭和鹅进行了系统研究。他强调寻找同源行为，就像在比较解剖学中研究同源器官一样，可以阐明行为的进化途径。另一位德国学者雅各布·冯·于克斯屈尔（Jokab von Uexküll，1864—1944）则指出：在动物所感受的周围环境中，只有一部分关键刺激是真正起作用的。正是这些刺激触发了动物的体内机制，使本能反应"释放"出来。这些见解给早期行为研究工作者以很大影响。

学习活动也会影响动物的行为。在大白鼠闯迷宫实验中，研究人员将失误少的大白鼠定义为"聪明鼠"，将失误多的大白鼠定义为"愚笨鼠"。接下来，科学家将这两种老鼠分别分成三组，进行了如表 10-1 所示的实验。

表 10-1　大白鼠闯迷宫实验

大鼠类型	聪明鼠			愚笨鼠		
分组	A	B	C	a	b	c
环境设置	缺少活动的单调环境	正常环境	复杂环境（如放镜子、能滚动的圆球、障碍物等）	缺少活动的单调环境	正常环境	复杂环境（如放镜子、能滚动的圆球、障碍物等）

一段时间之后，将 A、B、C、a、b、c 六个小组的大白鼠分别进行闯迷宫实验。结果，在单调环境和复杂环境中长大的聪明鼠和愚笨鼠的表现基本相同，只有在正常环境中长大的聪明鼠和愚笨鼠才会表现出差别。这个实验表明，动物在幼年时如果没有进行必要的学习，就会影响以后的智力表现。人类社会的教育经验也证实了这一点，对幼儿行为影响最大的是家庭环境，对少儿行为影响最大的是学校和社会。

第三节　三棘刺鱼

廷伯根（图 10-1）是荷兰动物学家。对三棘刺鱼的求偶行为和鸥类社会行为的研究成就使他闻名于世。为此，他与洛伦茨、弗里施分享了 1973 年的诺贝尔生理学或医学奖。

图10-1　廷伯根

廷伯根从小就对各种小动物有浓厚的兴趣，喜欢长时间观察小动物的求偶、觅食和领地保护行为。这种爱好为他日后从事动物行为研究打下了基础。

1932 年，廷伯根获莱登大学博士学位，后任该校讲师；1947 年，任实验动物学教授；1949 年，被聘为牛津大学动物学教授，并为该校筹建了动物行为研究所，在研究所里一直工作到 1974 年退休。

由于从小就对研究动物行为感兴趣，工作以后，廷伯根利用学校提供的优越条件，运用比较专业的方法继续该领域的研究。他的最突出的成就是三棘刺鱼保护领地行为的研究及他与弗里施合作的对鸟类行为的研究。

三棘刺鱼在淡水或半咸水中都可以生活，是一种体长不超过 10 厘米的小型鱼类。它因背部生有 3 根尖硬的背棘而得名。此外，它还有一对同背棘相似的腹棘，也是进攻性的战斗武器。

廷伯根发现三棘刺鱼在繁殖季节特别好斗，他决定要揭开它们好斗的秘密。于是他用一个大鱼缸饲养了一些三棘刺鱼，并且一有时间就进行观察。

每年的 4～7 月是三棘刺鱼繁殖的季节。这时，雄鱼会长时间游来游去，选择合适的地方，用植物的根、茎、叶等材料筑巢。它用输尿管排出的黏液将这些材料粘在一起，再放上一些沙粒，通过不断摩擦，用身上的黏液使沙粒黏附在巢上。最后，它还要用同样的方法建起"墙壁"和"屋顶"，一个舒适的小屋才算大功告成。

这时，雄鱼的体色逐渐变得艳丽起来，这是它吸引雌鱼的漂亮外衣。看到雌鱼后，雄鱼便跳起"之"字形的求婚舞，时机成熟时就咬住雌鱼的尾巴，把它引到新房里去。待雌鱼产完卵离开后，雄鱼便立即进巢，将精液排到卵上。

雄鱼对雌鱼很热情，对同性则换了另一副面孔，决不允许它们靠近自己的领地。那么，它是怎样区分同性和异性的呢？廷伯根发现，雄鱼腹部有一处明显的红色斑块，这是引起其他雄鱼产生攻击行为的刺激条件。为了验证自己的推测，他将一条自制的木头鱼的腹部染成红色，结果也遭到了雄鱼的攻击。由此廷伯根认为，大多数动物往往仅对某一物体的局部刺激（信号刺激）产生反应。这种信号刺激引起的行为，多是动物生来就有的，且行为的形式比较固定，不随个体的生活改变而改变。

廷伯根在英国曾多年主持海鸥的生活习性研究，并到欧洲、美洲、非洲和北冰洋区域观察和研究鸥类的活动，是研究海鸟行为声誉最高的科学家之一。

第四节　印随行为

洛伦茨是奥地利学者，是早期行为生物学的集大成者。他和廷伯根一起被称为"动物行为学的奠基人"。他因专门研究鸟类的本能和行为之间的关系，并试图用科学的观点解释人类的行为（特别是攻击性行为）而闻名于世。为此，洛伦茨和弗里施、廷伯根分享了 1973 年的诺贝尔生理学或医学奖。

洛伦茨 1903 年出生于奥地利的维也纳。他的父亲是维也纳大学的医学教授，哥哥也是学医的，家里希望他将来也去学医。但他从小就对动物行为有浓厚的兴趣。

洛伦茨曾先后在美国的哥伦比亚大学和奥地利的维也纳大学学习医学。在美国时，他还曾自修心理学课程。在大学学习期间，洛伦茨发现，用比较解剖学和胚胎学的知识可以更好地解释动物行为的产生机制。这让他产生了深入研究动物行为的想法。对动物的偏爱和独特的学习经历，是洛伦茨日后成功的保证。

洛伦茨虽然学的是医学，却对行医没有兴趣。在 1928 年获得医学博士学位后，他选择了研究动物学，并于 1936 年获慕尼黑大学动物学哲学博士学位，同年创立了德国动物心理学会，并主编了《动物心理学》杂志。

1927～1935 年，洛伦茨主要研究乌鸦等鸟类的群居行为。1935 年，洛伦茨出版了《鸟类的社会行为》一书。书中总结了他对 30 多种鸟类的比较研究，分析了亲鸟、幼鸟、性配偶和其他亲属的行为功能及引起这些行为的条件。该书被认为是研究动物行为学的开山之作。

1935～1938 年，洛伦茨曾与海因罗特合作研究鸟类行为。他发现，鹅、鸭的幼雏孵化出来后便会跟随它们看到的第一个移动着的物体，并对这个物体产生强烈而固执的依附。假如这个物体能发出声音，这种依附就更强烈了。他认为这是一种动物出生后的后天性学习活动之一。他把这种现象称为"印随行为"（图 10-2）。

洛伦茨还发现，印随行为只在小动物出生后的一段特定时期内发生。他把这段时间称为"关键期"。例如，小鸡的印随行为的关键期是在出生后的 10～16 小时，小狗的印随行为的关键期是在出生后的 3～7 周，小野鼠的印随行为的关键期是在睁开眼和会听之后的 7～10 天。洛伦茨还发现，在印随行为期间，这些小动物如果有规律地被人捉拿，以后就会让人捉拿；否则，它对人的捉拿就会做出反抗。如果小猫在睁开眼后的一个短时期内和老鼠一起生活，那么它在成年后即使在饥饿状态也不会吃老鼠。小羊在出生后的 10 天内由人抚养，以后就会永远不合羊群。

图10-2 洛伦茨领着他的小鸭

洛伦茨认为，动物的本能是一种先天性的潜在的反应能力。这种能力平时蓄积在体内，一旦遇到适当的刺激情境，就会自动释放出来。他发现，雄性刺鱼看到雌性刺鱼的腹部膨胀（到了产卵期），就会在它身边表演"之"字形"舞蹈"，而平时则不会出现这样的反应。洛伦茨还对动物的本能暴发机制进行了研究。他提出了一种被称为"能量蓄积"的理论模型。他认为，在遇到适合的刺激时，动物会逐渐出现焦躁、搜索等行为；等遇到关键刺激，就会出现类似于气球引爆释放气体一样，出现一系列定型的本能反应。这些行为完成后就像气球的气体被放净，动物表现为压力降低进入安适恬静状态。

此外，洛伦茨还是一位出色的口技大师。他长期与驯服的雁鹅、穴鸟及其他鸟类生活在一起，同时又几乎不改变它们的野生习性。通过长时间练习，洛伦茨能模仿多种动物的叫声。他曾当众模仿母灰雁的叫声，召唤小灰雁随他一起游泳。

　　洛伦茨发现，野生雁鹅与家鹅的杂交子代呈现出退化现象。他担心，类似的遗传退化过程也会在人类当中发生。出于这种恐惧，他撰写了与优生学有关的文章。不幸的是，这种观点被纳粹德国用作了进行"民族清洗"的理论借口，洛伦茨对此深感懊悔。

　　晚年时，洛伦茨主要研究人与环境的关系，他的最后一本著作《拯救希望》警告人们要防止核战争，避免破坏自然环境。

　　在奥地利，洛伦茨被看成是"真正的"科学家，人们给他"现代行为学之父"的称号，有些人甚至把他与达尔文相提并论。

第五节　蜜蜂的"舞蹈"

　　弗里施（图10-3）是德国动物学家，行为生态学创始人。他出生于奥地利维也纳，逝世于德国慕尼黑。由于在蜜蜂"舞蹈"语言上的科学发现，他与洛伦茨和廷伯根分享了1973年的诺贝尔生理学或医学奖。

图10-3　弗里施

"鲜花泌蜜惹蜂飞，蜂飞不紊有条规，条规遵行多巧妙，巧妙原因究靠谁？"相传这是我国古代名人鲍叔牙写的吟蜂诗。这首诗能够反映出蜜蜂这个群体的生活是严密有序、有条不紊的。

在一个蜂群中有成千上万只蜜蜂。蜜蜂个体之间既存在明确的分工，又存在密切的合作。大家各司其职又各尽所能，使整个蜂群健康地成长和发展。蜜蜂有蜂王、雄蜂和工蜂的区别。蜂王负责产卵，雄蜂在和蜂王交配之后会很快死去。组织最严密的当属工蜂。工蜂当中有负责保卫的，它们会在遭受敌害侵袭时用毒针刺向敌人，即使牺牲自己的生命也在所不惜；还有负责采蜜的，它们会寻找蜜源，并会通过"跳舞"等行为告诉同伴，以便使种群获得最大的收益，在天热时采蜜的工蜂还要带水回来，吐在蜂房里使幼蜂凉爽；还有一类工蜂专门在家里养育蜂王和幼虫，它们还能认出蜂房里的死蛹并将其拖出蜂房扔掉，以保持蜂房的清洁，也会制造蜂蜡或制作容纳蜂卵和储藏蜂蜜的蜂房。这些复杂而精细的工作常常让人们感到惊奇。

蜜蜂是怎么进行严密有序的社会生活的呢？很久以来，人们知道蜜蜂之间是通过化学信号进行交流的。产生化学信号的物质叫作"外激素"。当敌害来临时，保卫工蜂就会在自己向敌害发起进攻的同时释放一种"告警信息激素"，促使其他蜜蜂都向"侵略者"发动进攻，这就是蜜蜂受惊动时群体的"蜂反现象"。

另外，一个蜂场里会养很多箱蜜蜂，那么它们是怎么找到各自的家的呢？这是由于每只蜂王都会分泌一种特殊的被称为"聚集信息激素"的物质。这种物质飘散在蜂箱周围的空气中，蜂王的"子民"就能够识别出来，其他蜂王的"子民"则对其不敏感。工蜂们就是靠着这种信息激素准确地找到自己家的。

弗里施就是一位以研究蜜蜂而闻名的科学家。从 1919 年开始，弗里施专门从事蜜蜂视觉、嗅觉和信息传递的研究。他给蜜蜂做了标记，在便于观察的特制蜂房里观察它们的活动。他证明蜜蜂能够辨别除红色之外的所有色彩，甚至可以看到紫外光。此外，蜜蜂还有非常不错的嗅觉，它们能够辨识 12 种相近的花朵气味。由于蜜蜂在采集花蜜和花粉时也接受了该花朵的色泽、形状、香味、滋味等信息的综合刺激，所以它们才会有重复采集同一种植物花蜜和花粉的行为，而此项研究为动物感觉生理的研究奠定了基础。1949 年，他发现蜜蜂能感知偏振光，并能利用太阳的位置和地磁场等确定空间的方位，提出了"地磁的日周期性波动是蜜蜂'时钟'的外界因素"的论断。并且，他还发现蜜蜂能感知声波及其他波动，并用以传递有关的信息。

弗里施对蜜蜂的信息研究最著名。他发现，同群蜜蜂间存在一种简单的语言，用以传达花蜜的距离及方位。从蜜源归来的蜜蜂常常跳舞：如果蜜源离蜂房不足 100 米，就跳圆圈舞；如果蜜源在 100 米以外，就跳复杂的摇摆舞，做"日"字形运动，当通过"日"字的中部横线时，觅食蜂的腹部会剧烈摆动。蜜源距离越远，蜜蜂摆尾的时间就越长，而且在摆尾时发出的"嗡嗡"声越久。还没有外出采蜜的蜜蜂确定蜜源的方向和距离后，就能省去摸索的时间和精力，可以很快地找到蜜源。因此，这是一种有效率的沟通方式。弗里施还发现，蜜蜂仅在遇到丰富的蜜源时才会跳舞。一开始，很多人都难以相信蜜蜂具有这么奇妙的沟通能力，不过生物学家争论了十来年后，最终证明他的发现是正确的。

1948 年，弗里施担任国际蜜蜂研究会副主席，1962 ～ 1964 年被选为该研究会的主席。他是英国皇家学会的外籍会员、美国国家科学院和瑞典皇家科学院的外籍院士。由于弗里施在科学普及中做出的贡献，1959 年他获得联合国教育、科学及文化组织授予的卡林加奖。

第六节   蜜蜂的"民主制度"

蜜蜂是怎样从野外自由生活转变成人工饲养的？通过下面的叙述

你就知道是怎么回事了。

在花粉和花蜜充足的春季或秋季，蜜蜂大量繁殖。当原来的巢穴过于拥挤时，蜂王就会将王位让给另一只新蜂王，自己带着大约一半的工蜂和几只雄蜂离开原来的巢穴，出去另立新家。这时，蜂王会在工蜂的簇拥下暂时停留在一个树枝上。

养蜂人找到停留在树枝上的蜂王，小心地剪掉其余的树枝，最后将驻留蜂王的树枝剪下来放在预先准备好的蜂箱（如一个大纸盒子）里。接着就会出现神奇的一幕：蜜蜂会成群结队地钻进蜂箱并把这里建设成自己的新家。

为什么这些蜜蜂不飞走而是以养蜂人提供的蜂箱为家呢？这是因为蜂王会向周围的空气中释放一种化学物质——"聚集信息激素"，让自己的"子民"聚拢在自己周围。所以养蜂人把蜂王移到蜂箱里，蜂群就会在那里安家落户。我们不难推测蜂箱太大或者太小都不好。那么，养蜂人应该准备多大的蜂箱合适呢？蜂箱的入口有没有大小要求？

1976年夏天，美国哈佛大学生物学博士托马斯·戴尔·西利（Thomas Dyer Seeley，1952—　）开始对蜜蜂的居住喜好进行研究。他为蜂箱设置了3个大小不同的入口，分别是15平方厘米、30平方厘米、60平方厘米，结果发现蜜蜂对15平方厘米入口的蜂箱表现出极大的兴趣。在30分钟的时间里，有十几只侦察蜂来观察这只蜂箱，而其余两种蜂箱则很少有侦察蜂光顾。

接下来，西利研究了蜜蜂对蜂箱容积大小的喜好。他制作了大小为20升、40升、60升、80升、100升等不同体积的蜂箱。结果发现蜜蜂最中意40升大小的蜂箱。2012～2013年，美国和英国的越冬蜂群损失率分别为31%和34%[104]。这是人工饲养情况下的数据，在自然状态下，蜂群的损失率会更高。西利通过研究发现，蜜蜂越冬死亡率与蜂箱大小有一定关系。如果蜂箱太小就会容纳不下蜂群，也无法储存足够的食物过冬，太大则不利于保暖，在寒冷的冬天容易将蜂群冻死，这些因素决定了40升大小的蜂箱刚好合适。那还有一个问题，蜜蜂是怎么知道蜂箱大小的呢？西利记录了侦察蜂进了蜂箱之后的飞行路线和爬行路线，结果发现这些路线覆盖了蜂箱的长宽高，这说明侦察蜂可以比较精确地测量出蜂箱的大小。在自然状态下，侦察蜂如果找不到恰好合适的居住场所，就会退而求其次，如选择体积20升或60升的空间，如果还没有，就只能将就地住在条件再差一些的场所。

西利发现，每只侦察蜂回来之后都会通过"舞蹈"向蜂群报告自己的发现。如果它发现的是非常好的建巢地址，它就会"跳"90个"循环舞"，西利称之为"有干劲的舞蹈"，意思是"我发现了一个非常好的巢址，我极力向大家推荐"；如果它发现的是不太理想的场所，它就会"跳"30个"循环舞"，西利称之为"没干劲的舞蹈"，意思是"我发现了一个巢址，虽然这个地方一般般，但也能凑合着用"。

但是，在一个1万～2万只的蜂群里有接近400只侦察蜂，新家的选址是怎么确定的呢？要知道，这400只侦察蜂飞向四面八方去寻找合适的新家，它们可能都发现了自己认为较理想的地方，但这些地方却不一定是同一地点，这时候到底听谁的呢？是否需要再派一伙更"权威"的蜜蜂去考察一遍呢？西利发现，在蜂群中有一种行之有效的"民主制度"，这种制度保证了蜂群的行动简洁高效。蜜蜂最终是这样确定巢址的：不管实际情况怎么样，当有大约75只侦察蜂都推荐同一地址时，蜂群就会自动通过这一"决议"并立即前往那里建巢；相反，即使有个别侦察蜂发现了更好的巢址，如果支持票数达不到75票也只能放弃。这表明，大约75票就是蜂群中的"法定"票数，超过这一数值就不需要讨论，也不用复核了，而应该是立即执行。

第七节 "昆虫世界的荷马"——法布尔

昆虫是地球上种类最多的动物。截至2021年4月，全球已记述昆虫 940 985 种，约占动物界物种数量的 69%[105]。估计可能还有 300 万～500 万种有待于人们去发现。我国已记载的昆虫约有 67 000[106] 种，估计总数约有 15 万种[107]。

昆虫在地球上分布得非常广泛。天上、地下、水中，高山、森林、河流、湖泊、海洋，到处都有昆虫的分布。昆虫与人类的关系也极为密切，它们是人类的生存伙伴。可以说，我们每个人在童年时都曾或多或少地对昆虫产生过种种好奇，都能对它们的一些奇特本领津津乐道。但是，对于大多数人来说，他们对昆虫的了解也只是停留在童年的好奇层次。将知了、螳螂、蚂蚁等昆虫的生活习性研究透彻，纠正人们对它们的许多错误认知的人，并不是哪个小孩子，而是一生潜心研究昆虫的"超级昆虫迷"让－亨利·卡齐米尔·法布尔（Jean-Henri Casimir Fabre，1823—1915）。

法布尔（图 10-4）是法国昆虫学家，动物行为学家，文学家，被世人称为"昆虫世界的荷马""昆虫世界的维吉尔"。

图10-4　法布尔

法布尔的《昆虫记》自 1879 年第一卷出版以来，在一百多年的时间里已被译成几十种文字，激发了几代青少年对自然科学、生物学的兴趣。

一、小昆虫学家

1823 年，法布尔出生于法国南部普罗旺斯圣莱昂的一户农家。法布尔的青少年时期是在贫困和艰难中度过的。

法布尔居住的小村前有小溪流过，户外杂草丛生，村外丛林密布。草丛里、树林中生活着各种各样的昆虫和其他小动物，这使得幼年的法布尔每天都能接触大自然。

6 岁时，法布尔进入村里的私塾读书。由于条件简陋，上课时常有小猪、小鸡跑进教室捣乱。老师和同学们就是在与这些闯入课堂的小动物周旋的过程中完成各项教学任务的。

儿时的法布尔是一个有强烈好奇心和探索欲的孩子，他曾通过实验证实光是由眼睛看到的，并追查出树叶里的鸣虫是黑角露螽。在一次野外玩耍时，他发现了黑喉石䳭的巢，对巢中那些青蓝色的鸟蛋产生了兴趣，就把所有的蛋都拿出来装到兜里准备带回家。这一幕恰好被一位神父看到了。神父教育他要爱护小动物，于是他把鸟蛋放回了原处。

由于家庭贫困，法布尔八九岁时曾通过帮人放鸭子来获得一点零用钱。每天早晨，他将鸭群赶到沼泽地放养。当鸭子在水中觅食嬉戏时，他就在岸边捉蜻蜓、捞蝌蚪、捉甲虫，或是蹲在地上着迷似地观察某些昆虫的行为。在此期间，他对身披铠甲、长相威武的甲虫产生了兴趣，每天都要仔细观察它们的生活习性。他还在沼泽地中发现了水晶、云母等矿石。

父母、老师和邻居对他的这些观察研究活动都不赞成。大家认为他在做一些浪费时间而毫无意义的事情。在长辈的眼里，他无疑是一个不务正业的孩子。今天看来，正是从小和大自然的亲密接触，培养了法布尔对昆虫学的兴趣。在后人为他建造的雕像上，他的两个衣袋都高高地鼓起，仿佛里面装满了从野外搜集回来的各种各样的宝贝。

由于家境贫寒，年仅 14 岁的法布尔就辍学谋生了。他曾在铁路上做过苦工，也曾在集市上当过卖柠檬的小贩。因为离家较远，他时常在贩卖途中露宿街头。但是，无论生活多么艰难，法布尔都从未中断过自学。常年不间断的刻苦自学，让他在 15 岁时以公费生第一名的成绩考进亚威农师范学校。

在亚威农师范学校读书时，法布尔仍然以认识各种昆虫为最大乐事，每天一有空就到户外观察各种小动物的活动。一个十几岁的少年，很容易因为这样那样的爱好而耽误学业。在 1840 年，法布尔因为学习成绩退步很大而受到老师的责骂和训斥。他是一个特别懂事的孩子，马上认识到了自己的错误，从此发奋读书。在法布尔的刻苦努力下，他只用两年的时间就修完了三年的学分，剩下的一年就自由学习博物学、拉丁语和古希腊语。

从亚威农师范学校毕业后，法布尔被聘为一所学校的小学教师。他一边工作，一边自学，先后拿到了数学、物理学等学科的学士学位，并于 1854 年取得托尔斯大学博物学学士学位。他认为学习的重点不是自己在什么位置或者有没有人教你，而是自己有没有悟性和恒心。后来，他先后在科西嘉、亚威农等地的中学里任职。当中学教师后，法布尔仍然保持着对昆虫的研究兴趣，他的爱好也感染和影响了周围的人，当然也包括他的学生。渐渐地，法布尔研究昆虫的事广为人知，他成了当地有名的昆虫学家。

二、吉丁虫的故事

1854 年，法布尔偶然得到了当时法国最有声望的昆虫学家莱昂·让·玛丽·迪富尔（Léon Jean Marie Dufour，1780—1865）的一本著作，这是一本研究一种昆虫——砂泥蜂生活习性的小册子。迪富尔在书中用生动优美的文字，描述了砂泥蜂巢里的一种作为砂泥蜂幼虫食物的甲虫——吉丁虫。这种身披金黄色、翠绿色铠甲的昆虫，在砂泥蜂巢中既能经久不腐烂，也不干瘪或发臭。通过观察，迪富尔认为吉丁虫已经被砂泥蜂杀死了，它之所以不腐败，是由于砂泥蜂给它注射了一种毒汁。这种毒汁有很好的防腐作用，使吉丁虫能保持死前的状态。

迪富尔这段生动的描写，引起了法布尔的好奇。他想亲眼看看这种有趣的现象，于是就跑到野外去寻找砂泥蜂的巢穴。为了能看到砂泥蜂巢穴内部的情况，他用小铲一点一点挖开巢穴边上的土，将砂泥蜂巢穴的侧面打开。通过仔细观察，他发现吉丁虫的体色一点没变，腿和翅膀有时还会抖动几下。这说明吉丁虫是活的！后来他又观察了很多个砂泥蜂巢穴，进一步证明了他的推断：吉丁虫没有死，只是被麻痹之后失去了运动能力。

法布尔觉得自己不能贸然反对迪富尔的结论,因为迪富尔是昆虫学界的巨匠、当时大家公认的权威。但是,年轻的法布尔也不会因为迷信权威而轻易放弃自己亲眼看到的事实,他决定继续观察和研究。

从此,他经常去野外追寻砂泥蜂的踪迹,有时跟在砂泥蜂后面跑来跑去,有时又坐在地上观察,有时竟然趴在洞口一动不动地连续观察几个钟头(图10-5)。

图10-5　法布尔在观察

有志者事竟成。经过一段时间的辛勤奔波和仔细观察,法布尔最终确认:迪富尔的结论是错的。砂泥蜂给吉丁虫注射的毒液只是让吉丁虫失去了知觉,吉丁虫并没有死。此外,砂泥蜂幼虫在取食甲虫时,总是先吃吉丁虫无关紧要的部位,最后才取食威胁它生命的要害部位。因此,直到吉丁虫被吃光时,虫体仍然能够保持新鲜。

1855年,法布尔根据自己的观察研究写了一篇论文《砂泥蜂的习性及吉丁虫不腐败的原因》。论文在杂志上一经发表,就引起了广泛的注意,迪富尔也对他那详细的观察及认真的工作态度赞赏不已。这是法布尔的第一篇重要论文。从此,他在科学界崭露头角。

三、沙地芫菁——恶意的欺骗

1857年,法布尔在另一篇论文里记述了沙地芫菁的生活史。

沙地芫菁生活在广阔的沙漠上。雌性的沙地芫菁在沙地上挖了一个洞穴,将卵产在洞穴里,由于洞穴里不像外面那样忽冷忽热,又比较湿润，所以卵没过几天就会孵化。小沙地芫菁排成队在浩瀚的沙漠里爬行。它们如何生存，又到哪里去获取食物呢？在这个严酷的环境里，这个问题是它们首先遇到的巨大挑战。不过不用担心，它们有自己的独特生存本领。

迤逦而行的队伍如果遇到一棵草或一棵小灌木，就会排队爬上去。只要前面领路的不停下来，后面的就会继续跟着前进，一直爬到草秆的顶端。前面的沙地芫菁幼虫停下来后，其他幼虫就层层包裹在外面，形成一个黑乎乎的小球。奇怪的是，这个小球发出的化学气味特别像一种土蜂的雌蜂发出的气味。于是，雄蜂会循着气味飞来。这时，沙地芫菁幼虫纷纷爬到雄蜂的身上。雄蜂尽管由于体重突然增加许多而感到有些不适，但还是带着它们飞走了。过了一段时间，雄蜂找到了一只真正的雌蜂，有些沙地芫菁幼虫就趁机爬到雌蜂身上，并被雌蜂带回了蜂巢。这下沙地芫菁幼虫不仅身体的安全得到了保证，还会每天享用雌蜂带回的花粉。在花粉不够时，它们甚至会吃掉幼蜂。令人奇怪的是，雌蜂对沙地芫菁幼虫视同己出，对它们的恣意破坏毫无怨言，一直供养着这批强盗一样的侵略者，直到它们从这里长大飞走后再去重演同样的生命故事。

四、蜣螂为什么推粪球

蜣螂早在五六千年前就引起了人们的注意。古埃及农民在洋葱地里劳动时，常常看到一种油黑肥胖的昆虫忙碌地向后推滚着一个圆球，这种昆虫就是蜣螂。一般的蜣螂有 1 ～ 2.5 厘米长，世界上最大的蜣螂是 10 厘米长的巨蜣螂。古埃及人把蜣螂比作太阳，把它推的粪球比作地球，他们认为蜣螂的动作是受到天空星球运转的启发。他们认为甲虫有这么多天文知识是很神圣的，所以把蜣螂叫作"神圣甲虫"。几千年来，人们对它的习性一直只有传说性的描述，直到法布尔揭开了其中的秘密。

原来蜣螂所推的圆球不是别的，是粪球。蜣螂喜欢吃粪便，有"自然界清道夫"的称号。它一生中最重要的工作就是用它的"钉耙"（头前边的几个坚硬的角）和前足把粪便滚成一个个圆球。圆球越滚越大，有的可大如苹果。然后，蜣螂用两条后腿抱住粪球，把握方向，一对中足撑着地面，两条前腿左右交替地一步步行走，把粪球慢慢地向"家"里推去。在历尽千难万险终于把粪球推入挖好的洞穴内后，蜣螂就把洞口封起来，然后待在里面。饿了，它就吃一点粪便，连食物带饮水都有了。雌性蜣螂长到成熟并交尾后，就会在粪球中产卵，之后便死去了。小蜣螂孵化后，仍然以粪便为食，依靠母亲留下的"遗产"长大。

经过近40年的仔细观察和研究，法布尔对蜣螂的生活状况、工作目的和它推粪球时的情形已经了如指掌。像法布尔这样对昆虫观察之细致、研究之深入、持续时间之长久的学者，在昆虫学界是罕见的。达尔文曾称赞他是无与伦比的观察家。

法布尔是名扬四海的"昆虫通"，对许多种类的昆虫一生中的大事件（如出生、蜕变和死亡等）及昆虫的日常生活习性（如猎食、求偶、打架、建房、生育和抚养下一代等）都了如指掌。这是法布尔毕生和昆虫打交道、爱它们胜过一切的结果。

经过几十年的辛勤劳动，法布尔写成了《昆虫记》这本不朽的名著。在众多昆虫记录中，他有声有色地描述了观察到的种种场面。

> 一看见傻乎乎靠近的大蝗虫，螳螂就痉挛似的一颤，突然摆出一副吓人的姿态，电流击打也不会产生这么快的效应。那转变是如此突然，样子是如此吓人，以至一个没有经验的观察者会立刻犹豫起来，把手缩回来，生怕发生意外。即使像我这个已习以为常的人，如果心不在焉的话，遇到这种情况也不免会被吓一大跳。这就像一个盒子里突然弹出一种吓人的东西——小魔怪[108]。

> 第一只小螳螂的孵化吹响了育儿室的起床号，每一层的卵纷纷醒来，通道里变得热闹极了，大门处渐渐挤满了穿着外套的幼虫，它们争先恐后地往外钻。可是，就在螳螂窝边，有一些家伙早已垂涎三尺，等不及美餐一顿了。

> 首先冲上去的是蚂蚁……[109]

就这样，螳螂吃蝗虫，蚂蚁吃螳螂，蚂蚁又被自己的天敌所捕食……法布尔从中认识到，各种昆虫都有天敌在危害它和它的后代，要消灭害虫就要利用好害虫的敌人，以毒攻毒。例如，人们可以用瓢虫来消灭木虱。这种以虫治虫的主张就是著名的生物防治。在大量使用农药造成严重环境污染的今天，生物防治引起了人们的广泛重视。

五、宁愿与昆虫做伴

法布尔立志要在昆虫学研究上做出一些贡献。生活上的贫困从来没有影响他的研究。虽然他也向往优越的物质生活，但如果这种生活和研究昆虫发生冲突，他宁愿放弃。

由于子女多，自己又整天沉迷于昆虫研究，根本无心经营家业，所以法布尔终身贫困。有一段时间，全家人吃饭都成了问题。后来在一位诗人朋友的努力下，政府给了他一些奖金，但还是解决不了他的生活困境。最后，他不得不卖掉了自己花费多年心血绘制的一本昆虫图谱。

1868年，法布尔到巴黎接受政府授予他的荣誉勋章——法国最高勋位。第二天觐见时，拿破仑三世（Napoléon Ⅲ，1808—1873）想请法布尔担任宫廷教师。但法布尔却考虑在宫廷里不方便观察昆虫而谢绝了皇帝的好意，执意回到了贫困的家乡，继续进行昆虫研究。

法布尔50多岁时才开始写《昆虫记》，于1878年（55岁）发行了第一卷，此后大约每三年发行一卷。1907年法布尔84岁时，他才完成了10卷《昆虫记》的写作。这本书的绝大部分完成于法布尔的家——荒石园。

不同于一般的科学小品或百科全书，《昆虫记》散发着浓郁的文学气息。在昆虫的故事里，它们都是一个个有鲜明个性的、有感情的、负责任的"人物"。法布尔还常常通过被赋予了人性的昆虫反观人类社会，通过描写昆虫的社会生活传达自己对人类社会的见解，用人类的道德准则去看待昆虫的捕猎、繁殖、竞争等生命活动。这在一般的学术文章中是看不到的，但却是文学作品中常见的。不同的是，《昆虫记》不是文学作品，他叙述的事件都来于自己对昆虫生活的直接观察。

在法布尔的笔下，松树金龟子是"暑天暮色中的点缀，是镶在夏至天幕上的漂亮首饰"；萤火虫是"从明亮的圆月上游离出来的光点"；步甲"打仗这一职业不利于发展技巧和才能……它除杀戮外，没有其他特长"；犀粪蜣"忘我劳动……坚持在地下劳作，为了家庭的未来而鞠躬尽瘁"[110]。难怪法国著名作家维克多·雨果（Vitor Hugo，1802—1885）称赞法布尔为"昆虫世界的荷马"。

《昆虫记》还有一个最大的特点，就是它来源于作者自得其乐地观察与写作，没有任何功利色彩。这一点尤其难能可贵。所以这部作品的内容看起来都是一些昆虫生活中的琐事，却能反映出作者珍爱生命、热爱生活的情感，其朴实、清新的文风就像作者安适、恬淡的乡间生活。法布尔无意让读者接受自己的观点，而只是与读者分享自己的感受和喜悦，让读者看到原来没有发现的美。

法布尔87岁寿辰时，法国政府授予他金质勋章，瑞典皇家学院为他颁发了林奈奖章，大文豪罗曼·罗兰给他写了贺信。

法布尔晚年时，法国文学界多次向诺贝尔文学奖的评委推荐他，但均未获成功。为此，许多人或在报刊发表文章或写信给法布尔，为他打抱不平。法布尔则毫不在意，每天仍旧沉迷于观察和描写昆虫的生活。

第八节 动物行为学的现代化

从20世纪50年代起，行为生物学和比较心理学逐渐接近，双方互相取长补短。以20世纪50年代在英国出现的以廷伯根为首的学派为代表，很多学者的实验室工作和野外工作是并重的。

　　1973 年弗里施、洛伦茨和廷伯根共获诺贝尔生理学或医学奖一事不仅表彰了他们本人的杰出贡献，也标志着行为生物学在生物学研究领域已进入一个新的发展时期。

　　随着红外传感器、多普勒转换、阻断磁场等新技术的出现，采用现代化的仪器对动物行为进行拍摄、跟踪、分析、综合，使动物行为学的发展非常迅速。通过长时间观测动物的饮食、睡眠、求偶等行为，人们达到对动物行为的定时、定量评价。

　　在宏观方面，地球上各种有代表性的生态系统中，从非洲草原、南美洲热带雨林，到极地荒漠，都有科学家在从事动物行为的研究。在研究方法上，目前科学家多采用对野生动物在原地进行隐蔽观察、拍摄电影、"标志追捕"、无线电追踪等方法。在空间上，空中、地面、水下都有行为学家在进行研究。

　　在微观方面，埃里克·理查德·坎德尔（Eric Richard Kandel，1929—　）等在 20 世纪 80 年代对海兔学习行为的一系列研究已深入细胞和分子水平。

　　总之，随着生物技术的发展，其研究手段越来越先进，研究水平也越来越深入，发展日新月异。随着研究的深入，动物行为学也不再是一门刚刚起步的、单一的、孤立的学科。它必然对神经生物学、心理学、教育学产生更大的影响。

第十一章
生态文明：
人与自然的和谐共存

生物既能适应环境，又能影响环境。人类出现以来，尤其是近代工业文明兴起后，借助现代化的机械工具，人类对环境的影响和破坏非常严重，致使物种灭绝速度空前加快。可以预见，地球在很长一段时间里仍是人类唯一的家园。所以必须保护环境，实现经济社会的可持续发展，青山常在，绿水长流，才会让我们的生活更加美好。

建设幸福和谐家园

第一节　对生物与环境问题的思索

什么是生态学？从字面意思上讲，生态学是研究生物与其生存环境之间相互关系的科学。确切地说，生态学是研究各种生物之间，以及生物与无机环境之间相互关系的科学。

从古至今，人类的生产和生活都与居住、生活的环境，以及其他生物息息相关。在古猿进化成人的过程中，为了获取足够的食物，避免误食有毒有害的东西，远离毒蛇猛兽的侵袭，他们就要对自己及其他生物的生存环境、生活习性和生长发育规律进行观察和研究，使自己能适应复杂多变的环境。

古人在选择居所的时候，怎样才能安全、舒适、方便呢？这就需要观察周围的非生物环境和生物环境。例如，如果把房屋建在树上，就可以避免猛兽的侵害，但上下很不方便；如果在山洞里居住，就要想办法把洞口封住，还不能离水源太远。此外，居住地与采集食物的场所也不能太远，否则每天花在路上的时间太长，不仅生活质量降低，而且会增加与毒蛇猛兽相遇的机会。

在种植庄稼时，怎样才能让庄稼长得健壮，让营养更多地集中到种子（粮食）中去呢？这除了要选择优良的农作物品种，还要研究墒情等外界环境因素，营造适宜的光照、温度、湿度及充足的水肥条件，并且要控制杂草生长、消灭害虫；在饲养家禽家畜时，怎样才能让它们快速生长且不生疾病？这既要考虑营养、温度等无机环境条件，也要考虑病害、天敌等生物因素。因此，从远古时期开始，人类就已经在有意无意地进行生态学的研究工作了。通过一代代的口耳相传，古人掌握的生态学知识越来越多。他们利用无机环境和各种生物改善自己的生活，适应环境的能力也越来越强了。

辽宁、吉林和内蒙古东部地区流传着这样的农谚："清明忙种麦，谷雨种大田。"农民通过长期的实践观察发现，当地在清明时的最低气温虽然会偶尔跌至零下，但不会持续太长时间，麦苗比较耐寒，可以在这时种植了；谷雨时，最低气温可以稳定在零上，粟、高粱、玉米等农作物就都可以种植了。

古代的一些中外典籍中记载了很多生态学知识。我国夏商时期，人们就用"天时""地宜"的思想指导农业生产了，可见当时农民种田已经考虑到季节、土壤等环境因素。《尔雅》中就记述了很多种植物。这本书将植物分为草本和木本两大类，记述了 50 多种草本植物和 176 种木本植物，描述了它们的形态特征和生存环境。这些生态学研究尽管片面而随意，但对植物的形态、结构特征和栽培土壤、水肥等无机环境条件的研究已具备了较高的水平。记述春秋战国时期思想家、政治家管仲（？—前 645）及其门生弟子思想的《管子》，在一些篇章中也谈到了植物与水土的关系，探讨了土地的合理利用、植物沿土壤水分梯度呈规律性分布的状况等，如"五谷不宜其地，国之贫也"。《管子》的很多篇章指出了天时、土壤性质对农作物生长的影响，阐述了当时的农业生态思想，如"天时不详，则有水旱；地道不宜，则有饥馑"。《管子·禁藏》篇中有"当春三月……毋杀畜生，毋拊卵，毋伐木……所以息百长也"。《管子·八观》篇中有"山林虽近，草木虽美，宫室必有度，禁发必有时"。[111]这些思想反映了管子珍惜自然资源、保护生态环境的先进思想。

古人还通过研究地球与太阳之间的运行关系寻找季节更替的规律，指导农业生产和日常生活。公元前 770 年至公元前 476 年（处于春秋时期），生活在黄河流域的我国古代先民就已经总结出春、夏、秋、冬四个季节；经过不断地修正和完善，到秦汉时期就已经将一年划分为 24 个节气。公元前 104 年，西汉的邓平等将二十四节气写进了历法。二十四节气的使用，说明古人当时通过气温变化、生物活动和降水多少等信息识别了季节的更替，用于指导人们的日常生活和农业生产，反映了我国古代劳动人民对自然地理气候和人居生态环境之间的关系的理解与研究。

　　北宋的思想家张载（1020—1077）提出了"民吾同胞，物吾与也"[112]的思想主张。意思是要把老百姓当作自己的兄弟姐妹一样看待，（地球上的）其他生物也要像人一样看待。这体现了他为百姓服务、爱护野生动植物、保护生态环境，提倡人与自然和谐发展的思想。

　　在欧洲，希波克拉底的《空气、水及场地》是全世界最早的关于自然环境与健康和疾病关系的系统表述，记载了植物与季节更替的关系。亚里士多德出生于医学世家，能熟练地解剖动物，对动物学进行了很多开创性的研究，并写出了著作《动物志》。他花了12年时间游历了地中海沿岸地区及周边的岛屿，观察和解剖了大量的动物。亚里士多德在研究中注意到动物对生存环境的适应和外界环境对动物施加的影响。例如，他根据栖息地的不同，把动物分为陆栖和水栖两大类；按照食性不同，把动物分为草食、肉食、杂食、特殊食性四大类。

　　总的来看，古人对生物的研究主要基于食用、药用或生产、生活方面，对生态学的研究也没有明确的目的和方向，还处于随机的、自发的摸索阶段，没能使它发展成一门独立的学科。

第二节　生态学的建立

　　从欧洲文艺复兴时期开始，特别是进入17世纪以来，生态学逐渐发展成一门独立的学科。1670年，英国化学家罗伯特·波义耳（Robert Boyle，1627—1691）将小白鼠放在一个密闭的容器里，再将容器里的空气抽出一部分，发现小白鼠在低气压环境里的活动能力会减弱并很快死去。他又将小白鼠换成青蛙、鸟等动物，得到了相同的实验结果。因此，波义耳认为低气压环境不利于动物的生存。他的实验虽然简单，却标志着以实验为基础的动物生理学的开端，也标志着科学家开始通过实验研究生物与环境的关系。1735 年，法国昆虫学家勒内－安托万·费尔绍·德·雷奥米尔（René-Antoine Ferchault de Réaumur，1683—1757）在他的《昆虫自然史》中探讨了积温与昆虫发育的关系，被认为是研究昆虫生态学的先驱。法国博物学家布丰对生态学的建立起到重要的推动作用。布丰的《自然史》是一本百科全书式的著作。该书包括《地球形成史》《动物史》《人类史》《鸟类史》《爬虫类史》等，书中描述了地球、鸟类、矿物、卵生动物等知识，是除无脊椎动物以外比较完整的自然史。布丰在书中对自然界的很多自然现象进行了精确、科学的描述和独到精辟的解释，阐述了自己对生命起源和生物进化的认识。因此，布丰被认为是"进化论"的先驱。在布丰的研究基础上，拉马克提出了"用进废退学说"，他认为环境变化是物种变化的原因。这些学者虽然没有刻意去研究生态学，却都注意到了生物与环境的关系，并从生态学的角度理解了生物的生命活动和生物的进化、适应等问题。

进入 19 世纪后，生态学迅速发展并日趋完善。1859 年，达尔文在《物种起源》一书中研究了环境对生物进化的影响，提出了以"自然选择学说"为基础的"生物进化论"。通过长时间的观察与研究，他发现生物与生物之间、生物与环境之间都存在着斗争。生物的变异是五花八门的、不定向的，生存环境会对生物产生的变异进行选择，而这种选择是定向的。自然选择决定了生物进化的方向。这些理论都探讨了生物与其他生物、生物与其生存的无机环境之间的关系，这些也是生态学研究的内容。达尔文的"生物进化论"促进了生物与环境的关系的研究，不少生物学家将目光转移到生态学的研究上来。

1866 年，德国博物学家黑克尔首次提出了"生态学"的概念，标志着生态学的正式诞生。在黑克尔之前，人们没有生态的概念，植物、动物、微生物只存在利用与被利用的关系。黑克尔则认为，看似独立的生物个体其实存在着直接或间接的联系，他们共同组成了一个复杂而严密的系统——生态系统。丹麦植物学家约翰内斯·欧根纽斯·比洛·瓦尔明（Johannes Eugenius Bülow Warming，1841—1924）也对生态学做出了突出的贡献。瓦尔明曾研究过巴西圣湖镇周边的植物生态。他发现这里的降水量极不均衡，每年的旱季持续了半年之久，接着是降水量高达 1500 毫米的雨季。按照一般的常识，能在干旱环境中长期生存的耐旱植物不适于在水分丰沛的地方生长，但在这个旱涝交替的严酷环境里生活的植物却依然生长得很好。经过仔细研究，瓦尔明发现这里的每种植物都有战胜干旱和洪涝的独门秘籍。瓦尔明从这些植物适应不良环境的种种手段里发现了普遍性的规律，总结出生态学中的重要概念"生活型"。1895 年，瓦尔明出版了《以植物生态地理为基础的植物分布学》。1909 年，该书被修改完善后改名为"植物生态学"。在该书中，瓦尔明系统地总结了自己在生态学领域的研究成果，为植物生态学确定了生态、生理和进化三个研究方向。在同一时代，德国波恩大学教授安德烈斯·弗朗茨·威廉·辛柏尔（Andreas Franz Wilhelm Schimper，1856—1901）于 1898 年出版了《以生理学为基础的植物地理学》，开辟了植物生理生态学和进化生态学领域。瓦尔明和辛柏尔的专著系统地总结了 20 世纪之前的生态学研究成果，是生态学的经典著作，标志着生态学作为生物学的一门分支学科的诞生。

第三节 能量金字塔

进入 20 世纪后，生态学进入快速发展的时期。科学家对生物体的研究从个体扩展到种群，再从种群扩展到群落，最后扩展到生态系统和生物圈。

在森林里，田鼠吃地下的植物块根和地面的草籽，松鸡除了吃松子，也经常吃地面的草籽。好在猫头鹰能吃田鼠，不然田鼠太多，就会影响松鸡的生存。不过，即便没有了田鼠，也还有很多动物与松鸡抢食草籽，而且松鸡也有众多的天敌。臭椿虫用尖嘴扎进幼嫩的树皮里吸食植物汁液。如果臭椿虫的数量太多，树木就会生长不良甚至死亡。但臭椿虫一多，以它为食的鸟类也会增多。

在草原上，蝗虫吃草叶，小鸟吃蝗虫，蛇吃小鸟，老鹰吃蛇。如果某种生物灭绝了，与其有密切关系的生物就会大受影响，甚至跟着灭绝。这说明，在一个地区生活的每种生物都不是孤立的，而是通过食物链与其他生物存在直接或间接的关系。

1935 年，英国生态学家阿瑟·乔治·坦斯利（Arthur George Tansley，1871—1955）提出了"生态系统"的概念。坦斯利认为，生物与其周围的其他生物、与其生存的无机环境有密不可分的关系，共同构成了一个统一的相互作用的系统。生物需要从环境里获得赖以生存的空间，还需要从环境里摄取用于生命活动的物质和能量。与此同时，生物通过自己的生命活动对无机环境及环境中的其他生物体施加着某种影响，不断地影响和改变着环境。坦斯利认为，生态系统包括四种成分（表 11-1）。

表 11-1　生态系统的成分及其内容

生态系统的成分	内容
非生物的物质和能量	阳光、热能、空气、水分、无机盐等
生产者	能进行光合作用的绿色植物、细菌等，能进行化能合成作用的细菌
消费者	主要指各种动物
分解者	营腐生生活的细菌和真菌

牧民在草原上放牧牛羊，从人性自私的角度出发，肯定是数量越多越好。但草原能生长的草的数量是有限的，牛羊太多就会导致草原退化。草场退化后，能饲养的牛羊反而会减少。那么，在一片固定的草场上放养多少只牛羊最合适？这就需要研究生态系统中各种成分的关系了。

20 世纪 40 年代初，美国生态学家雷蒙德·劳雷尔·林德曼（Raymond Laurel Lindeman，1915—1942）首次以数学方式定量地表达了生态系统中各营养级之间的关系。他对一个面积约 50 公顷的湖泊进

行了调查分析。林德曼发现，能量在生态系统中是按照生产者→初级
消费者→次级消费者→三级消费者→……的方向单向流动，并且是逐
级递减的。生产者固定的全部太阳能是流经一个自然生态系统的总能
量。这些能量被植物的生命活动消耗掉一部分，还有一部分植物没有
被动物吃掉，能量仍然储存在树干、根系和枝叶中，只有部分能量传
递到草食动物（初级消费者）体内。每个营养级的生物都通过自身生
命活动消耗掉一部分能量，还有一部分未被下一个营养级利用，导致
各个营养级之间的能量传递效率约为 10%～20%。

　　这样一来，营养级越高，获得的能量就越少，所以自然生态系统
中的营养级很少有超过 5 级的。根据林德曼的研究，流经生态系统的
能量可以绘制成一个能量金字塔。能量传递效率为 10% 时的效果如图
11-1 所示。

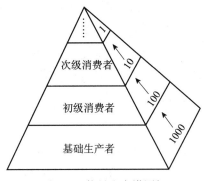

图11-1　能量金字塔图解

　　后来的学者通过进一步的研究证实，生态系统中的生物与生物之
间，以及生物与无机环境之间，通过能量的流动和物质的循环联系成
一个统一的整体。物质是能量转换和运行的载体，能量是推动物质在
生物与生物之间及生物与无机环境之间循环流动的动力。

　　经典生态学主要研究以下四个问题：生态位——在哪里？生物
量——有多少？决定生物分布与数量的原因——为什么？发展生产力，
维持生态系统稳定的策略——怎么办？

　　到了 20 世纪 50 年代，生态学的发展非常迅速，涌现出了北欧学
派、法瑞学派、英美学派等诸多流派。

第四节　现代生态学

进入 20 世纪 70 年代后，由于经济发展迅速，科学技术也以爆发式的速度更新，矿山被大型机械设备以前所未有的速度开采，大片的森林在极短的时间内被砍伐一空，草原被过多的牛羊啃食践踏变成荒芜的沙漠。人类对大自然毫无节制地索取导致野生动物无家可归，野生动物灭绝的速度空前加快。

令人担忧的是，目前的经济发展带来的人类生活水平提高是以环境破坏和环境污染为代价的。人口膨胀、环境污染、自然资源短缺等问题越来越突出，已经反过来影响到每个人的生活。这些问题的出现，使人们开始关注地球生态环境，也开始尝试通过生态学的研究解决这些问题，由此促进了生态学的快速发展，使生态学迅速成为举世瞩目的热门学科。

经典生态学以个体为基础，研究个体—种群—群落—生态系统，直到生物圈。现代生态学则向微观和宏观两极发展。在微观方向，生态学已经采用包括放射性同位素示踪技术在内的先进技术手段对生态系统的物质循环和能量流动进行研究，已经深入分子甚至原子水平；在宏观方向，人们可以在整个生物圈范围对生态系统进行全面系统的研究，如采用全球定位技术研究鸟类种群的季节性迁徙问题。

随着科技进步，生态学的研究手段也日益先进。过去，生态学的研究主要靠观察、采集等方式，研究工具简单，研究手段单一，研究结果不够精确。采用手电照明、利用温度计和湿度计等简陋仪器研究生态系统的时代早已过去。在现代生态学研究中，人们使用了很多野外自计电子仪器测定植物的呼吸、光合、蒸腾等生命活动，用放射性同位素示踪技术测定生态系统中的物质循环，用红外相机拍摄野生动物的活动场景，用遥感与地理信息系统收集野生动物的迁徙和活动轨迹，采用生态建模技术研究种群、群落景观、生态系统的发展变化。科学技术的进步推动了生态学的快速发展。

经典生态学以研究自然生态系统的现象、规律为主，很少涉及人类社会。现代生态学则着眼于自然 - 经济 - 社会复合体，对人类活动与生态系统之间的相互作用进行精细化的研究。

随着科学的发展和研究的深入，生态学演化出许多分支学科。例如，通过放射性同位素，研究分子、原子在生态系统中的流动和转化的分子生态学；以生物个体为目标，研究生物的适应、演化规律的个体生态学；通过观察生物种群基因频率的变化，研究生物进化的进化生态学等。此外，按照研究生物的类群不同，生态学包括植物生态学、动物生态学、微生物生态学等。按照生物生存的无机环境划分，生态学可以分为陆地生态学、海洋生态学、淡水生态学等。根据研究性质，生态学可以分为理论生态学和应用生态学等。

第五节　从个体到生物圈

初夏的夜晚，老人在院子里纳凉，孩子们在一旁嬉戏。天上繁星点点，耳边凉风习习。远处的一两声蛙鸣，更是平添了许多恬淡和闲适。

在池塘里鸣唱的一只雄蛙是一个生物个体，它和池塘里的其他青蛙、蝌蚪构成了一个种群。这个种群的数量有多少？有多少只幼体（蝌蚪），多少只成年的，多少只老年的？它们在池塘里会不会过于拥挤？有没有青蛙迁到别的池塘里？有没有别处的青蛙迁入这个池塘？

每天有多少只青蛙被蛇、老鼠等天敌捕杀？每天又有多少只蝌蚪长大成年？这些都是研究种群需要解决的问题。

池塘里的青蛙不是孤立生存的。它们与其食物——昆虫、天敌——蛇、生产者——植物有直接或间接的营养关系。这样，池塘里的植物、动物、微生物共同组成了一个有机的群体——生物群落。池塘里的哪种动物最多，哪种植物是主要的？这就是研究群落的优势种问题。池塘里的草食动物都吃了哪些植物，这些草食动物又会被哪些天敌捕食？这就是研究群落里的营养关系。草→食草昆虫→青蛙→蛇→鹰，就是各种生物通过营养关系建立的联系，被称为"食物链"。每种食草昆虫不可能只吃一种草，也不可能只被一种天敌捕食。所以，池塘里的生物构成了许多条食物链。这些食物链彼此交错连接，形成了复杂的营养关系，就是食物网。一个群落里的生物种类越繁多，食物网交错连接的情况越普遍，生物群落的结构也就越复杂。

再进一步研究群落里的生物，就会发现每种生物都在特定的时空里有自己的位置，这就是生态位。在森林里，乔木高大挺拔，可以接收上层充足的阳光；灌木位居中层，可以接收乔木之间空地上的阳光。草本植物纤弱矮小，可以接收树叶缝隙遗漏的阳光，这样每种植物都获得了自己所需的能量而得以正常生存。在池塘里，高大的挺水植物屹立在水面之上，吸收强烈的阳光，一些藻类漂浮在水面，获得了较强的阳光，还有一些水生植物生活在水体的中下层，获得了较弱的阳光。每种动物也有自己的生态位。太平鸟取食树梢上的果实，啄木鸟吃掉藏在树皮下面的虫子，麻雀捡食掉落在地面的植物种子。在池塘里，食草昆虫以植物枝叶为食，青蛙以昆虫为食。堤岸上的蚂蚁捡拾动物掉落的食物残渣，或者杀死路过的昆虫拖回巢穴吃掉……如果我们有意或无意地改变或破坏了生物的生态位，就会使它们大受影响，甚至会使其面临生存危机。

群落里的生物时刻受到环境制约，也不断地影响着环境。例如，很多植物在干旱缺水的沙漠地区不能存活，但也有一些植物有独特的耐旱本领，适应这种严酷的环境。在森林地区，成片的森林可以为众多的动物提供食物和栖息场所，森林还可以调节气候，涵养水源，改善局部地区的生态环境。

生物不但能适应环境，还能够改变环境。早期的地球是没有氧气的，蓝藻通过光合作用制造了氧气，使地球环境得以改变。氧气增多后，一些需氧型生物出现了，生物进化的速度也越来越快。

生物群落及其无机环境构成的统一整体就是生态系统。一个池塘、一条河流、一片草地、一块树林，都可以构成一个生态系统。地球上全部生物及其生存的无机环境构成了地球上最大的生态系统——生物圈。生物圈包括大气圈、水圈和岩石圈三大部分，每一部分又可以划分出许多小的生态系统。

第六节 人口增加带来的生态问题

进入 20 世纪后，由于科技进步和工业化水平的提高，人类的衣食住行等生活条件都得到很大改善。先进的医疗器械和多种多样的抗生素使医疗水平显著提高，人类的平均寿命越来越长。世界卫生组织发布的《2016 年世界卫生统计》报告显示，进入 21 世纪以来，人类的预期寿命延长了 5 岁，是 20 世纪 60 年代以来出现的最快增长。美国的统计数据显示，2020 年全球 224 个国家和地区中，男性的平均寿命为70.31 岁，女性的平均寿命为 75.33 岁[113]。进入 20 世纪以来，出生人口大幅度增加，死亡率又持续降低，导致全球人口呈爆发式增长（图11-2）。联合国《世界人口展望 2022》报告预计到 2022 年 11 月 15 日，全球人口将达到 80 亿[114]。科学家已经证明，至少在以地球为中心的40 万亿千米的范围内，没有适合人类居住的第二个星球。人类不能指望地球被破坏后再移居到别的星球上去[115]。但目前地球这个唯一的生存空间上还存在资源开发混乱、浪费严重、发展不均衡等各种问题。根据联合国《2021 年可持续发展目标报告》的统计，目前还有 10 亿人缺乏饮水安全等基本生活条件，有 8 亿人处于饥饿状态。

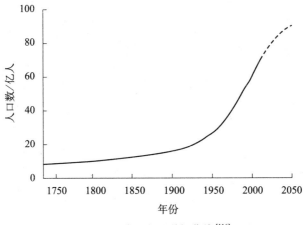

图11-2　世界人口增长曲线[116]

　　人口数量持续增加，越来越多的问题涌现出来。首要的问题就是人均耕地面积减少，粮食短缺（图 11-3）。以我国为例，2020 年我国人口总数为 14.12 亿人[117]，耕地共 19.18 亿亩[118]，人均耕地约 1.35 亩，不到世界平均数的 40%[119]。由于我国经济发展很快，人民生活水平不断提高，因此人们对肉、蛋、奶的需求日益增多，人口数量庞大与生活水平提高的双重作用，使我国的粮食消耗量巨大。2021 年我国人均肉类、蛋类、奶类、水产品的消费量分别为 69.6 千克、24.1 千克、42.5 千克、22.8 千克[120]。尽管我国是世界第一大粮食生产国，每年的粮食产量在 6 亿吨以上，但仍有 1 亿吨以上的缺口。例如，2022 年我国粮食总产量为 6.8655 亿吨[121]，2022 年 1 ～ 12 月我国粮食累计进口 1.4687 亿吨，其中大豆进口量达到创纪录的 0.9108 亿吨[122]。

　　在科技水平和生产方式落后的时代，人口越多，劳动力就越多，就越有利于经济发展。自工业革命以来，机器逐渐代替了人力，劳动密集型产业越来越少，越来越多的产品实现了集约化生产。进入 21 世纪以来，越来越多的精细工作由机器来完成，人类由亲自参加劳动转变为控制机器。在这种情况下，人口过多就成了经济发展的阻碍。

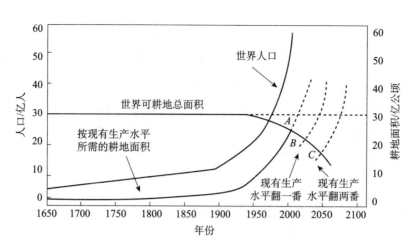

A-按现有生产水平所需的耕地面积；B-按现有生产水平翻一番
所需的耕地面积；C-按现有生产水平翻两番所需的耕地面积

图11-3　人口与耕地的变化[123]

　　人口过多，会造成教育、医疗、住房、交通等很多资源相对不足，给人们的衣食住行带来很多困扰，影响人们生活水平的提高。

　　人口增长过快，在消耗大量自然资源的同时，会加剧环境污染，致使环境问题越来越突出。具体有以下几大环境问题。

　　（1）大气污染问题。严重污染的大气环境给人们的生产、生活带来了很多问题：酸雨增多，造成粮食减产；空气中污染物增多，患呼吸系统疾病的人数明显增加。自2010年起，我国下大力气治理二氧化硫排放问题，现在很多地区的空气质量已经有明显好转。

　　（2）水污染严重。一些企业盲目追求利润，将未净化好的水排入江河，致使一些河段的水污染十分严重。一些污染严重的水体丧失了饮用功能，甚至丧失了使用功能。我国南方的很多地区不缺水，但缺乏洁净的水，这是水污染造成的。

　　（3）垃圾处理问题。由于人口众多，工业垃圾和生活垃圾的处理是个难题。城市生活垃圾要达到100%无害化处理还很难做到，广大乡村的生活垃圾由于排放点分散，要做到无害化处理就更是一个难题。

　　（4）水土流失严重，土地荒漠化日益明显。人口增多，就需要砍伐更多的森林，开垦更多的耕地，放牧更多的牛羊。乱砍滥伐、超载放牧引起的土地退化现象十分严重。针对这一问题，我国提出了营造三北（西北、华北、东北）防护林，实行退耕还林、还草、还湖的政策，这在一定程度上遏制了北方的土地荒漠化问题和南方的湿地减少问题。在广大农村，国家支持农民建设生态农业，将生产生活中产生的废料变成新产品的原料，实现能量的多级利用和物质的循环利用，发展无废弃农业（图11-4）。这些措施对治理环境污染、提高人民生活水平起到了积极的作用。

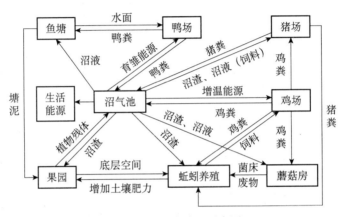

图11-4 无废弃农业示意图

第七节 保护我们共同的家园

一、"生物圈2号"失败的启示

自20世纪60年代以来，迅猛发展的工业和快速增长的人口给地球带来了前所未有的压力。面对日益严重的环境问题，人们在想方设法地采取应对措施的同时，也把目光投向了地球外面的世界。

　　浩瀚的宇宙无边无际，除地球之外，有没有存在生命的星球？那里是不是也演化出了璀璨的文明？探索地外文明一直是人类的梦想，向外星球移民则是探索地外文明的重要一步。要往地外行星移民，哪个星球是首选？当然是火星。在太阳系的几大行星里，火星的各方面指标最接近地球，是离地球最近的类地行星。但是，火星表面的温度很低（－63℃），空气非常稀薄，重力也很小，人类无法直接在上面生活。在这种情况下，在火星上建立一个永久居住地成了很多科学家的目标。

　　虽然人类已经能够在太空建立空间站，宇航员在里面可以生活一年甚至更长时间，但空间站所需要的食物、饮水等各种物资都是从地球上运过去的。这不仅花费巨大，也说明空间站离不开地球的支持，它只是地球派出去的绕地球飞行的一个飞行器，离开了地球的补给，它就无法运转。那么，能不能在火星上建立起一个独立于地球之外的、自给自足的人类永久居住地呢？

　　为了探究这个问题的可能性，美国科学家在亚利桑那州的沙漠里建立了一座微型人工生态循环系统，称为"生物圈2号"。"生物圈2号"由立体钢架构成，通过双层玻璃板与地球环境隔绝。里面设有集约农业区，用来生产粮食和蔬菜，有居住区，供科研人员居住，有热带雨林、草原、沼泽和沙漠等以调节气候。

　　1991年9月26日，4男4女共8名科研人员首次进驻"生物圈2号"。他们在里面种植庄稼和蔬菜，饲养家禽家畜，过着自给自足的生活。一段时间以后研究人员发现："生物圈2号"的氧气与二氧化碳无法自行建立平衡；里面的水泥建筑物使碳循环无法正常运转；"生物圈2号"的生物种类太少，缺少足够的分解者，动植物灭绝的速度比预想得还要快。经调查讨论，大家确认"生物圈2号"失败，科研人员于1993年6月26日走出，共计在里面停留了21个月。

　　"生物圈2号"的失败表明，以目前人类的科技水平，要想建立一个独立于地球之外的、能自行运转的生态系统还不太可能。对于在科幻电影中看到的那种建立在其他星球上的人类生存基地，我们目前还建设不了。所以，我们对地球生态系统的了解还比较肤浅，目前还无法完全模拟出类似的自然生态系统。这也说明了一个问题：地球是人类目前唯一的家园。保护地球，就是关爱人类自己。

当然，随着科技发展水平的提高，人类也许会在其他星球上建造出一个可以长久居住的类地生态系统，但这并不意味着我们可以恣意破坏地球的生态环境。

二、保护环境，我的责任

目前，全球生态环境问题主要有全球气候变化、水资源短缺、臭氧层破坏、土地荒漠化、海洋污染和生物多样性锐减等。

北极熊生活在冰天雪地的北极圈里。近些年来的全球气候变暖对北极熊的生存造成了巨大的影响。例如，冰川融化导致北极熊和它的幼崽无法在洞穴里生活，其患病和被偷猎的机会增大，直接影响了它们的生存。北极熊擅长潜伏在冰窟窿外面捕食露出水面呼吸的海豹。到了夏天，北极冰层融化，北极熊就得通过长时间游泳来寻找海豹栖居的岛屿。由于温室效应，现在北极的夏季时间越来越长，这让北极熊很难得到充足的食物，很多北极熊被饿死了。

大雁每年春季都要飞到北方产卵繁殖，秋天再回到南方过冬。蒙古高原上零星分布的湖泊是大雁迁徙途中重要的休整驿站。近些年来，由于气候干旱、上游截流等原因，俄罗斯的西伯利亚、蒙古国和我国境内的湖泊数量逐年减少，那些没有消失的湖泊的湖水面积也在逐年缩小。往来迁徙的大雁失去了休整地后，不得不一次性飞得更远，或者到人烟稠密的河道里觅食，这使大雁的死亡率升高，或者被非法盗猎者捕杀的机会增大。近些年在人烟稠密的小镇附近的溪流中出现了天鹅、大雁等候鸟。很多人以为这是生态环境改善的标志，其实不然。如果有选择的话，野生动物是不会主动到人类频繁出现的地区生活的。它们之所以出现在这里，是因为连年的干旱致使很多湖泊干涸，没有了其他适合休整取食的地方。

南美洲西海岸中部有个阿塔卡马沙漠，这里大部分地区常年寸草不生。2015年夏天，受厄尔尼诺现象的影响，阿塔卡马沙漠迎来了数十年一遇的大雨。以往一片死寂的沙漠焕发了生机，绚丽的花朵铺满了这个地方，为人们带来了难得一见的梦幻般的美景。不过，气象学家认为出现这种情况是全球气候异常的表现。

全球环境问题不但使野生动物面临生存危机，而且与我们每个人息息相关。例如，全球气候变化导致一些地区的夏季温度持续高温，另一些地区在冬季持续低温；一些地区因持续干旱而造成庄稼枯死，另一些地区却因降水过于集中而引发洪涝灾害。1998 年夏天，我国长江暴发特大洪水，直接原因是短时间内大量降水。这一方面是由于上游植被破坏严重，没有足够多的森林涵养水源；另一方面是中下游随意侵占河道、围湖造田，导致蓄水能力变低。

所以，我们要在关注全球环境问题的同时，从我做起，从小事做起，减少污染物排放，珍惜粮食，关爱生命，大家一起努力保护环境。

三、生物多样性

生物多样性包括基因多样性、物种多样性和生态系统多样性三个层次。

我国幅员辽阔，南北方的气候差别很大，生物类型也有很多不同。为了保护代表不同地带的自然生态系统，我国建立了长白山自然保护区、武夷山自然保护区。

2018 年末，世界上最后一只平塔岛加拉帕戈斯象龟死亡了。由于植被破坏和环境污染，人们在几十年前发现它时，这种动物就只剩下它自己了。几十年来，动物园的饲养人员想尽办法让它和其他品种的龟杂交，但得到的卵都没有孵化。如今，这种动物留给我们的只有照片和标本了。如果未来我们无法通过核移植等先进技术让这种动物复活，那么这种动物的物种多样性也就永远丧失了。

20 世纪 40 年代，远东地区东北虎的数量仅剩锡霍特山脉中部的 20 ～ 30 只。20 世纪中期以后，苏联政府采取了实施东北虎禁猎、禁捕令，以及扩大保护地和边境管控等综合保护措施。2015 年，俄罗斯东北虎种群数量恢复到 523 ～ 540 只。21 世纪初，东北虎在中国的总数减少到十余只。2017 年，中国开展东北虎豹国家公园试点，通过整合自然保护地，使东北虎的处境得到好转，种群数量已经走出低谷，呈现增长态势[124]。因此，像东北虎这样种群数量非常稀少的物种，需要人们想办法保护它们的生存环境，减少人为捕杀或干扰，以尽快恢复它的基因多样性。

研究表明，生物多样性的价值可以分为直接使用价值、间接使用价值和潜在使用价值三种。森林可以为人类提供木材，漂亮的景色让人心旷神怡，这些是直接使用价值。森林可以涵养水源、预防洪涝灾害，树木可以保持水土、调节气候，这些是间接使用价值。还有很多生物，我们目前对它们不了解，也不知道怎样利用它们，但不排除以后能利用它们，这就是潜在使用价值。

一直以来，人类习惯了以自我为中心，按照自己的需求对环境肆意索求。人类的出现极大地改变了地球环境，导致很多物种接连灭绝。进入工业文明以后，物种灭绝的速度空前加快。世界自然基金会发布的《地球生命力报告2020》显示，1970～2016年，监测到的哺乳类、鸟类、两栖类、爬行类和鱼类种群规模平均下降了68%。

生物保护主义者认为，每个生物都是地球的"居民"，都有生存下来的权利。仅仅以人类自私的目光将其他生物划分为"有害"或者"有利"无疑是狭隘片面的。对"有益"的生物大量饲养，对"有害"的生物赶尽杀绝，无疑是对自然法则的破坏，由此引发的生态危机肯定是灾难性的。

我国古代思想家庄子（公元前369—前286）曾提出"天人合一"的哲学观念，体现出古人追求人与自然协调一致的思想。今天，可持续发展的思想是应对全球环境问题形成的新思维。可持续发展的含义是"在不牺牲未来几代人需要的前提下，满足我们这代人的需要"。它追求的是自然、经济、社会的持久而协调的发展。

所以，人类是"地球村"的成员之一，人类只有处理好与其他地球"居民"的关系，珍惜现有的自然资源，保护好生物多样性，爱护环境，才能实现可持续发展。

主要参考文献

[1] 吴国芳，冯志坚，马炜梁，等．植物学．下册．2 版．北京：高等教育出版社，1992：绪论-1.

[2] 种业管理司．非主要农作物品种登记超过 2.6 万个．http://www.zzj.moa.gov.cn/gzdt/202207/t20220718_6404924.htm［2023-09-19］.

[3] 萧巍．从出土文物看我国古代纺织技术．丝绸之路，2012，（6）：44，45.

[4] 晁志，童巧珍．药用植物学．北京：科学出版社，2022：1.

[5] 奇云．人类是如何挺直腰杆行走的？世界科学，2005，（4）：37-40.

[6] 孙志超．新石器早期农业起源与居住遗址研究——以海岱地区为例．文化产业，2022，（20）：145-147.

[7] 徐效慧．红山文化农业初论．理论界，2013，（10）：195-197.

[8] 贾思勰．齐民要术（全二册）．石声汉译注，石定枎，谭光万补注．北京：中华书局，2015：前言-4.

[9] 石声汉．齐民要术（全二册）．北京：中华书局，2015：2.

[10] 晁志，童巧珍．药用植物学．北京：科学出版社，2022：4.

[11] Loveland J, Schmitt S. Poinsinet's Edition of the Naturalis historia (1771—1782) and the Revival of Pliny in the Sciences of the Enlightenment. Annals of Science, 2015,72(1): 2-27.

[12] 陈巍．丝路药物学先驱——迪奥斯科里德斯．中国科技教育，2020，（5）：74，75.

[13] 孙阳青，张涵，谢群．显微镜发展简史．生物学教学，2022，47（12）：94-96.

[14] 赵静．我国皮革行业对外贸易现状及趋势研究．中国皮革，2023，（3）：23-25.

[15] 汪立祥．虫媒花与昆虫传粉的适应．生物学教学，2000，（11）：39，48.

[16] 李难．生物进化论．北京：高等教育出版社，1982：265-275.

[17] 吴相钰.陈阅增普通生物学.2版.北京：高等教育出版社，2005：311-313.

[18] 张建松，杨育才.科学家发现人和黑猩猩基因功能区域差异只有百分之零点七五.科学咨询，2003，（17）：36.

[19] 佚名.大猩猩基因组测序完成与人类基因相似度达98%.科技传播，2012，（6）：7.

[20] 李霖，林依能.我国古代酿酒技术的发展.中国农史，1989，（4）：41-47.

[21] 尹传红.与微生物对话的第一人.知识就是力量，2014，（5）：54-57.

[22] 本刊综合.外科消毒法的起源.人人健康，2014，（15）：26，27.

[23] 王维军，尹光初.外国著名生物学家的故事.西宁：青海人民出版社，1981：90，91.

[24] 谢德秋.微生物学奠基人——巴斯德.自然杂志，1980，（5）：65-72.

[25] 舒薇，刘宇红.世界卫生组织《2023年全球结核病报告》解读.结核与肺部疾病杂志，2023-12-14网络首发.

[26] 环球网.罗伯特·科赫——德国杰出医生和细菌学家.http://www.twwtn.com/detail_121436.htm[2016-04-25].

[27] 志远.亚历山大·弗莱明——"青霉素之父".英语沙龙，2003，（10）：28，29.

[28] 傅杰青.还青霉素发现史以本来面目.大自然探索，1983，（4）：164-170.

[29] 王磊，任东明.青霉素——从发现到应用.生物学通报，2006，（12）：61，62.

[30] 江玉安.606·磺胺·青霉素-病原体的发现及现代化学疗法的发展.化学教学，2010，（2）：49-53.

[31] 王丽丽，张春晓，刘晓红，等.青霉素高产菌株高通量检测和筛选方法的研究.中国抗生素杂志，2011，36（3）：183-186.

[32] 郭晓强.操纵子模型的提出者——雅各布.生理科学进展，2014，45（1）：75-81.

[33] 李晓杰，宋旭.超级细菌及其防治策略.科学，2020，72（3）：40-43.

[34] 王丹菊.日本军国主义的杀人魔窟——关东军731部队的细菌实验.黑龙江档案，2015，（5）：28.

[35] 房以好.基于红外相机初探地面与林冠鸟兽多样性差异及志奔山西黑冠长臂猿种群分布.昆明：西南林业大学，2020：前言-1.

[36] 晁志，童巧珍.药用植物学.北京：科学出版社，2022：3.

[37] 徐瑜，钱在祥.学有渊源师有承——亚里士多德《动物志》汉译本.读书杂志，1982，（9）：22-28.

[38] 熊姣.约翰·雷的博物学.广西民族大学学报（哲学社会科学版），2011，33（6）：32-38.

[39] 王维军，尹光初.外国著名生物学家的故事.西宁：青海人民出版社，1981：2.

[40] 许安琪，杨鸿英.科学史上的明星——外国生物学家的故事.济南：山东人民出版社，1985：8.

[41] 王维军，尹光初.外国著名生物学家的故事.西宁：青海人民出版社，1981：5.

[42] 维尔弗里德·布兰特.林奈传——才华横溢的博物学家.徐保军译.北京：商务印书馆，2017：70.

[43] 赵功民.外国著名生物学家传.北京：北京出版社，1987：39.

[44] 齐芳.《中国生物物种名录 2023 版》发布.光明日报，2023-5-23：8 版.

[45] 太古真人.黄帝内经.北京：中国戏剧出版社，2006：439.

[46] 熊冠宇.北宋东京的针灸学成就.河南中医学院学报，2004，（2）：82，83.

[47] 龚云.人体解剖学发展的分期研究.西北成人教育学报，2007，（2）：46-48.

[48] 赵功民.外国著名生物学家传.北京：北京出版社，1987：14.

[49] 普勒塞 W，鲁克斯 D.世界著名生物学家传记.燕宏远，周厚基，顾俊礼译.北京：科学出版社，1985：18.

[50] 赵功民.外国著名生物学家传.北京：北京出版社，1987：31，32.

[51] 赵功民.外国著名生物学家传.北京：北京出版社，1987：24.

[52] 赵功民.外国著名生物学家传.北京：北京出版社，1987：32.

[53] 罗贯中.三国演义.长沙：岳麓书社，1986：411.

[54] 陈寿撰，裴松之注.三国志.北京：中华书局，2011：665-668.

[55] 罗贯中.三国演义.长沙：岳麓书社，1986：397.

[56] 王鹏，谢欢欢，王键.华佗医事补考.安徽中医药大学学报，2014，33（6）：6-8.

[57] 王翰昶.医林改错王清任.开卷有益（求医问药），2016，（2）：53，54.

[58] 张大庆.中国近代解剖学史略.中国科技史料，1994，（4）：21-31.

[59] 普勒塞 W，鲁克斯 D.世界著名生物学家传记.燕宏远，周厚基，顾俊礼译.北京：科学出版社，1985：177.

[60] 赵功民.外国著名生物学家传.北京：北京出版社，1987：135，136.

[61] 普勒塞 W，鲁克斯 D.世界著名生物学家传记.燕宏远，周厚基，顾俊礼译.
北京：科学出版社，1985：245.

[62] 游惠平，李儒.生物学家的故事.北京：中共党史出版社，1993：92.

[63] 游惠平，李儒.生物学家的故事.北京：中共党史出版社，1993：94.

[64] 沃森 J D.双螺旋——发现 DNA 结构的故事.刘望夷译.上海：上海译文出版
社，2016：28.

[65] 罗丹.命运的螺旋——沃森与克里克发现 DNA 结构的故事.国外科技动态，
2003，（3）：30-33.

[66] 沃森 J D.双螺旋——发现 DNA 结构的故事.刘望夷译.上海：上海译文出版
社，2016：3.

[67] 人民日报.科学大发现 DNA 不只双螺旋.http://baijiahao.baidu.com/s?id=159
8699843545062079&wfr=spider&for=pc.

[68] 徐学华.作物光能利用率的影响因素及提高途径.现代农业科技.2011，（19）：
127，130.

[69] 张锐，孙美榕，张正，等.基因治疗与人类健康.中国生物工程杂志，2004，
（1）：84-90.

[70] 韩萍，俞诗源.人类基因组计划研究进展.西北师范大学学报（自然科学版），
2005，（5）：96-101.

[71] 人民教育出版社课程教材研究所生物课程教材研究开发中心.生物学（必修2）
遗传与进化.北京：人民教育出版社，2019：56.

[72] 张建松，杨育才.人和黑猩猩基因功能区域差异只有 0.75%.光明日报，2003-
08-05.

[73] 王哲.基因测序，不治之症患者的福音.中国报道，2017，（1）：66，67.

[74] 蒋嘉彦，朱芳，李聪，等.2021 年生命科学热点回眸.科技导报，2022，40
（1）：96-112.

[75] 刘石磊.恐惧症也会遗传.发明与创新（大科技）.2014，（1）：54.

[76] 张之沧.亚里士多德的生物进化观.自然辩证法研究，1985，（4）：44-49.

[77] 赵功民.外国著名生物学家传.北京：北京出版社，1987：61.

[78] 赵功民.外国著名生物学家传.北京：北京出版社，1987：62.

[79] 许安琪，杨鸿英.科学史上的明星——外国生物学家的故事.济南：山东人民

出版社，1985：46.

[80] 达尔文. 物种起源（增订版）. 舒德干等译. 北京：北京大学出版社，2005：3.

[81] 许安琪，杨鸿英. 科学史上的明星——外国生物学家的故事. 济南：山东人民出版社，1985：48.

[82] 达尔文. 比格尔号航海日记. 张耀宇译. 北京：外语教学与研究出版社，2016：284.

[83] 达尔文. 物种起源（增订版）. 舒德干等译. 北京：北京大学出版社，2005：24，25.

[84] 安利. 中国古代九大农业技术发明. 百科知识，2016，（18）：42，43.

[85] 张泽民，于正坦，牛连杰. 不同年代玉米杂交种籽粒营养成分的分析. 中国农学通报. 1997，（4）：11-13，28.

[86] 景春艳，张富民，葛颂. 水稻的起源与驯化——来自基因组学的证据. 科技导报. 2015，33（16）：27-32.

[87] 朱子超，王楚桃，何永歆，等. 水稻落粒性的遗传分析和基因定位. 杂交水稻. 2014，29（1）：62-66.

[88] КРАСОТА В Ф，ЛОБАНОВ В Т，ДЖАПАРИДЗЕ Т Г. 世界畜禽品种概述. 雷天富译. 黄牛杂志，1997，（3）：77-79.

[89] 李宁，何康来，崔蕾，等. 转基因抗虫玉米环境安全性及我国应用前景. 植物保护，2011，37（6）：18-26.

[90] 庄家煜，崔彬，李东元，等. 中国主要粮食进口现状与未来展望. 农业展望，2022，18（12）：108-113.

[91] 刘万才，王保通，赵中华，等. 我国小麦条锈病历次大流行的历史回顾与对策建议. 中国植保导刊. 2022，42（6）：21-27，41.

[92] 席德强. 改变世界的一粒种子——记杂交水稻之父袁隆平. 2 版. 北京：北京大学出版社，2021：41.

[93] 罗孝和. 我同袁隆平先生研发杂交水稻五十年. 杂交水稻，2022，37（z1）：262-265.

[94] 席德强. 改变世界的一粒种子——记杂交水稻之父袁隆平. 2 版. 北京：北京大学出版社，2021：67.

[95] 席德强. 改变世界的一粒种子——记杂交水稻之父袁隆平. 北京：北京大学出版社，2015：61.

[96]席德强.改变世界的一粒种子——记杂交水稻之父袁隆平.2版.北京:北京大学出版社,2021:81.

[97]席德强.改变世界的一粒种子——记杂交水稻之父袁隆平.2版.北京:大学出版社,2021:85.

[98]刘万才,王保通,赵中华,等.我国小麦条锈病历次大流行的历史回顾与对策建议.中国植保导刊,2022,42(6):21-27,41.

[99]陈万权,康振生,马占鸿,等.中国小麦条锈病综合治理理论与实践.中国农业科学,2013,(20),4254-4262.

[100]吴晓斌,何一哲,翟惠平,等.中国科学院院士——李振声:执着小麦育种,耕耘天地之间.干旱地区农业研究,2022,40(4):2,281.

[101]普勒塞W,鲁克斯D.世界著名生物学家传记.燕宏远,周厚基,顾俊礼译.北京:科学出版社,1985:90.

[102]赵功民.外国著名生物学家传.北京:北京出版社,1987:225.

[103]宋安群.讨论几条生物共有的基本运动规律.新疆中医药,2005,(3):55-61.

[104]方兵兵.国外蜂业简讯(一).中国蜂业,2013,64(12):62.

[105]王明强,罗阿蓉,周青松,等.中国昆虫多样性监测与研究网进展.应用昆虫学报,2022,59(6):1192-1204.

[106]谢寿安,张雅林,袁锋,等.我国昆虫多样性的保护和利用.西北林学院学报,2001,(2):50-53.

[107]吴燕如.我国昆虫多样性研究及保护概况.生物学信息,1990,(4):166-168.

[108]亨利·法布尔.昆虫记.陈筱卿译.北京:人民教育出版社,2017:46.

[109]亨利·法布尔.昆虫记.陈筱卿译.北京:人民教育出版社,2017:51.

[110]雀儿姐姐.和昆虫打交道的法布尔.学苑创造(3—6年级阅读),2017,(9):32,33.

[111]刘煜瑞.《管子》国土资源管理哲学思想初探.管子学刊,2009,(3):10-13.

[112]于文博.张载:民吾同胞,物吾与也.中国纪检监察,2016,(19):59,60.

[113]满达.世界上平均寿命最长的国家为摩纳哥85.9岁.科学大观园,2023,(9):40,41.

[114]杨胜慧.世界80亿人口来临 什么是核心竞争力?科学大观园,2023,(4):58,59.

[115] 李剑波, 蔡士魁. 只有一个地球. 十几岁, 2022, (4), 22, 23.

[116] 人民教育出版社, 课程教材研究所, 地理课程教材研究开发中心. 地理: 七年级上册. 北京: 人民教育出版社, 2012: 70.

[117] 张翠玲, 李月. 基于第七次人口普查的中国中长期人口趋势预测. 人口与健康, 2023, (7): 15-17.

[118] 新华社. 第三次全国国土调查主要数据成果发布. http://www.gov.cn/xinwen/2021-08/26/content_5633497.htm[2021-08-26].

[119] 佚名. 中国人均 1.4 亩耕地量将失守. 致富天地. 2006, (11): 24.

[120] 张春良. 这 10 年, 国内粮食供给保障有力. 粮油市场报, 2022-10-13 (3 版).

[121] 魏玉坤. 2022 年全国粮食总产量达 13731 亿斤 实现增产丰收. http://www.gov.cn/xinwen/2022-12/12/content_5731544.htm[2022-12-12].

[122] 佚名. 2022 年我国粮食进口超 1.4 亿吨! 2023 年进口政策明朗! https://www.sohu.com/a/629762455_121123885[2023-01-14].

[123] 人民教育出版社, 课程教材研究所, 地理课程教材研究开发中心. 地理-6: 环境保护. 北京: 人民教育出版社, 2007: 35.

[124] 王凤昆, 李艳, 姜广顺. 东北虎栖息地历史分布、种群数量动态及其野化放归进展. 野生动物学报, 2022, 43 (4): 1119-1130.

其他参考资料

埃尔罗德 S L，斯坦斯菲尔德 W. 遗传学 . 田清涞等译 . 北京：科学出版社，2004.

北京大学生命科学学院编写组 . 生命科学导论 . 北京：高等教育出版社，2000.

查尔斯·罗伯特·达尔文 . 物种起源 . 舒德干等译 . 北京：北京大学出版社，2005：19-35.

陈小麟 . 动物生物学 . 3 版 . 北京：高等教育出版社，2005：2-5.

范方显 . 古生物学教程 . 东营：石油大学出版社，1994.

高晓明 . 医学免疫学基础 . 北京：北京医科大学出版社，2001：2-4.

郭晓强 . 中心法则的提出者—克里克 . 生物学通报，2008，（3）：60-62.

姜振寰 . 交叉科学学科辞典 . 北京：人民出版社，1990：234-238.

李难 . 进化论教程 . 北京：高等教育出版社，1990.

理查德·道金斯 . 自私的基因：40 周年增订版 . 2 版 . 卢允中等译 . 北京：中信出版社，2019.

刘凌云，郑光美 . 普通动物学 . 3 版 . 北京：高等教育出版社，1997：4-9.

陆时万，徐祥生，沈敏健 . 植物学（上册）. 2 版 . 北京：高等教育出版社，1991：9-11.

洛伊斯·N. 玛格纳 . 传染病的文化史 . 刘学礼等译 . 上海：上海人民出版社，2019.

马建岗 . 基因工程学原理 . 2 版 . 西安：西安交通大学出版社，2007：12-21.

尼克·莱恩 . 生命的跃升：40 亿年演化史上的十大发明 . 张博然译 . 北京：科学出版社，2018.

潘承湘 . 关于施莱登与施旺建立细胞学说的历史地位问题 . 自然科学史研究，1987，（3）：273-280.

孙乃恩，孙东旭，朱德煦 . 分子遗传学 . 南京：南京大学出版社，1990：481-487.

汪堃仁，薛绍白，柳惠图．细胞生物学．2 版．北京：北京师范大学出版社，1998：5-8.

汪子春，赵云鲜，李凤生，等．十大生物学家．南宁：广西科学技术出版社，1998：23-38.

王维军，尹光初．外国著名生物学家的故事．西宁：青海人民出版社，1981：85-96.

沃尔特·博德默尔，罗宾·麦凯．人之书：人类基因组计划透视．顾鸣敏译．上海：上海科技教育出版社，2002.

吴乃虎．基因工程原理（上册）．2 版．北京：科学出版社，1998：1-7.

吴新智．人类进化足迹．北京：北京教育出版社，2002.

许安琪，杨鸿英．科学史上的明星—外国生物学家的故事．济南：山东人民出版社，1985：38-75.

杨继华，杨晓华．简明外国著名生物学家辞典．桂林：广西师范大学出版社，1989：53，54，110-113.

杨继华，杨晓华．简明外国著名生物学家辞典．桂林：广西师范大学出版社，1989：180-188.

杨业华．普通遗传学．北京：高等教育出版社，2000.

游惠平，李儒，王琦，等．《科学家的故事》之三：生物学家、农业科学家的故事．2 版．北京：中共党史出版社，2004：81-96.

袁隆平．超级杂交稻研究．上海：上海科学技术出版社，2006.

约翰内斯·克劳泽，托马斯·特拉佩．智人之路：基因新证重写六十万年人类史．王坤译．北京：现代出版社，2021.

赵功民．外国著名生物学家传．北京：北京出版社，1987：35-49.

郑光美，杨安峰．动物形态学发展趋势及我国近期的发展战略．动物学杂志，1992，（4）：53-57.

周德庆．微生物学教程．2 版．北京：高等教育出版社，2002：2，3.

周廷华，魏昌瑛．DNA 双螺旋结构发现背后的女性—纪念罗莎琳德·富兰克林逝世 49 周年．生物学通报，2007，（8）：61-62.

周文斌，林玉树．探索生命奥秘的人—生物学家童第周．成都：四川少年儿童出版社，1983.

左明雪．人体解剖生理学．北京：高等教育出版社，2003：1-3.